U0287448

华东理工大学研究生教育基金资助

核电救灾机器人辐射防护技术

栾伟玲 张 衍 著

科 学 出 版 社

北 京

内 容 简 介

本书针对核电救灾机器人较为全面地介绍了多种辐射防护材料和热防护方法，以及综合防护方案。主要内容包括：近年来国内外核电站的发展情况、核电救灾机器人的研究现状、γ射线辐射防护材料和中子辐射防护材料的设计及制备、电子器件的辐射防护方法、相变储能材料改性及应用，以及核电救灾机器人的热防护管理设计和自清洁防护设计。

本书可以作为高等院校材料、化工、核电、机械等相关专业研究生的学习用书，也可以作为相关领域研究学者的学术参考书。

图书在版编目（CIP）数据

核电救灾机器人辐射防护技术 / 栾伟玲，张衍著.—北京：科学出版社，2022.11

ISBN 978-7-03-073668-0

Ⅰ.①核… Ⅱ.①栾… ②张… Ⅲ.①机器人技术-应用-核电站-辐射防护 Ⅳ.①TL75-39

中国版本图书馆CIP数据核字（2022）第203529号

责任编辑：陈 婕 罗 娟 / 责任校对：任苗苗
责任印制：吴兆东 / 封面设计：蓝正设计

科 学 出 版 社 出版
北京东黄城根北街 16 号
邮政编码：100717
http://www.sciencep.com
北京中科印刷有限公司 印刷
科学出版社发行 各地新华书店经销

*

2022年11月第 一 版 开本：720×1000 1/16
2022年11月第一次印刷 印张：19 1/4
字数：390 000
定价：138.00 元
（如有印装质量问题，我社负责调换）

序一　核电救灾机器人防护——度己方能度灾

能源，是人类社会生存和发展的基石。钻木取火对火的使用使原始人得以步入农耕文明，煤炭资源的大量利用吹响了18世纪人们凭借蒸汽机进入工业时代的号角，而20世纪能源危机爆发以来，石油行业的迅速发展则奠定了现今能源各衍生行业的局势，甚至左右了国际政治经济格局。时至今日，全世界对于能源的利用方式已不再局限于化石能源，风能、水能、太阳能等利用方式相继开花，但是如何更加清洁、高效地利用能源，一直是科学界孜孜不倦研究的重中之重。

核能比能量大、对环境无污染且原材料储量巨大，核能利用技术逐渐受到广泛关注。发展核电技术不仅有利于缓和能源危机，也是实现可控核聚变的必经之路。人类的目光总是远望星辰大海，用科技的发展突破进步的瓶颈，是对文明的最高致敬。然而，核电技术美丽前景的外表下隐藏着巨大的凶险，核工业环境有极强的放射性，一旦发生事故，核燃料本身的防护层失效，将大大增加辐射的危险程度，对工作人员造成极大的伤害。1979年美国三里岛核电站熔堆事故、1986年苏联切尔诺贝利核电站事故以及2011年日本福岛核电站核泄漏事件，都使得核能利用问题引起世界范围内的担忧，核电发展渐入凛冬。执剑者难免为剑所伤，负重前行下，核电站想要可靠运行，必须完善核事故应急处理预案体系。

开发核电救灾机器人取代工作人员的部分工作，一方面可以降低用于人工防护的设备成本及管理成本，另一方面可以降低工作人员受辐照剂量和劳动强度，大大提高核电站的安全运行能力。截至2019年6月，我国内地在运核电机组47台，虽然对严重事故的预防和缓解做了部分考虑，但在安全性方面仍然存在重大隐患，如秦山核电站和大亚湾核电站正值设备检修和更换的频繁期。我国目前对核电站严重事故的环境条件、事故缓解和救灾的研究较少，特别是对事故环境下机器人的功能验证更是极少涉足，因此开发核电救灾机器人势在必行，这对核电站安全运行的保障作用不言而喻，对我国的经济发展和社会民生的稳定有着长远的意义，方不违背科技造福人类的初衷。

机器人是集机械、电子、计算机、人工智能等多种先进技术于一体的自动化设备，装备有大量的电子器件。核电救灾机器人作为刀尖舞者，其作业环境极其恶劣。核辐射引起的电离效应会引起电子器件内部的电荷激发、电荷输运甚至材料的交联、裂解等永久失效，还会引起电子器件的充放电、闭锁和烧毁等瞬态效应，导致电子器件失效。电子器件及系统在高辐射环境下的安全工作依赖于电子器件的耐辐照性能。因此，核电救灾机器人的防护是一项研究重点。能度自己，方能度灾，只有在保障自身稳定运行的前提下，才能进行事故现场信息收集、放射性废物处理、应急响应等工作。

《核电救灾机器人辐射防护技术》是栾伟玲教授和张衍副教授课题组近年来研究成果的集中展示，书中详细介绍了核电救灾机器人的防护方法，内容涵盖近年来核电站的分布、核电救灾机器人的研究现状、核电救灾机器人的辐射防护材料；针对核电救灾机器人研究中的薄弱环节提出了辐射防护方法，研究了有机介质的辐射防护效果，对核电救灾机器人进行了热防护管理设计和自清洁防护设计。该书在理论分析和工程实践上均具有重要的参考价值，相信该书能够为国内相关领域的研究学者提供学术研究参考。

中国工程院院士

2021 年 5 月

序二　辐射防护——工欲善其事，必先利其器

随着科技的不断进步，核技术在工业、农业、食品、医学、考古等领域获得了广泛应用，核能更是凭借高效、可靠、可持续性，成为法国、日本等发达国家的主要能源供给。我国党的十九大报告提出"推进能源生产和消费革命，构建清洁低碳、安全高效的能源体系"这一重要战略部署。截至 2019 年 6 月，我国内地在运核电机组 47 台，位列全球第三；在建核电机组 11 台，规模居世界首位。我国核电事业正处于蓬勃发展期。发展核能是提高我国能源经济、解决环境污染、实现零碳排放的重要途径。

然而，核能安全一直以来都是核能发展过程中备受争议的话题。几次重大的核泄漏事故，如 1979 年美国三里岛和 1986 年苏联切尔诺贝利发生的核事故等，不仅造成巨大的财物损失和人员伤害，而且直至今日对环境的影响都无法弥补。2011 年由地震引发的巨大海啸，导致日本福岛的东京电力公司 1～4 号核电机组爆炸，又一次将核能安全问题推上了风口浪尖。各国纷纷暂停核电项目。我国也是经过重新评估才再次开启核电站建设项目。这些严重的核事故给我们敲响了警钟。凡事预则立，加强核电站安全性建设，提高核灾变应急和救援能力是核能健康发展的必要保障。

救援机器人性能是衡量各国核灾变应急水平的重要标志。然而，复杂的核电环境对机器人的组成材料、机械结构与运动界面都提出了非常严峻的考验。一方面，各种带电粒子和高能射线会引起机器人计算机系统、信息采集和传输系统中的半导体器件、集成电路、电子元器件等发生电离损伤；另一方面，高辐射、高温、高湿环境会导致包括动力供给系统中的绝缘材料、传动机构中的有机介质交联或降解，从而引起救灾机器人系统性能退化，甚至无法工作。工欲善其事，必先利其器。可靠的安全辐射防护是保证机器人在核环境下顺利作业的前提条件。

目前，关于机器人核环境综合防护方面的书籍和文献还非常缺乏。《核电救灾机器人辐射防护技术》是栾伟玲教授和张衍副研究员课题组结合近年来在核环境作业机器人抗失效防护方面的研究成果撰写而成，从核电救灾机器人发展现状、γ射线和中子的辐射屏蔽、电子器件和材料防护、机器人的有机介质和热效应管理、核放射性物质的自清洁防护 7 个方面系统地探讨了核环境下机器人的作业防护方案。该书不仅从理论上对辐射防护方法进行论述，更是结合实验研究结果对防护

方案的可行性进行验证，对于核电救灾机器人的辐射防护研究很有借鉴意义。相信该书的出版，能给更多的核电领域工作者带来启发，为促进我国核电事业的安全发展、提升产业自主化能力带来积极影响。

中国工程院院士

邓东金

2021 年 6 月

前　言

核能具有高能效、低污染、经济、可持续发展的优点，被认为是唯一能大规模替代化石燃料的清洁能源，发展核电可满足许多国家对电力不断增长的需求。2020年9月，我国国家主席习近平在第七十五届联合国大会上的讲话中提到，"中国将提高国家自主贡献力度，采取更加有力的政策和措施，二氧化碳排放力争于2030年前达到峰值，努力争取2060年前实现碳中和"，这促使发展核电成为我国实现碳中和目标的重要途径。

然而，日本大地震引发的"核电站危机"，引起世界各国对核电运行安全开始了更加深切的关注。核电运行安全已成为核应用领域研究的焦点，而开展核电救灾机器人的防护研究和技术开发，完善核电站紧急救援体系，则是关系到国泰民安的大事。

在辐射环境中因射线的作用，多数设备性能下降，尤其是高辐射、高温、高湿核事故极端环境中机器人的系统性能会急剧下降，甚至瞬间失效，从而延误救援时机，造成巨大的人员伤亡。虽然钨、铅等重金属对核辐射具有较好的射线吸收性，但对于需要灵巧作业的机器人，采用重金属进行防护屏蔽不仅会增加电源、驱动器的负荷，还会增大重量和体积，降低运行的灵活性。另外，屏蔽壳体必须密闭无缝隙，许多材料因机加工性能限制了其作为屏蔽材料的应用。同时，动辄几百千克重的厚壳增加了内部器件的发热量，层内的热量无法向外界传递又造成热量累积效应，致使电子系统失效。

辐射防护是核电救灾机器人区别于其他机器人的重要特征。核电救灾机器人的防护设计既要针对多种辐射源不同能量段射线，又要适应高湿热、腐蚀等恶劣物化环境，同时兼顾机器人机动、灵活的要求，并确保高密闭环境下电子设备运行产生热量的及时散出，避免机器人成为二次污染源。如何通过材料设计、屏蔽组合、热量吸收、涂层设计等多种方案进行综合防护是当前核电救灾机器人研究中亟须解决的科学技术难题。该问题的解决对于核电站日常维修与事故现场移动设备的运行、核电事业的发展均具有特殊的意义。

本书对核电救灾机器人的安全防护进行详细的介绍，提出开发质量轻、体积小、易于加工、性能稳定的高辐射防护材料的方法，并针对机器人电子器件的耐辐照性能提升进行结构优化，以满足机器人稳定动力传输、灵活作业、信息感知、远程操控等任务需求，实现机器人顺利开展救灾任务的目的。全书共7章。第1章介绍近年来国内外核电站的发展情况、核电救灾机器人的研究现状；第2章和第

3 章论述针对 γ 射线和中子辐射的屏蔽防护材料的设计及制备；第 4 章介绍核电救灾机器人中涉及的电子器件材料，提出信号传输系统耐辐照防护的方法；第 5 章研究核电救灾机器人的相变储能材料改性及应用；第 6 章和第 7 章详细阐述核电救灾机器人的热防护管理设计和自清洁防护设计。

本书是作者在所承担的国家重点基础研究发展计划(973 计划)项目"核电站紧急救灾机器人的基础科学问题"子课题"核环境作业机器人抗失效防护"基础上完成的，课题主要研究成果大多已陆续发表在相关领域的国内外核心期刊上，这次在撰写过程中将这些内容进一步加以提炼、归纳和综合。感谢涂善东院士、高峰教授、钟掘院士、邓宗全院士、谭建荣院士、熊有伦院士、林忠钦院士、温熙森教授、朱剑英教授、虞烈教授等对作者项目的指导；感谢韩延龙、张晓霓、张岳宏、韩仲武、姜懿峰、孙柯、付青青、毛韬博、许海华、李作胜、常乐、刁飞宇、戈榕、任福乐、张静、颜浩等研究生对本书成书给予的大力协助；同时感谢华东理工大学材料科学与工程学院吴国章教授和林宇副研究员给予的支持。

本书内容多为核电救灾机器人防护的前沿技术，有些仍是目前国内外研究的热点，由于涉及学科多而广，而作者所识有限，难免存在不当之处，敬请读者不吝批评指正。

本书初稿完成之时正是福岛核事故发生十周年，为本书的出版赋予了特殊含义。"前事不忘，后事之师"，历史的车轮滚滚向前，社会的进步从不停歇，与诸君共勉。

栾伟玲　张　衍

2021 年 3 月于华东理工大学

目　　录

序一　核电救灾机器人防护——度己方能度灾

序二　辐射防护——工欲善其事，必先利其器

前言

第1章　核事故与核电救灾机器人 ··· 1

　1.1　核电站发展现状及趋势 ·· 1

　1.2　核电站辐射环境及辐射基本概念 ·· 6

　　1.2.1　核电站工作原理及辐射环境 ·· 6

　　1.2.2　辐射基本概念及其单位表征 ·· 8

　　1.2.3　射线与物质的相互作用 ·· 9

　1.3　核安全事故及环境分析 ··· 13

　　1.3.1　切尔诺贝利核事故 ·· 13

　　1.3.2　三里岛核事故 ·· 14

　　1.3.3　福岛核事故 ·· 15

　1.4　核电救灾机器人发展现状 ·· 16

　　1.4.1　核电站事故中的现场环境 ·· 16

　　1.4.2　核事故类型及机器人救灾任务 ······································ 18

　　1.4.3　核电救灾机器人现状分析 ·· 19

　1.5　核电救灾机器人耐辐照性能分析 ·· 22

　　1.5.1　核电救灾机器人的关键性能 ·· 22

　　1.5.2　金属与无机材料 ·· 24

　　1.5.3　有机材料 ·· 25

　　1.5.4　半导体材料与器件 ·· 26

　1.6　核电救灾机器人的综合防护 ·· 28

　　1.6.1　综合防护的重要性 ·· 28

　　1.6.2　防护目标和任务 ·· 29

　　1.6.3　防护策略与挑战 ·· 30

　参考文献 ··· 31

第2章　核电救灾机器人用 γ 射线辐射防护材料 ······························ 35

　2.1　辐射防护材料性能计算 ··· 35

　2.2　γ 射线屏蔽材料 ··· 36

　　2.2.1　金属、合金的屏蔽性能模拟 ·· 36

　　　2.2.2　钨、镍组合及钨-镍合金的屏蔽性能模拟 ·················· 50
　　　2.2.3　重金属粒子对复合材料屏蔽效果影响分析 ················ 57
　2.3　辐射防护方案设计 ·················· 67
　　　2.3.1　辐射防护的基本原则 ·················· 68
　　　2.3.2　辐射防护材料屏蔽性能表征和影响因素 ·················· 68
　　　2.3.3　辐射防护材料设计原则 ·················· 69
　　　2.3.4　整体屏蔽防护 ·················· 69
　参考文献 ·················· 88
第3章　核电救灾机器人用中子辐射防护材料 ·················· 92
　3.1　中子屏蔽的基本概念 ·················· 92
　　　3.1.1　中子与物质的相互作用 ·················· 92
　　　3.1.2　物质对中子的屏蔽作用 ·················· 93
　3.2　中子屏蔽复合材料设计及模拟分析 ·················· 93
　　　3.2.1　中子屏蔽材料性能表征及模型设计 ·················· 93
　　　3.2.2　中子辐射屏蔽填料的选取及模拟分析 ·················· 96
　　　3.2.3　基体的选取及屏蔽性能模拟 ·················· 100
　　　3.2.4　复合材料的中子屏蔽性能模拟 ·················· 103
　3.3　环氧基中子屏蔽复合材料 ·················· 105
　　　3.3.1　碳化硼含量对复合材料性能的影响 ·················· 105
　　　3.3.2　增韧剂对复合材料力学性能的影响 ·················· 106
　　　3.3.3　复合材料中子屏蔽性能测试 ·················· 108
　　　3.3.4　中子屏蔽复合材料的热力学性能 ·················· 112
　　　3.3.5　中子屏蔽复合材料的耐酸碱腐蚀性能 ·················· 114
　参考文献 ·················· 117
第4章　核电救灾机器人电子器件辐射防护 ·················· 120
　4.1　电子元器件的发展趋势 ·················· 120
　4.2　核电救灾机器人电子器件的性能要求及现状分析 ·················· 121
　　　4.2.1　无源器件 ·················· 121
　　　4.2.2　半导体分立元件 ·················· 122
　　　4.2.3　模拟集成电路芯片 ·················· 122
　　　4.2.4　数字集成电路芯片 ·················· 122
　　　4.2.5　其他部件 ·················· 122
　4.3　电子器件抗辐照设计 ·················· 123
　　　4.3.1　辐射敏感材料或器件的抗辐照加固 ·················· 123
　　　4.3.2　硬件/软件的优化设计 ·················· 123

4.4 电机驱动系统设计及试验 ·······124
　　4.4.1 驱动器抗辐照性能评估 ·······124
　　4.4.2 驱动器的芯片选型和电路设计 ·······136
　　4.4.3 驱动器优化的算法和程序设计 ·······148
　　4.4.4 驱动器的屏蔽设计及试验结果分析 ·······157
参考文献 ·······166

第5章 核电救灾机器人用相变储能材料 ·······169
5.1 基于相变传热的热控技术 ·······169
　　5.1.1 相变材料及其表征 ·······169
　　5.1.2 有机相变材料导热增强 ·······171
　　5.1.3 相变材料的封装技术 ·······174
　　5.1.4 相变储能材料的应用 ·······175
5.2 基于相变储能材料的热防护系统设计 ·······175
　　5.2.1 单驱动器热防护系统 ·······178
　　5.2.2 双驱动器热防护系统 ·······179
　　5.2.3 多驱动器热防护系统 ·······180
5.3 相变储能材料性能测试 ·······183
　　5.3.1 相变温度与潜热 ·······183
　　5.3.2 γ射线辐射测试 ·······184
　　5.3.3 中子辐射测试 ·······186
5.4 相变材料改性 ·······187
　　5.4.1 复合相变材料基本性能 ·······188
　　5.4.2 复合相变材料制备 ·······189
　　5.4.3 稳定性研究 ·······190
　　5.4.4 质量分数对相变材料改性的影响 ·······192
　　5.4.5 参比温度曲线法测量热物性 ·······196
参考文献 ·······199

第6章 核电救灾机器人的热防护管理 ·······203
6.1 热防护管理的基本要求 ·······203
6.2 热防护管理方式 ·······208
　　6.2.1 常用冷却方式 ·······208
　　6.2.2 热防护方式的选择 ·······212
6.3 常温环境热防护 ·······215
　　6.3.1 单个驱动器常温环境热防护 ·······215
　　6.3.2 散热形式考察 ·······216
　　6.3.3 相变材料质量对散热效果的影响 ·······218

6.3.4　热管对散热效果的影响 ·················· 219

6.3.5　泡沫金属增强传热研究 ·················· 222

6.4　高温环境热防护 ···························· 225

6.4.1　双驱动器高温环境热防护 ·················· 225

6.4.2　六驱动器高温环境热防护 ·················· 228

6.4.3　防护系统的热评估 ······················ 233

6.5　相变材料热防护模拟 ·························· 235

6.5.1　模型建立 ···························· 235

6.5.2　系统传热与相变材料熔化分析 ··············· 236

6.6　热防护系统适用性评估 ························· 238

6.6.1　隔热层结构设计 ························ 238

6.6.2　系统适用性评估 ························ 244

6.6.3　质量与价格估算 ························ 245

6.6.4　实际方案实施设计 ······················ 246

6.6.5　恢复性任务方案 ························ 249

参考文献 ································· 251

第7章　核电救灾机器人防护和自清洁 ·················· 256

7.1　辐射环境分析 ····························· 256

7.1.1　放射性核素种类 ························ 256

7.1.2　腐蚀环境 ···························· 257

7.1.3　温度与湿度 ··························· 257

7.2　耐核辐射涂层 ····························· 258

7.2.1　耐核辐射涂层的组成 ····················· 258

7.2.2　耐核辐射涂层常用测试方法 ·················· 264

7.2.3　耐核辐射涂层研究进展 ···················· 268

7.3　耐辐照自清洁涂层 ·························· 269

7.3.1　涂层自清洁原理 ························ 270

7.3.2　润湿性理论 ··························· 271

7.3.3　自清洁性能测试方法 ····················· 273

7.3.4　耐辐照超疏水自清洁性涂层 ·················· 274

7.3.5　自清洁涂层的失效分析 ···················· 278

7.3.6　自清洁涂层的改性研究 ···················· 281

参考文献 ································· 290

第1章   核事故与核电救灾机器人

1.1   核电站发展现状及趋势

随着煤炭、石油和天然气等资源的不断消耗，这些化石燃料的燃烧所带来的环境污染问题引起全世界的广泛关注。越来越多的国家开始大力发展太阳能、风能、海洋能、地热能、生物质能和核聚变能等新能源。核能具有比能量大、对环境无污染以及原材料储量巨大的特点，核电作为缓和世界能源危机的一种经济有效的能源，得到了世界范围内的广泛认可。

苏联在1954年建成了全世界第一座试验性核电站。1957年，美国第一个原型核电站在希平港投运，电功率为90MW。在此期间，只有美国、英国、法国和苏联建成了10台核电机组，单机容量为5～210MW。1961～1968年为核电站实验阶段，有11个国家建成核电站，这些国家是美国、英国、法国、苏联、联邦德国、日本、意大利、比利时、瑞士、瑞典和加拿大，单机最大容量为608MW[1]。1969～1985年是核电站的发展阶段，全球核电站总容量占发电机组总容量由1970年的1.5%增加到1985年的15%，最大单机容量提高到1450MW[2]。1979年美国三里岛核电站发生了熔堆事故，1986年苏联切尔诺贝利核电站发生核事故，此后，核电安全机构不断提高安全性要求和审批规范，这使核电建设期增长和建设成本增加，再加上20世纪80年代后期世界经济进入平缓发展期，因此，全球核电站在1985年以后发展速度减慢[3]。从1995年开始，全球面临化石能源大量使用后即将枯竭和全球变暖、环境恶化的双重压力，各国陆续出台了关于发展核电的政策。2011年，日本福岛核电站发生核泄漏，核电站的安全问题再次引起世界范围内的广泛担忧。

核电技术经过几十年的发展，到今天已经非常成熟，其堆型也十分丰富。目前，核电站主要分布在欧洲、北美及东亚等地区，其中法国、俄罗斯、英国、德国、韩国、日本等发达工业化国家核电站相对集中，南美洲及非洲部分发展中国家也有少量核电机组运行。根据中国核电发展中心、国网能源研究院发布的《我国核电发展规划研究》[4]显示，截至2019年底，全球核能发电量超过2500亿kW·h，全球发电总量中，核能发电比例超过10%。法国核能发电比例最高，核能发电量占法国全部发电量的70.6%；世界上拥有核电站数量最多的是美国，美国拥有96座反应堆，核能发电量占其总发电量的19.7%；我国核能发电量占总发电量的4.9%[5]。根据国际原子能机构发布的2019年全球核电厂运行情况报告显示[6]，截至2019年12月底，全球30个国家和地区在运核电机组有443台，总装机容量达392.1GW；

2019 年核电发电量占全球发电量的 10%，占全球低碳发电量的 1/3 左右；自 2012 年以来，核电持续增长超过 9%。根据国际能源署预测，到 2040 年，全球核电总装机容量可达 11960GW（1GW=10⁶kW），占全球总发电量的 14%。图 1.1 是 2019 年 12 月世界核协会发布的部分国家在运核电机组数[7]，排在前三位的美国、法国、中国的核电机组数总量占世界核电机组数的 45.27%，接近一半，其中中国核电机组数占世界核电机组数的 10.59%，居世界第三；紧随其后的是俄罗斯、日本、韩国、印度和加拿大等国家。截至 2019 年底，全球有 19 个国家或地区正在建设 54 台核电机组，其中中国 12 台、印度 7 台、美国 4 台、俄罗斯 4 台、韩国 4 台、阿联酋 4 台，白俄罗斯、阿联酋、孟加拉国、土耳其是新兴的核电国家[8]。

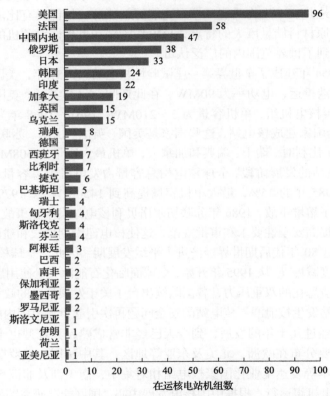

图 1.1　2019 年 12 月世界核协会发布的各国在运核电机组数[7]

我国核电站发展开始于 20 世纪 80 年代中期。1985 年我国建造的秦山核电站，是我国自主设计建造和运营管理的第一座核电站，它拥有一台 300MW 压水堆核电机组。随后从法国引进技术，我国建造了大亚湾核电站，它拥有两台 900MW 压水堆核电机组。之后的 20 年间，江苏田湾、辽宁红沿河、福建宁德等核电基地相继建成并投入使用。《中国核能发展报告 2019》指出，2018 年，我国核电机组继续保持安全稳定运行，核电装机占比 2.35%，远不及世界 10%的平均水平[9]。而截至 2019 年底，中国核能行业协会发布的报告显示，我国内地已投入商业运行的核电机组共 47 台[10]，装机容量约为 $4.875 \times 10^7 kW$，占全国电力总装机容量的 2.5%，装机容量位居全球第三；在建核电机组 12 台，装机容量为 $1.260 \times 10^7 kW$，在建核电站规模全球第一[11]。2021 年 12 月，我国国家核安全局公布了中国大陆核电厂分布图[12]，根据图中数据绘制表 1.1。由表可知，我国核电厂主要分布在浙江、广东、福建、江苏、辽宁、山东、广西、海南等 8 个沿海地区，核电设备企业主要分布在四川、上海、黑龙江、江苏、浙江和广东，我国核电建设将逐步由东部沿海向西部内陆发展，这表明我国核电发展已进入快车道，正向核电强国稳步前进。图 1.2 给出了我国近几年核电总发电量。

表 1.1　我国核电厂发展规划[12]

核电厂	省份	商运机组/座	在建机组/座
徐大堡核电厂	辽宁	0	2
红沿河核电厂	辽宁	5	1
石岛湾核电厂	山东	0	1
国核示范工程	山东	0	2
海阳核电厂	山东	2	0
田湾核电厂	江苏	6	2
秦山核电厂	浙江	1	0
秦山第二核电厂	浙江	4	0
秦山第三核电厂	浙江	2	0
方家山核电厂	浙江	2	0
三门核电厂	浙江	2	0
三澳核电厂	浙江	0	2
宁德核电厂	福建	4	0
霞浦核电厂	福建	0	2
福清核电厂	福建	5	1
漳州核电厂	福建	0	2
太平岭核电厂	广东	0	2
大亚湾核电厂	广东	2	0
岭澳核电厂	广东	4	0
台山核电厂	广东	2	0
阳江核电厂	广东	6	0
防城港核电厂	广西	2	2
昌江核电厂	海南	2	3

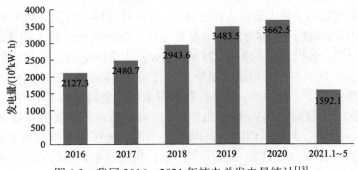

图 1.2　我国 2016～2021 年核电总发电量统计[13]

　　"华龙一号"是我国两大核电企业中国广核集团有限公司(简称中广核)和中国核工业集团有限公司(简称中核)根据福岛核事故经验反馈以及我国和全球最新核电安全要求研发的第三代百万千瓦级压水堆核电技术。2015 年 12 月 24 日,"华龙一号"示范机组——广西防城港核电二期工程开工。2017 年 4 月,中广核与肯尼亚核电局签署了核电培训合作框架协议和保密协议。2020 年 2 月中广核与法国电力集团发布声明称,英国核能监管办公室和英国环境署宣告我国第三代核电技术"华龙一号"在英国的通用设计审查第三阶段工作完成,这意味着中广核主导、法国电力集团参与的英国布拉德韦尔 B(Bradwell B)项目落地。另外,印尼、南非、土耳其、哈萨克斯坦等越来越多的国家对中国的"华龙一号"产生了浓厚兴趣。目前,"华龙一号"出口,实现"走出去"成果显著,其已成为继我国高铁后的又一张"名片"。图 1.3 是 Bradwell B 项目效果图。

图 1.3　Bradwell B 项目效果图[14]

　　为适应新形势,世界核电技术正在不断地发展和进步。2015 年,巴黎气候变化大会提出,把全球平均气温较工业化前的上升幅度控制在 2℃以内。为实现碳减排目标,需要用清洁能源来替代化石能源,而水电、太阳能、风电等清洁能源易受季节、天气变化影响，不能长期稳定发电。核电是可以带基荷运行的稳定电源，且不排放二氧化碳等温室气体，是目前唯一可大规模替代化石燃料的能源选项，未来仍有很大的发展潜力。1979 年三里岛核事故、1986 年切尔诺贝利核事故以及 2011 年福岛核事故，都对社会和环境造成了重大影响，使人们对核电的安全产生担忧，因此未来核电势必将向更安全可靠的方向发展[15]。世界核电的发展还将要求进一步降低核电建设成本以及进一步减少核废料的产生量，特别是高放射性和长寿命核素的产生量，提高核电的经济性，使得核能发电成为有竞争力的清洁能源。

目前，在运核电机组均为采用核裂变反应堆的机组，一种更为高效的核聚变反应堆也正在研发中[16]。研究表明，在高温下某些轻原子核可聚合成一个重原子核并释放出中子和大量能量，这种依靠原子核聚变反应产生能量并可控制其强度的反应堆称为可控热核聚变反应堆。在上亿摄氏度的高温下，氘和氚的原子核克服了静电作用力与外围电子分离成为离子后可聚合成一个重原子核氦-4，放出中子和大量能量(是铀裂变能量的 5 倍)且可持续核聚变。由于氘、氚在地球上储量丰富，氘可以从海水中提取，氚则是从土壤中常见元素金属锂里提取，核聚变电站不会产生碳，而且生成的放射性副产品也比当前的核电站更少，储存方法也更简单。因此，核聚变能具有巨大的开发潜力。核聚变电站的核反应堆失控或坍塌，也不会造成危险。这种采用可控热核聚变反应堆的核电站正在研制中，由中国、美国、欧洲、日本、俄罗斯、韩国和印度组成的国际组织正在建造国际热核聚变实验堆(International Thermo-nuclear Experiment Reactor, ITER)，预计耗资 100 亿美元，电功率为 5×10^5kW，有望于 2025 年在法国建成，并于 2050 年实现商业化[17]。图 1.4 是这种核聚变反应堆工作原理图。

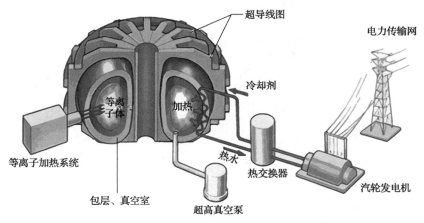

图 1.4 核聚变反应堆发电站工作原理图[17]

1.2 核电站辐射环境及辐射基本概念

1.2.1 核电站工作原理及辐射环境

1938 年，德国科学家奥托·哈恩用中子轰击铀原子核，发现重原子核的裂变现象。当中子以一定速度与重原子核(如 ^{235}U)碰撞并被其吸收后，后者会变得不稳定并分裂成两片，同时产生 2～3 个中子并放出热量。这些中子又去轰击其他铀原子核使其裂变并产生更多中子和热量，如此循环产生大量的热量，这种连续不断的核裂变过程称为链式反应。图 1.5 为核裂变示意图。若 1kg ^{235}U 原子完全裂变，其产生的核能相当于燃烧 2700t 标准煤产生的热量。

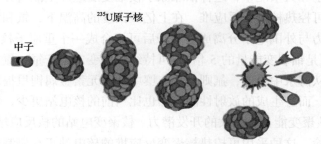

图 1.5 核裂变示意图[18]

目前，发电用核反应堆有十多种，其中技术较为成熟的有压水堆、沸水堆、石墨气冷堆、石墨轻水堆和重水堆等[19]。压水堆核电站的结构如图 1.6 所示，主要由反应堆、一回路系统、二回路系统及其他辅助系统组成。反应堆压力容器内有数根燃料组件，燃料棒中 ^{235}U 的含量约为 3%，由粉末状的铀混合物烧结而成，

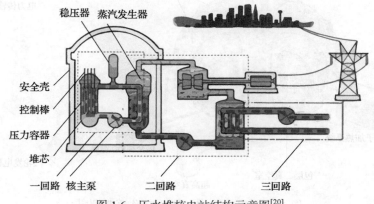

图 1.6 压水堆核电站结构示意图[20]

并装入厚度约为 1mm 的锆合金管中。通过控制棒的升降来控制中子的裂变反应，产生大量的热量，并由反应堆内冷却剂带出。一回路系统主要包括主循环泵、稳压器和蒸汽发生器。冷却水经主循环泵冷却反应堆，并将热量带出，流经蒸汽发生器将热量传递给二回路系统。二回路系统则主要由汽水分离器、汽轮机、冷凝器及水泵组成，在蒸发器内吸收一回路热量并变为高压蒸汽，进入汽轮机后带动汽轮机转动，从而做功发电。

核电站内部尤其是一回路内部环境十分复杂，且内部环境也会随着堆型及服役时间长短而发生变化。在一回路中，高温高压的冷却水中含有大量的硼元素（压水堆核电厂规定反应堆正常运转下，冷却水中的硼浓度≤1400ppm（1ppm=10^{-6}），反应堆内核及管道回路中常年处于高温（50～100℃）、高湿（100%RH）及强酸碱腐蚀环境。当发生局部泄漏时，冷却剂中的硼浓度可达 2100～2300ppm。因此，核电站中的特殊环境要求材料除满足耐辐射性能外，还具有一定的耐湿热及耐化学介质腐蚀等特殊性能。

在核反应堆环境中，其裂变环境产生的辐射十分复杂，但大致可分为三个层级考虑：①反应堆核心与夹层内部；②抗辐照外壳内部；③核事故情况下抗辐照外壳内部。在中子慢化和原子核衰变能级跃迁过程中会释放出大量辐射粒子，主要包括 α 射线、β 射线、γ 射线和中子流等，由于 α 射线及 β 射线穿透性较差且能量较低，通常用较薄的金属薄板就能将它们完全屏蔽[19]。γ 射线的穿透能力很强，而中子辐射破坏能力比 γ 射线更强。因此，γ 射线和中子流是辐射防护的重点。反应堆内部辐射环境分析见表 1.2。

表 1.2　反应堆内部辐射环境分析[21]

反应堆类型	核心		抗辐照外壳	
	中子通量 /(n/(cm² · s))	γ 射线剂量率 /(rad/h)	一般情况辐射剂量 /Mrad①	事故情况辐射剂量 /Mrad
压水堆	10^{12} ～10^{14}（热中子） 10^{10} ～10^{14}（快中子）	10^5～10^{10}	50（40a）	150
沸水堆	10^{12} ～10^{14}（热中子） 10^{10} ～10^{14}（快中子）	10^5～10^{10}	50（40a）	26
快速增值反应堆	10^{12} ～10^{14}（热中子） 10^{10} ～10^{14}（快中子）	10^5～10^{10}	10（30a）	10^4

① 1rad=100erg/g=10^{-2}Gy。

一般情况下，抗辐照外壳内部正常时 γ 射线剂量率为 10^{-3}～10^2rad/h，中子通量为$(1\sim10^5 n/(cm^2\cdot s))$，均处于较低水平。核电内部电子元器件和仪器设备基本能满足核电站使用要求，但核电站设计寿命一般在 40 年以上，因此辐射累积剂量应是电子器件考察的重点。

1.2.2　辐射基本概念及其单位表征

核辐射是指在各种核衰变及核跃迁中从原子核中释放出来的辐射，包括 α、β、γ 辐射和中子辐射等。其中，α、β 射线的穿透能力很小，α 射线用一张纸就可以隔离，β 射线用一层金属薄板也可以隔离，中子辐射虽然比 γ 射线破坏能力强，但核电站发生核事故时，中子被围阻在堆芯中而不会向外界泄露，因此对核工业的环境而言，主要考虑具有很强穿透能力的 γ 射线的辐射影响。

1. 剂量

γ 射线强度通常用剂量和剂量率表示，剂量包括吸收剂量和剂量当量。

(1)粒子间的相互作用以及它们所入射的材料都会导致能量损失。对于某种特定的材料，每单位质量的材料吸收的能量称为剂量(Gy)，即 1Gy 表示 1kg 材料接收了 1J 的能量。此外，还有一个较为通用的单位 rad，1Gy=100rad。

(2)环境电离辐射的生物效应不仅与吸收剂量有关，还与辐射的类型、能量和照射条件有密切关系。在接受相同吸收剂量的情况下，如果电离辐射的种类、能量或照射条件不同，其所致的生物效应也有所差异。例如，在相同吸收剂量下，快中子、粒子的损伤要比质子或电子的大好几倍。剂量当量等于吸收剂量和描述不同生物射线生物效应的系数(Q.F)的乘积，其单位是希沃特(Sv)，还有一个单位 rem，1Sv=100rem。

对于 γ、X 射线以及 β 粒子	Q.F.=1	1Gy ↔ 1Sv
对于中子和质子	Q.F.=10	1Gy ↔ 10Sv
对于 α 粒子	Q.F.=20	1Gy ↔ 20Sv

2. 放射性活度

放射性活度指的是一定量放射性核素衰变成子核的速度。放射性活度的法定单位是 Bq，定义为 1Bq=1 个原子核衰变/秒。此单位常用来描述反应堆里燃料的多少。

核反应堆是核电厂产生核能的装置，它是一个发热源，又是一个放射性水平较高的辐射源。一旦反应堆失控，将极有可能发生严重事故。反应堆释放出的辐射分为初级辐射和次级辐射。易裂变核素在裂变时及裂变后的产物放出的辐射为初级辐射；初级辐射与物质相互作用所引起的辐射称为次级辐射。在各种辐射源中，γ 粒子和中子占主导地位。

1.2.3　射线与物质的相互作用

1. 中子与物质的相互作用

中子的质量和质子相当，并且中子本身不带电，所以中子不会与原子核或核外电子发生相互作用，不能与物质发生电离效应。但中子穿透能力强，可以与原子核发生作用产生次级粒子(如质子、α 粒子、γ 光子等)，次级粒子可以与物质发生电离效应，因此中子与物质间的作用也间接通过次级粒子的电离效应表达。中子与原子核相互作用的方式主要有弹性碰撞、非弹性碰撞和吸收等。图 1.7 为中子与物质发生相互作用的示意图[22]。

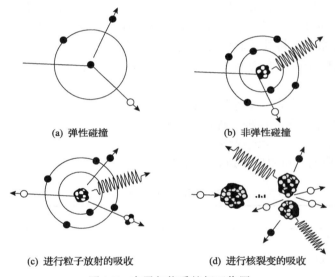

(a) 弹性碰撞　　　　　　　　　　(b) 非弹性碰撞

(c) 进行粒子放射的吸收　　　　　(d) 进行核裂变的吸收

图 1.7　中子与物质的相互作用

弹性碰撞中，原子核可看作刚性球体，当外界中子撞击原子核时，中子将在原来轨道上发生偏离，原子核则通过电离和激发损失能量。根据机械碰撞分析可知，中子与较轻的原子核(如氢原子核)发生碰撞时，其能量损失最大；而中子与重物质原子核发生撞击时，其能量还未降低，便与物质发生反弹，需多次碰撞才能使其能量下降。因此，可采用原子核较轻的物质慢化中子。

当发生非弹性碰撞时，中子的一部分能量将被原子核吸收，原子核吸收能量后处于激发态，并发射光子，随后转变为基态。因此，中子经非弹性碰撞损失的能量远远高于弹性碰撞。非弹性碰撞常发生在高能中子与原子核质量较大的物质中，非弹性碰撞也伴有次级粒子的产生。

中子与物质的相互作用可以分为散射和吸收两大类。

1)散射

散射作用分为弹性散射、非弹性散射和去弹性散射三种。

弹性散射发生时，中子的部分能量转化为原子核动能，中子的运动方向发生改变，但中子和原子核的总动能不发生改变。弹性散射常发生于中子能量较低，原子核较轻的物质，且原子核越轻，吸收中子的能量也就越多。

非弹性散射中，中子的能量部分损耗，传递给原子核用于激发，被激发的原子核在回到基态的过程中释放光子。因此，中子的部分能量损耗并产生了 γ 射线。

去弹性散射中，中子通过与原子核发生作用，产生多个中子。其中，发射出一个中子后，原子核仍然处于激发态，将继续发射一个或多个中子。

2)吸收

吸收分为辐射俘获和散裂反应。辐射俘获是指原子核将中子完全俘获并释放其他次级粒子的过程。当中子经过原子核时，有一定概率会被原子核俘获。完全俘获中子后的原子核将处于激发态，进而释放出光子及其他次级粒子。例如，当 H 原子核俘获中子后，变为 D 原子核，同时释放出一个 γ 光子。在压水堆核电站中，这种反应经常发生。

一个中等能量的质子打到重核(钨、汞等元素)之后会导致重核的不稳定而"蒸发"出 20～30 个中子，这种过程称为散裂反应。重核"裂"开并向各个方向"发散"出相当多的中子，大大提高了中子的产生效率。

表 1.3 中根据能量对中子进行了分类。

表 1.3　中子的波长和分类[23]

E/eV	T/K	λ/Å	v/(m/s)	类型	能量范围
0.001	11.6	9.04	4.37×10^2	冷中子	0～0.005eV
0.025	290	1.81	2.19×10^3	热中子	0.005～0.5eV
1.0	1.16×10^4	2.86×10^{-1}	1.38×10^4	共振中子	0.5～100eV
10^2	1.16×10^6	2.86×10^{-2}	1.38×10^5	慢中子	0.1～1keV
10^4	1.16×10^8	2.86×10^{-3}	1.38×10^6	中能中子	1～100keV
10^6	1.16×10^{10}	2.86×10^{-4}	1.38×10^7	快中子	0.1～20MeV
10^8	1.16×10^{12}	2.79×10^{-5}	1.38×10^8	超快中子	20～100MeV
10^{10}	1.16×10^{14}	1.14×10^{-6}	2.99×10^8	高能中子	>100MeV

冷中子是高能中子慢化后的产物，其本身具有较强的穿透晶体及多晶体的能力。热中子是压水堆中诱发裂变的主要产物，其速度接近服从麦克斯韦分布。共振中子是与介质分子作用尚未达到热平衡状态的慢中子，其能量通常超过 0.5eV。中能中子与物质作用主要以弹性散射为主，由于缺乏相关的中子源及探测器，其

研究工作相对较少。快中子主要发生非弹性散射，并放出大量次级射线。超快中子主要以去弹性散射为主，而高能中子由于能量极高，与原子核作用相对较弱，透射率较高。

2. 光子与物质的相互作用

一个激发态的原子核从较高能级状态跃迁到较低能级状态并发射出 γ 光子的过程，称为 γ 跃迁或 γ 衰变；跃迁过程中发射的 γ 光子就是 γ 射线，本质就是高速的光子流。γ 射线与物质相互作用时主要有光电效应、康普顿效应及电子对效应等几种形式。γ 光子主要通过与物质作用产生次级粒子诱导原子发生电离或激发，其原理如图 1.8 所示。

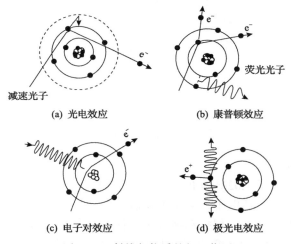

图 1.8　γ 射线与物质的相互作用

1）光电效应

γ 光子通过与靶原子中束缚的电子发生相互作用，将其全部能量转移给某一束缚电子，电子发生电离或激发，原来光子消失并产生带有一定能量的光电子，其原理如图 1.9 所示。光电效应只发生在被束缚的电子中，且光子能量大于核外电子结合能时，此效应才能发生，且伴随着特征 X 射线和俄歇电子的产生。

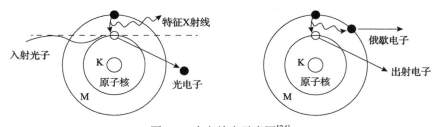

图 1.9　光电效应示意图[24]

2) 康普顿-吴有训效应

康普顿-吴有训效应是 γ 光子与物质作用时所产生的三种主要效应之一。当中等能量的 γ 光子通过物质时，与物质原子中的轨道电子发生碰撞，γ 光子把一部分能量传递给轨道电子使其脱离轨道，该电子称为反冲电子。碰撞后的 γ 光子改变其原来的运动方向，能量减少，被称为散射光子。这一种过程现象称为康普顿-吴有训效应(又称康普顿散射)。康普顿散射示意图如图 1.10 所示。光子入射时能量为 hv，散射时能量为 hv'，散射光子沿 θ 角方向出射，反冲电子出射角为 φ，此过程主要作用在核外电子的最外层。

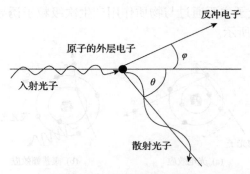

图 1.10　康普顿散射示意图

3) 电子对效应

当 γ 光子能量大于 1.02MeV 时，在库仑力的作用下，经过原子核的光子将转变为另一个光子和一个负电子，从原子发射出来。图 1.11 表示 γ 射线在库仑场中发生电子对效应的示意图。根据动能守恒定律，正负电子所具有的动能之和将为常数，等于 $hv - 2m_0c^2$，且正负电子所具有的动能是任意分配的，γ 光子在电子库仑场中也能产生电子对，其电子质量相对较小，所带反冲能量较大。因此，产生的电子对的光子最低能量要大于 $4m_0c^2$。另外，正负电子对将沿着光子入射方向前倾射出，且光子能量越大，发生电子对效应时，产生的正负电子越是前倾。

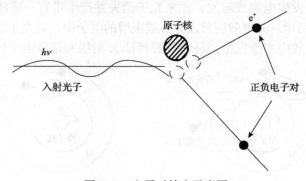

图 1.11　电子对效应示意图

1.3　核安全事故及环境分析

根据国际原子能机构(International Atomic Energy Agency, IAEA)规定，核电站安全事故分为 7 级。其中，1~3 级对应"事件"，4~7 级对应"事故"：1 级为异常，指出现超过规定的异常情况；2 级为事件，指安全措施失效；3 级为重大事件，指污染扩散、厂内工作人员受到过量辐射；4 级为无明显厂外风险的事故，指核辐射少量释放、公众受到远低于规定限值的照射；5 级为有厂外风险的事故，指核辐射有限释放、公众受到相当于规定限值的照射；6 为重大事故，指核辐射明显释放、有可能需要全面执行应急预案；7 级为最重大事故，指核辐射大量释放、大范围受到影响。

1954 年世界上第一座核电站建成以来，全世界范围内发生多起极为严重的核电站事故，如 1957 年的英国温茨凯尔核电站事故(5 级)和苏联吉斯蒂姆后处理厂事故(6 级)、1973 年的英国温茨凯尔后处理装置事故(4 级)、1979 年的美国三里岛核电站事故(5 级)、1980 年的法国圣洛朗核电厂事故(4 级)、1983 年的阿根廷布宜诺斯艾利斯临界装置事故(4 级)、1987 年的巴西戈雅尼亚铯 137 放射源污染事故(5 级)、1989 年的西班牙范德略斯核电厂事故(3 级)、1999 年的日本茨城县东海村核临界事故(4 级)、2011 年的日本福岛核电站事故(7 级)等，造成了严重的环境污染、人员伤亡、经济损失和国际影响。核电站事故造成的高辐射环境对救援人员危害极大，如 1986 年苏联切尔诺贝利核电站事故(7 级)发生后，初期采用人工直接救援，导致 31 名消防和救护人员死亡。

1.3.1　切尔诺贝利核事故

1986 年苏联切尔诺贝利核电站 4 号机组发生爆炸(图 1.12)。爆炸将反应堆上方屋顶炸开，外泄大量放射性物质，反应堆内部 50t 核燃料熔化，从而导致 70t 放

(a) 切尔诺贝利核电站损毁的反应堆　　　　(b) 反应堆内部漂浮的放射性燃料[25]

图 1.12　切尔诺贝利核电站爆炸现场情况

射性物质扩散到周围环境中。大量救援人员暴露在强辐射环境中，参与紧急救援和清理任务。10 天之后，大量的放射性物质扩散到大气中，含有放射性的云团分散到整个北半球，放射性物质随地下水和河流大面积污染苏联和欧洲其他国家和地区，6 万多平方公里土地直接受到辐射污染，320 多万人受到不同程度的核辐射侵害，造成严重的经济损失和社会混乱[26]。爆炸时反应堆产生的 γ 辐射剂量率约为 300Sv/h，爆炸后的 10 天内，离反应堆 150m 远处，剂量率约为 12Gy/h；核电站所处的 Pripyat 城镇中，空气里的辐射剂量率为 10mGy/h，柏油马路上为 600mGy/h，土壤中为 200mGy/h。核事故发生 3 个月后，在距爆炸反应堆 150m 的地方，剂量率超过 3Gy/h；距离 30km 的区域内，剂量率为 250mGy/h，逐日降低 20mGy/h[27]。

　　核事故发生后，救援人员利用机器人协助救灾，主要负责现场放射性物质的清理和搬运工作[28]。但由于现场高放射性环境，一台德国产机器人只工作了 20 多分钟，就因电子器件损坏而丧失了工作能力，其余机器人也都以失败告终。

1.3.2　三里岛核事故

　　1979 年 3 月 28 日凌晨 4 时，美国宾夕法尼亚州的三里岛核电站第 2 组反应堆的操作室里，红灯闪亮，汽笛报警，涡轮机停转，堆芯压力和温度骤然升高，2h 后，大量放射性物质溢出，如图 1.13 所示[28]。在三里岛事故中，从最初清洗设备的工作人员的过失开始，到反应堆彻底毁坏，整个过程只用了 120s。6 天以后，堆芯温度才开始下降，蒸气泡消失，即引起氢爆炸的威胁解除了。100t 铀燃料虽然没有熔化，但有 60%的铀棒受到损坏，反应堆最终陷于瘫痪。该事故属于核电站安全事故的第 5 级。事故发生后，核电站附近的居民惊恐不安，约 20 万人撤出这一地区。美国各大城市的群众和正在修建核电站地区的居民纷纷抗议，要求停建或关闭核电站。美国和西欧一些国家不得不重新检查发展核动力计划。

图 1.13　美国三里岛核事故[29]

这次事故是由于二回路的水泵发生故障后，二回路事故冷却系统自动投入，但因前些天工人检修后未将事故冷却系统的阀门打开，致使系统自动投入后，二回路的水仍断流。当堆内温度和压力在此情况下升高后，反应堆就自动停堆，泄压阀也自动打开，放出堆芯内的部分汽水混合物。同时，当反应堆内压力下降至正常时，泄压阀由于故障未能自动回座，使堆芯冷却剂继续外流，压力降至正常值以下，于是应急堆芯冷却系统自动投入，但操作人员未判明泄压阀没有回座，反而关闭了应急堆芯冷却系统，停止了向堆芯内注水。这一系列的管理和操作上的失误与设备上的故障交织在一起，使一次小的故障急剧扩大，造成堆芯熔化的严重事故。在这次事故中，主要的工程安全设施都自动投入，同时反应堆有几道安全屏障(燃料包壳、一回路压力边界和安全壳等)，因而无一人伤亡，在事故现场，只有 3 人受到了略高于半年容许剂量的照射。

1.3.3　福岛核事故

2011 年 3 月 11 日下午，日本宫城县附近海域发生 9.0 级大地震，随后引发巨大海啸[30]。海啸在周围海域引起 15m 高的巨浪，地震和海啸袭击了太平洋沿岸四个核电站的 14 台核电机组，其中东京电力公司的福岛第一核电站受损最为严重。图 1.14 为福岛第一核电站 1～4 号机组航拍图。运行中的 1、3 号机组发生氢气爆炸，2 号机组放射性物质大规模泄漏；尽管事故发生前 4～6 号机组处于停堆维护

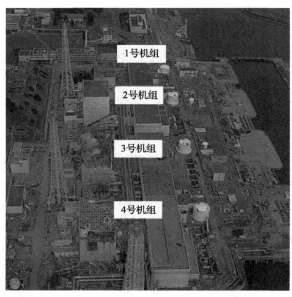

图 1.14　日本福岛核事故现场情况[31,32]

状态，但 4 号机组乏燃料池内有大量燃料棒，地震导致冷却系统失效未及时冷却，最终引发大规模氢气爆炸。核事故发生时可能导致有害化学物质或放射性物质的意外释放，放射性物质从核动力反应堆意外释放到环境中的风险目前已得到广泛的关注[33]。

日本核工业安全局（Nuclear and Industrial Safety Agency, NISA）于 2011 年 6 月 6 日公布放射性物质的辐射泄漏量[34]，放射性活度总量为 1.6×10^{17}Bq，其中 ^{137}Cs 为 1.5×10^{16}Bq（切尔诺贝利事故中放射性活度总量为 1.8×10^{18}Bq，^{137}Cs 为 8.5×10^{16}Bq），确定其放射性强度约为切尔诺贝利事故的 17.6%。由于大量放射性物质泄漏，国际原子能机构按照国际核事故分类等级，将此次事故与切尔诺贝利事故一样定义为 7 级。3 月 27 日，2 号机组建筑物外地下水管道的检测出剂量率为 1000mSv/h；4 月 2 日，高辐射冷却海水从混凝土结构裂缝中渗出并流至海水；5 月 12 日 11 时 30 分，福岛第一核电厂正门剂量率为 43μSv/h；5 月 16 日核电站南边场馆剂量率为 396μSv/h，西门处为 15μSv/h。

据报道，东京电力公司已经在废墟防止燃料熔化的冷却管中收集了超过 100 万 t 受污染的水，但其存放空间将用完，因而日本环境大臣原田义昭公开宣布预将其排入海里并稀释，这引起了世界的恐慌[35]。

1.4　核电救灾机器人发展现状

1.4.1　核电站事故中的现场环境

在核工业应用领域，运行环境具有很强的放射性，给操作人员带来极大的安全风险，故世界各国对核工业工作人员受到的累积剂量都有严格的限制，以保护生命安全，减少辐射对人体的损伤。而在核事故情况下，核燃料本身的安全防护层已经失效，辐射危险程度大大增加。

因存在辐射危险，不仅 1～7 级的核电站事故都要用机器人替代人实施救灾作业，而且核电站内红区和橙区的日常维护也需要机器人。开发核环境作业机器人进行环境探测、放射性废物处理、应急响应等工作，一方面降低了用于人工防护的设备成本及管理成本，另一方面减少了工作人员受辐照剂量和劳动强度，大大提高了核电站的安全运行能力。

开发核电救灾机器人是完善核事故应急处理预案体系的一个重要环节。如果要对核设施紧急情况采取措施，首先需要了解现场的状况。由于在事故现场人工收集环境信息存在辐射和爆炸风险，所以采用远程控制进行监控是非常有必要的。机器人需要在现场非结构化环境中行进，同时配备视频系统等工具，将相关采集信息回传到远程操作台。核电站现场设施周围环境条件复杂，有很多类型的设备，对机器人设计提出了诸多要求，尤其是在核电站应急情况下，必须充分考虑机器人面对的各种状况[36]。以 2011 年福岛核事故为例，如图 1.15 所示。事故中共有三个机组反应堆发生了氢气爆炸，分别为 1 号机组、3 号机组和 4 号机组，2 号机组反应堆虽然没爆炸，但已被确认释放出放射性核素。核工业安全机构在 2011 年6 月 6 日评估了释放到环境中的核素总量[37]。

图 1.15　福岛核事故爆炸现场图片

1) 事故发生时反应堆里的放射性物质

日本核工业安全局(NISA)估计了反应堆紧急关闭后的放射性物质总量。放射性物质 ^{131}I：1 号机组的反应堆为 $1.3×10^{18}$Bq，2 号机组为 $2.0×10^{18}$Bq，3 号机组为 $2.0×10^{18}$Bq；放射性物质 ^{137}Cs：1 号机组的反应堆里为 $1.3~3.7×10^{17}$Bq，2 号机组和 3 号机组各自为 $2.2~5.0×10^{17}$Bq。

日本内阁则估计机组 1、2、3 中的 ^{131}I 放射性活度总量为 $6.1×10^{18}$Bq，^{137}Cs 为 $7.1×10^{17}$Bq。

2) 乏燃料池里的放射性物质

乏燃料池里的放射性物质总量，官方并没有公开相关数据。但根据估计，1~3 号机组的 ^{131}I 量较少，可以忽略，在 4 号机组中则还有 $1.1×10^{16}$Bq。至于 ^{137}Cs，1 号机组中约为 $3.5×10^{17}$Bq，2 号机组和 3 号机组中各自约为 $4.7×10^{17}$Bq，4 号机组中最多，约为 $1.0×10^{18}$Bq。

3) 空气中的放射性物质

据日本核安全委员会(Nuclear Safety Commission)估计，在 3 月 11 日至 4 月 5日，约有 $1.5×10^{17}$Bq 的 ^{131}I、$1.2×10^{16}$Bq 的 ^{137}Cs 被释放到环境中，导致核电站周围的各个监测点所检测到的辐射值也在增加。3 月 15 日，在 2 号机组发出异常噪声的同时，所检测到的辐射值出现激增，因此推测噪声发生时 2 号机组内部放射性物质被释放。事故发生前后福岛核电站周围各个监测点所检测到的环境辐射剂量率还受到风向、降雨等因素的影响，因此在 3 月 15 日～3 月 17 日，受东南风和降雨的影响，该值达到最大，随后则处于连续下降状态。

1.4.2　核事故类型及机器人救灾任务

在核电站运行过程中，影响最大的是反应性控制、余热导出、放射性包容等三种安全功能的核事故。典型核事故类型及相应的机器人救灾作业任务有以下 12 种[38]。

（1）堆芯熔化事故。在安全壳内，堆芯熔化事故出现时，压力容器内外需要注入足量水，因强辐射救灾人员无法进入安全壳内，当失电时需要机器人拖放软管从消防栓处取水注入堆芯。如美国三里岛事故堆芯熔化了 40%，至今无人进入过安全壳内，仅靠从安全壳外注水冷却。

（2）在严重事故情况下安全壳内环形地坑水过滤器堵塞事故。发生严重事故时安注系统需要足量注水，水会进入安全壳内壁 1m 宽、2m 深的环形地坑中，通过坑内 1.5m 高处的水过滤器进行过滤，在有电时采用安注系统实现水的循环冷却，但核事故中保温层、漆皮、石棉、工具等杂物会随水进入地坑，堵塞过滤器，使水冷却循环失效，需要机器人清理作业。

（3）燃料组件包壳破裂导致核泄漏事故。在核电站维修和核燃料组件更换时，因人为或机械与控制系统故障等，会造成燃料元件包壳破裂，导致核泄漏严重事故，此时救援人员无法进入现场，需要机器人实施救灾作业，以避免事故扩大。

（4）一回路管道破裂导致的安全壳内环形地坑水过滤器堵塞事故。一回路没有任何阀门，一回路管道破裂时，300℃的水与裂变产物进入安全壳，安全壳内温度会达到 150℃、压力达到 5 个大气压，因安全壳内救援人员无法进入，只能靠从地坑循环水注入堆芯冷却，所以需要机器人清理地坑杂物，使过滤器正常工作，确保堆芯冷却水循环。

（5）安全壳内氢气浓度超标。核事故发生后，安全壳内氢气聚集，氢气浓度上升，需要及时消氢，以降低氢气浓度。氢气浓度在 4%～10%时处于可控燃烧状态，可以采用点火方式消氢。因电池储能有限，AP1000 核电站目前设计的点火器只能维持工作 4h，所以需要机器人在安全壳内确保能随时点火消氢。

（6）发生核事故需要安全壳隔离时，安全壳内阀门控制功能失效事故。核事故发生后，要实现安全壳隔离，避免事故继续发展，如果应急作业需要关闭安全壳内管道的阀门(如二回路蒸汽输出管道的阀门等)，当失电或阀门驱动系统失效时，需要机器人在安全壳内实现机械操作方式关闭阀门。

（7）堆芯出口温度达 650℃事故。因事故造成堆芯出口温度达到 650℃时，核电站进入严重事故管理导则，此时，主控室操作员实施救灾作业，应急指挥中心就位，进行领导指挥。要求对安全壳外、燃料厂房、安全设备厂房、辅助厂房等环境信息进行测量，获取辐射剂量、压力、温度等数据，指挥中心据此判断事故实情，指挥应急处理和操作。此时，救援人员无法进入安全壳内和安全壳外的燃料厂房、安全设备厂房、辅助厂房等辐射剂量大的地方，需要机器人进入其中实施测量，获取信息。

（8）换料水箱泄漏事故。在安全壳内，更换核燃料作业前，需要用换料水箱的水淹没压力容器，形成 20m 水深。换料水箱（AP1000 核电站为安全壳内置式换料水箱，2 代核电站为安全壳外置式换料水箱）内需存储 2000t 水，如果换料水箱发生泄漏，采用人工实施补漏作业，则需要把水箱抽干，耗时耗能、影响核电站正常运行和安全，因此需要机器人实施水下探测和堵焊作业。

（9）乏燃料池泄漏事故。在安全壳外，若燃料厂房水池漏水，衰变热导致乏燃料元件升温和破损，放射性物质将会外泄，此时必须确保乏燃料水池的水量和水的循环，需要机器人及时进行水池漏水处的水下探测和堵焊作业。日本福岛核事故因乏燃料水池泄漏导致乏燃料元件破损、放射性物质外泄。

（10）二回路管道破裂事故。二回路管道破裂会导致高温高压，饱和温度高达 230℃左右、气压高达 67 个大气压，救灾人员无法接近，如日本美滨 2 号机组曾发生二回路蒸汽管道破裂事故，导致 2 人死亡、1 人重伤，因此需要机器人进入高温高压、强潮湿滑的事故环境关闭阀门和清理现场。

（11）自然灾害导致核电站通道堵塞事故。在地震等自然灾害发生后，核电站会出现事故，安全壳外的安全厂房、辅助厂房、燃料厂房、净化厂房等处会发生坍塌，需要机器人实施重载清障、关闭阀门等救灾作业。

（12）净化系统所在辅助厂房出现事故。净化系统在辅助厂房内，平时有辐射，人员不宜进入，正常运行时，人只能进入该厂房作业短暂时间。若出现事故，则需要机器人入内进行救灾作业。

针对核电站 7 个等级事故和 12 种典型核事故及相应的救灾作业任务，核电救灾机器人在严重事故发生时的主要救灾作业包括核灾害环境探查、应急通道路障清除、阀门和房门开关、障碍物切割、破口焊接堵漏、水下裂缝修补、水下异物清除、楼梯攀爬、负重移动等具体可分为三类，即强辐射环境探测、狭窄空间内移动和重载灵巧救灾操作、水下探测与焊接堵漏等。

1.4.3　核电救灾机器人现状分析

长期以来，世界各国先后开展了核电救灾机器人的研究。美国、法国、德国、日本等发达国家早在 20 世纪 40 年代就已经展开了核环境下作业机器人的研究工作，并研制成功多种样机。比较具有代表性的有美国阿贡实验室开发的世界上最早用于核工业、名为 Ml 的遥控式机械手，它可用于放射性物质的操作。之后，美国又相继研发出双足行走机器人，用于核电站设备的检查。1997 年，日本早稻田大学也研制出用于核电站设备检查工作的双足行走机器人。

美国能源部及美国国家航空航天局（National Aeronautics and Space Administration,

NASA)联合资助了代号为"先锋"的项目，研制的机器人于 1999 年 5 月进入切尔诺贝利核电站封堆后的"石棺"内进行探查。为避免失效，"先锋"项目的核心控制电子元件(如集成电路，CPU 等)没有装载在机器人上，而是放置于控制处，但是控制视觉系统以及钻具和机械臂的电子元件都装载在机器人上。为了保护这些电子元件，采用金属钨屏蔽，使这些电子元件可耐受 $1\sim10$kGy 的总辐射剂量。德国 ROBOWATCH 公司研制了自动巡视机器人 MOSRO 和 OFRO，用于核生化环境中的探测和搜救。国内一些科研院所曾研制出履带式核生化机器人，具备核辐射环境下的工作能力，目前处于由试验样机向实用系统的过渡阶段。表 1.4 列出部分用于核电站的耐辐照强度较高的机器人。

表 1.4　耐辐照强度较高的机器人[39,40]

机器人	开发商	抗辐照剂量/Gy	抗辐照剂量率/(Gy/h)
NEATER760	英国 AEA Technology	10^6	—
BD250		10^3	—
Gamma 7F	美国 RedZone Robotics	10^5	—
Tarzan		10^5	10^3
SMF	德国 Mak System Gmbh	10^3	10^2

多年来，国际上一些发达国家认为核电站采用了高安全度的设计和建造标准，而对研制核电救灾机器人的必要性缺乏足够认识，导致各国核电救灾机器人的研究计划大都半途而废，如德国在 20 世纪 60 年代就为核电行业研制遥控操纵器，但 1989 年相关机器人计划被中止；日本在三里岛核电站发生事故后于 1983 年启动了一个核探测机器人研究计划，耗资 200 亿日元，但 1990 年该计划被终止；1999 年日本茨城县东海村发生核临界事故以后，再次研究核电站救灾遥控机器人，共尝试制造六台，采用轮式、履带式结构，并携带操作设备进入事故现场，展开事故处理与救援相关工作，但一年后该项目又被终止，六台半成品机器人被废弃。日本制造的部分核电救灾机器人如图 1.16 所示。

(a) 轻作业机器人　　　　　　(b) 东芝监测机器人

(c) 重载机器人　　　　　　　　　(d) 高耐辐照机器人

图 1.16　日本制造的部分核电救灾机器人[41,42]

国际上机器人参与核电站事故救灾的案例不多，主要是用于核事故现场图像获取及辐射监测。切尔诺贝利核事故后，苏联尝试采用机器人进行核事故处理，除一台德国产机器人坚持工作了 20 多分钟之外，其他国家派出的机器人在短时间内都失去了作业能力。在日本福岛核电站事故处理中，美国派出了 iRobot 公司的 PackBot 和 Warrior 机器人、QinetiQ 公司的 Talon 和 Dragon Runner 机器人，其中 PackBot 机器人用于检测现场辐射量，通过数百米长光纤传回现场图像和环境数据，Warrior 机器人用于清理放射性碎石，Talon 机器人利用搭载的 GPS 全球定位系统绘制事故现场的放射线量分布图，Dragon Runner 机器人实施现场监视和勘测；瑞典派出了 Brokk 公司提供的机器人，通过携带不同工具在高放射性条件下进行现场清理和废物处置。

我国核电发展较晚，经历了"起步"、"适度发展"阶段，战略上已向"积极发展"阶段转变。目前，投入运营的核电站共有 51 台机组，这些投入运营的核电站属于改进型二代核电站，与福岛核电站（属于二代）相比，虽然对严重事故的预防和缓解做了部分考虑，但与正在发展的第三代、第四代核电站相比，在安全方面仍然存在重大隐患。其中，秦山核电站和大亚湾核电站的运行时间均已超过 17 年，正值设备检修、更换的频繁期。因此，我国目前对核电站的应急研究重点放在设计基准事故阶段，对严重事故的环境条件、事故缓解和救灾研究较少，特别是事故环境下机器人的功能验证更是尚未涉足。

中广核研究院有限公司研制的履带式移动机器人用于核电站环境监测，具备在强核辐射环境下工作的能力，可通过遥控操作进行控制，通过上位机进行远程控制，能够完成爬坡、越障、跨沟、爬梯等典型核电站现场工作；还可以进行实时画面显示，实现环境监测数据可视化与机器人状态监控[43]。

1.5 核电救灾机器人耐辐照性能分析

1.5.1 核电救灾机器人的关键性能

PackBot 是美国 iRobot 公司设计的军用机器人，由于具备较高的耐辐照性，在福岛事故发生后最早被送入爆炸后的楼里并测量了现场的核辐射剂量。虽然目前仍不清楚 PackBot 具体能耐受的总剂量值，但从它在现场测量的数据表明，其在福岛核电站接受的辐射大于 100Gy[44]。

因为 PackBot 没有上下楼的能力，所以改装了日本本土机器人 Quince，如图 1.17 所示。Quince 原本是个搜救机器人，可以在不平整的路面行进，但没有耐辐照性。经改装后，它于 2011 年 7 月被送入福岛核电站。改装内容包括增加有线电缆，因为无线通信一旦进入反应堆建筑里就会失去信号。表 1.5 是改装 Quince 过

图 1.17 日本开发的核机器人 Quince[45]

表 1.5 机器人 Quince 的关键元件所承受的总剂量及最终状态[45]

设备	总剂量/Gy	最终状态
CPU 主板，POE 设备	206.0	正常工作
电机驱动板	206.0	正常工作
激光扫描仪 UXM-30LN	229.0	正常工作
激光扫描仪 UTM-30LX	无数据	正常工作
激光扫描仪 Eco-scan FX8	225.0	正常工作
CCD Axis 212	219.5	正常工作
激光扫描仪 URG-04LN	124.2	在 124.2Gy 后损坏
CCD CY-RC51KD	169.0	在 169.0Gy 后损坏

程中对其进行的辐射测试数据。从表中可以看出，部分电子器件是机器人的薄弱环节，耐辐照能力低，成为核电救灾机器人应用的瓶颈。

对核电救灾机器人而言，其耐辐照性能主要取决于机器人各材料和零部件对辐射的耐受性。在机器人中使用最多的是机械元件和电子元件。机器人的固件为铝合金材料，而机械元件也大多由金属材料构成(如用于支撑机器人的铝合金支架)，金属材料耐辐照性能远高于其他材料。机器人中的无机材料使用较少，主要包含电路板上用于绝缘的氧化铝陶瓷。据相关资料显示，氧化铝、玻璃、陶瓷等无机绝缘材料具有较好的抗辐照性能，能在 γ 射线剂量为 10^9rad 以下工作。此外，机器人中使用的有机材料主要包括线缆等绝缘材料中的聚氯乙烯(PVC)、聚丙烯(PP)，但辐照裂解会引起有机材料机械强度降低、绝缘性能下降。机器人所用电子元件上包含大量半导体材料(如硅半导体材料)，该类材料抗辐照性能最弱，因此电子器件防护需要着重考虑。各类材料的耐辐照性能见表 1.6。

表 1.6 材料的一般耐辐照性能[46]

材料类别	耐辐照总剂量/rad	评价
金属材料	$>10^{11}$	极耐辐照，不用防护
有机材料	10^9	很耐辐照，不用防护
无机材料	10^7	较耐辐照，防护或替换
半导体材料	$10^3 \sim 10^5$	不耐辐照，重点防护

French 等[47]设计了一款能在高辐射环境下工作的灵活机器人手臂。整个手臂由金属和塑料制成。其中，机械手的主要结构，即关节手指和轴承采用聚甲醛塑料和铝合金制成，用于保证各关节在最小摩擦情况下工作。各类肌腱采用超高分子量聚乙烯制成。材料在机械手臂中的应用情况详见表 1.7。

表 1.7 机械手部件和材料的应用情况[47]

部件	材料	距辐射源距离/cm	辐照剂量率/(μSv/h)
手指结构和轴承	聚甲醛，铝合金，不锈钢	10	1100
肌腱	聚乙烯	12	1020
机身	聚硅氧烷弹性材料	10	1100
视觉和定位传感器	半导体材料	10	1000
线缆和管道	铜，塑料，橡胶	11	1060
印刷电路板	半导体结构焊接材料，塑料，铜	13	970

除电子元件外，机器人中还有一些材料和器件也容易受到辐射的影响。如机

器人的伺服电机，虽然电机大部分由耐辐照强度较高的金属制成，但它所包含的润滑油、焊缝、弹性元件等部分，在核事故极端环境下性质会发生改变，从而最终导致电机无法工作，使机器人失去能量供给。机器人的耐辐照性能应该根据各个部件的耐辐照性进行综合评价，并由最为敏感的部件决定，在防护方案中予以充分重视。对于核电站用机器人抗辐照性的研究，首先要对其可能用到的所有材料的耐辐照性能进行分析，这些材料包括金属与无机材料、有机材料、半导体材料与器件。

1.5.2　金属与无机材料

机器人中的机械元件大多由金属材料制成，金属材料构成了机器人的骨架。金属由原子的立体晶格所组成，重入射粒子通过与晶格原子碰撞引发原子离开晶格的位移而对金属的性质产生影响，如造成金属的电阻、体积、硬度和抗拉强度增加，密度和延展性减小。但总体来说，射线和电子辐射对金属的性质影响极小，因此它在所有材料中的抗辐照性能也是最好的。核电站的射线屏蔽材料常用密度比较大的重金属，如钨、铅等。此外，机器人也会用到一些无机材料，如用于绝缘的氧化铝等。石英、云母、玻璃、陶瓷等无机绝缘材料具有较好的抗辐照性能，它们可以在中子注量阈值 10^{19}n/cm^2 以及 γ 射线辐射剂量 10^7Gy 以下工作[48]。一些常用的无机绝缘材料如图 1.18 所示。

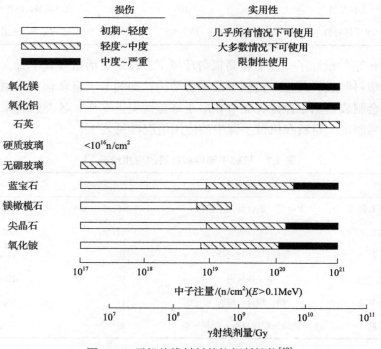

图 1.18　无机绝缘材料的抗辐射性能[48]

1.5.3　有机材料

有机材料在核辐射环境中相当容易引起损伤，即裂解会引起其变色、发脆、机械强度降低、绝缘性能下降。图 1.19 给出了工程中常用的橡胶、热塑性树脂的抗 γ 射线辐照性能。

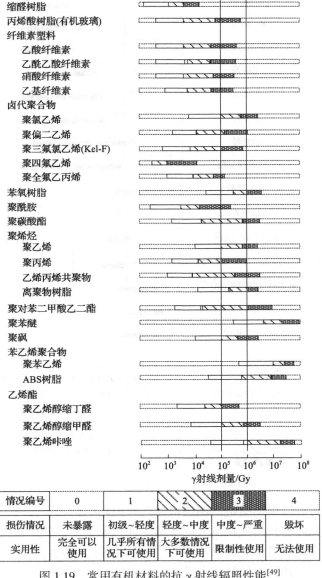

图 1.19　常用有机材料的抗 γ 射线辐照性能[49]

1.5.4 半导体材料与器件

一些常用的材料和器件的抗辐照性能如图 1.20 所示。可以看出，半导体和光学器件的抗辐照性能最弱，光学电子器件比普通电子器件抗辐照性能更弱。

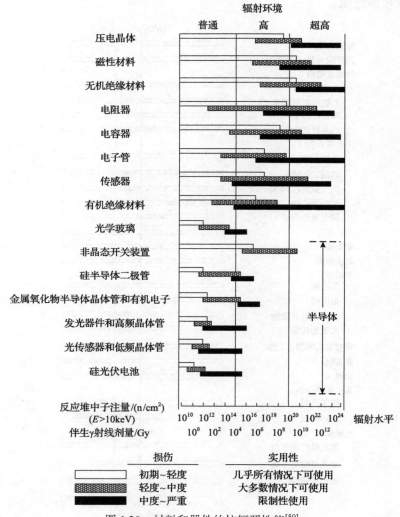

图 1.20　材料和器件的抗辐照性能[50]

由以上分析可以得出结论：制造机器人所使用的材料中，电子元件对辐射最为敏感。如果金属材料构成机器人的骨架，那么电子元件就是遍布机器人全身的大脑和神经。金属材料至少可以承受 10^{10}Gy 的辐射，而电子元件在 50Gy 的情况下就有可能损坏，并同时导致整个机器人失效。

电子元件中主要包括双极晶体管、晶体振荡器、金属氧化物半导体(metal oxide semiconductor, MOS)数字集成电路和中央处理器(central processing unit, CPU)等。对于双极晶体管，一般来说，当辐射总剂量超过 10^4Gy 时，SiO_2 覆盖下的基区 P 型(对于 NPN 器件)硅开始反型[51]。除总剂量外，高剂量率也会导致晶体管的参数值改变，当剂量率达 10^6Gy/s 时，初始光电流与 γ 剂量率的线性关系发生变化；而当剂量率达到 8.5×10^8Gy/s 时，一些晶体管可能会被烧毁[44]。对晶体振荡器和 MOS 数字集成电路而言，其耐辐照总剂量可高达 10^4Gy[52]。个别微处理器 CPU 的抗辐照扰动水平大于 10^8Gy/s[53]。对核电救灾机器人来说，对核辐射敏感的电子元器件可归为以下三类：半导体电子元件、传感器和光学器件。最易受到损伤的电子器件结构如下。

1) 双极晶体管

在核辐射中，对双极型器件危险最大的是 γ 射线。γ 射线辐射主要使器件材料产生电离效应，使器件引入表面缺陷，在反偏 PN 结中形成瞬时光电流。快中子流辐射引起的位移效应和 γ 射线辐射引起的电离效应都会引起双极晶体管电流放大系数的下降和漏电流的增大，从而对电路性能造成严重甚至致命的损伤。对于功率晶体管，衬底电阻率的增加和电流增益的降低会导致饱和深度减小，使其饱和压降明显增大；对于开关晶体管，少数载流子寿命的降低以及电阻率的增加，会使其上升时间增加，存储时间和下降时间减少。实验证实，因 Si/SiO_2 退化而使器件失效的 γ 射线总剂量约为体内位移损伤失效总剂量的 1/50。可见，对双极器件的电离辐射而言，表面损伤是主要的。

2) 晶体振荡器

晶体振荡器用于各种电路中以产生振荡频率。受到辐射时，晶体振荡器的串联谐振频率会产生变化，由此对电路产生影响。相较于总剂量辐射，晶体振荡器对瞬间辐射较为敏感。实验证明，即使总剂量达 10^4Gy，这种晶体的振荡频率也几乎没有变化。如果晶体的硅氧化物共价电子因瞬时辐射而损失，则硅氧键就断裂，自由电子迁移到缺陷位置就不被俘获，于是电子不能再恢复断裂的共价键。晶体的剪切刚性度是共价键数的函数，晶体频率正比于剪切刚性度的平方根，因此价键的断裂就减少了晶振频率。

3) MOS 数字集成电路

MOS 技术建立的基础是建立 MOS 场效应晶体管(metal-oxide-semiconductor field effect transistor, MOSFET)，它主要用在数字电路中，因为它可以作为十分完善的开关。未加固的 MOS 设备对辐射极为敏感，大部分 MOS 设备的抗辐照能力不超过 100Gy，但 MOS 元件对中子辐射具有很强的天然耐辐照能力，经中子辐射后，其电参数变化很小，受 γ 射线辐射后总剂量变化则较大。最重要的辐射损伤因素是电离效应，在 $10^2\sim10^3$Gy 时，其栅极阈值电压常有几伏的漂移，将使性能严重退化。其退化机理主要是氧化层内俘获电荷的积累和 Si/SiO$_2$ 界面引入了表面态。在大剂量(大于 10^4Gy) γ 射线辐射时，MOS 晶体管的退化趋于饱和[54]。

4) CPU

CPU 是一种功能复杂的大规模集成电路。从 20 世纪 80 年代初至 21 世纪初，国内外对 CPU 做了大量辐射效应试验，其加固水平也逐步得到提高，抗辐照总剂量水平从最初 N 型金属氧化物半导体(NMOS)工艺的几个戈瑞(Gy)到目前互补金属氧化物半导体(CMOS)工艺的大于 10^4Gy；γ 射线瞬时辐射扰动水平从 $5×10^3 \sim 5×10^5$Gy/s 到现在的大于 10^8Gy/s；耐中子水平最高达 10^{15}n/cm$^{2[53]}$。γ 射线总剂量辐射对微处理器的影响主要是下限频率的增加，上限频率的下降。γ 射线辐射剂量率可以使处于工作状态的微处理器产生扰动和闭锁，甚至可因光电流过大而烧毁，它由 γ 射线电离衬底反偏 PN 结产生光电离而引起。CPU 接口状态对 γ 射线脉冲辐射很敏感。

5) 结型场效应晶体管

场效应晶体管是以多数载流子导电的器件。结型场效应晶体管(junction field-effect transistor, JFET)有两种结构，即 N 沟道和 P 沟道 JFET。

JFET 的电参数主要取决于沟道纯掺杂质浓度和迁移率。JFET 抗辐照总剂量能力较双极器件要强得多，而且 P 沟道 JFET 比 N 沟道 JFET 要更加耐总剂量辐射，一般要经 10^3Gy 以上的总剂量辐射后，其噪声电压才有较明显的增加[55]。总剂量辐射在耗尽区内引入缺陷和缺陷群，形成了大量的复合-产生中心，使得栅漏源电流对总剂量较为灵敏。

在对机器人薄弱和重点部件进行屏蔽防护时，由于降低一个数量级的 γ 射线剂量大约需要 100mm 厚的钢[56]，考虑到机器人的载重限制，很难完全通过屏蔽对材料和器件提供足够的防护。因此，在核电站紧急救灾机器人的设计过程中，首先要尽量选用抗辐照性能高的材料和器件，例如，在满足功能的前提下，驱动系统采用步进电机代替伺服电机，采用旋转变压器代替编码器，控制系统采用传统晶体管组件代替更为先进的组件[57]；采取屏蔽措施，保护关键的电子设备。除此之外，在系统设计过程中，仍需采取其他措施来延长机器人的工作寿命，例如，将一些辐射敏感的核心控制电子器件留在强辐射区域之外的安全区域，而不直接装载在机器人上。至于具体采用哪种方案，还需要结合机器人系统设计中的其他问题综合考虑。

1.6　核电救灾机器人的综合防护

1.6.1　综合防护的重要性

随着科学与技术的迅速发展，核能获得了更加广泛的应用：在医学领域中，利用核辐射产生的射线进行透视检查及辐射治疗；在能源领域中，利用核能发电提供了大量的清洁能源；在工业领域中，射线广泛用于精密测量及金属探伤。然而，射线在衰变过程中将产生大量放射性物质，对生物细胞造成损害，危害人类的身体健康。人体器官在受到 100mSv 辐射剂量时就会产生损害，累积剂量达到 6000mSv 时将致命。国家标准对从事辐射工作人员的职业照射水平有明确的控制要求，公众照射的年有效剂量为 2.4mSv。

在高辐射剂量时，用机器人代替人进入现场作业是解决人体辐射损伤的有效方法。核事故发生时，机器人越早进入事故现场，就能越早实施紧急操作，减少辐射危害。1986 年切尔诺贝利事故发生当晚，核电站涡轮机厂房屋顶的辐照强度约为 1.7×10^4Sv/h，被炸开的反应堆内部剂量率高达 2.5×10^4Sv/h，尽管当时派出机器人进行现场协助作业，但都没有达到预期的效果，受辐射污染人数约 320 多万，6 万多平方公里土地无法使用，400 多个居民点成为无人区。

2011 年福岛核事故救援关键时期，机器人因抗辐照能力和操作机构的限制，都未能完成预定的任务要求，只能依赖 50 名工作人员坚守核电站，长时间强辐射照射对他们造成致命性的伤害，因此开发核电救灾机器人，可以减少生命财产的损失，为安全使用核能提供保障。

然而，机器人在高辐射剂量下也存在安全问题，尤其是有机介质、电子器件和通信系统。机器人作为集机械、电子、计算机、人工智能等多种先进技术于一体的自动化设备，装备有伺服电机、精密减速器、末端执行器、传感器等关键零部件，每种器件中都分布着大量电子器件。电子器件及其组成的电子系统在高辐射环境下的安全工作取决于器件本身的耐辐照能力。当前开发的机器人普遍不能在强辐射环境下工作，除了机器人难以适应核电站复杂的空间环境和操作任务外，控制和通信系统较低的耐辐照能力也是重要原因。

1.6.2　防护目标和任务

开发高辐射环境下的作业机器人对人类安全利用核能具有极其重要的意义。在设计高辐射环境下作业的机器人时首先要考虑 γ 射线效应对电子器件的影响，其次考虑多种辐射射线耦合作用环境下电子器件的综合屏蔽能力，同时屏蔽设计需兼具灵活性、轻便性、加工性等基本特性。核事故时高辐射环境下机器人的屏蔽防护问题的解决，将带动其在医疗、金属探伤、食品检测等辐射场所的广泛应用。

目前，核电救灾机器人辐射防护主要的目标是以重金属为基础，与其他材料组合或复合以提高屏蔽性能并减轻重量。利用闪烁谱仪研究 ^{137}Cs 和 ^{60}Co 等放射源发出的 γ 射线在钨镍合金与铅材料中吸收规律的变化，发现钨镍合金对 γ 射线的吸收远高于传统屏蔽材料铅；对于同样的屏蔽效果，钨镍合金厚度仅为铅的 2/3，大大节省了空间。将原子质量相差较大的几种材料组合后进行 γ 射线产生热量性能的对比，发现在相同的 γ 射线照射下，相同厚度的 Al-Fe 模型比 Al-Pb 模型生成更多热量，生成热量越多越有利于废热的利用。当总厚度为 45cm 时，前者生热比后者增加 10%。钨硼聚乙烯复合材料随着钨和碳化硼的含量增加，复合材料屏蔽性能、抗拉强度和弹性模量增加，伸长率有所下降。

1.6.3　防护策略与挑战[58]

受辐射源条件限制，针对 γ 射线屏蔽防护材料的研究多集中在低能段，与相关设备配套的低能射线屏蔽材料已可大规模商业化应用，而中高能段的研究还停留在理论模拟及计算阶段，离实际应用还有很大的差距。在高辐射环境下工作时，γ 辐射和放射性材料发射的其他粒子会损害机器人系统的电子线路。考虑到移动机器人通常在密度变化的放射区域内工作，不太可能受到连续高水平辐射，一种简单的办法是基于商用移动机器人对总吸收剂量进行监控，在部件失效前移出高辐射区域，更换辐射敏感模块。另一种延长系统使用寿命的方式是采用冷备份，去电状态的 CMOS 电路要比运行中的电路承受更高剂量的辐射。因此，整个系统的承受剂量可以通过冷备份冗余系统进行翻倍，当主系统故障或性能下降到一定程度时，切换到备用系统来维持系统操作。

对 10^4Sv/h 的高辐射防护要求而言，直接屏蔽的方法只能采用重金属加厚的防护策略。传统铅材料价廉，线吸收系数高，但铅具有较高的毒性，长期使用会污染环境；钨密度较大，采用 1cm 厚的钨板屏蔽 $1cm^3$ 的物体，其重量高达 14kg。过厚的屏蔽层将会为携带系统带来死重，不仅降低机器人的灵活性，还会增大驱动器的负荷、发热量和单次作业工作时间，易造成电子器件热失效。除重金属材料外，有机材料或者原子序数较小的材料基本没有吸收高能射线的能力，目前研究的材料还是以重金属元素为主，辅以其他填料做出适当改性，并没有本质上的提升。

就电子器件耐辐照稳定性而言，大多数商用 CMOS 部件只能承受几百希沃特（Sv），尽管双极性器件比 CMOS 部件更能承受粒子辐射，可达几千希沃特的剂量，但远远不能满足核事故环境下的辐射安全剂量要求。具有强耐辐照性的电子元器件还未市场化，尤其国内市场是个空白。相关的技术壁垒导致耐辐照电子器件价格居高不下。高成本和低市场率进一步增大了高耐辐照机器人的开发成本和难度。

高辐射环境作业机器人的防护设计不仅要考虑在多种辐射源下不同能量段射线（尤其是 γ 射线）对机器人电子器件的有效屏蔽，又要兼顾机器人灵活作业的要求，并控制密闭环境下电子设备的热效应。通过结构设计、屏蔽组合等多种方案进行高辐射环境下的综合防护是当前核设施安全运行的关键问题。该问题的解决对于医疗、能源以及工业等核能相关产业的安全运行和稳步发展都具有重要的意义。

参 考 文 献

[1] 赵媛. 世界核电发展趋势与我国核电建设[J]. 地域研究与开发, 2000, 19(1): 42-45.

[2] 舒申. 我国核电产业的发展现状和前景[J]. 中国高校科技, 2004, (9): 68-70.

[3] 杨海群. 评世界核能工业的衰退[J]. 世界经济, 1984, (9): 35-39.

[4] 中国核电发展中心, 国网能源研究院有限公司. 我国核电发展规划研究[M]. 北京: 中国原子能出版社, 2019.

[5] IAEA PRIS. Nuclear Power Status 2019[EB/OL]. https://pris.iaea.org/pris/PRIS_poster_ 2019.pdf [2020-11-7].

[6] 中国能源研究会核能专委会. IAEA 发布 2019 年全球核电厂运行情况报告[EB/OL]. http://www.smnpo.cn/ gjhxw/1660601.htm[2020-7-7].

[7] World Nuclear Association. World Nuclear Power Reactors & Uranium Requirements[EB/OL]. https://www.world-nuclear.org/information-library/facts-and-figures/world-nuclear-power-reactors-archive/reactor-archive-december-2019.aspx [2019-12-22].

[8] 龙茂雄. 世界核电发展现状与展望[N]. 中国能源报, 2019.

[9] 张廷克, 李闽榕, 潘启龙. 中国核能发展报告 (2019) [M]. 北京: 社会科学文献出版社, 2019.

[10] 赵成昆. 《核安全法》为中国核能的安全高效发展保驾护航[J]. 中国核电, 2019, 12(1): 11-15.

[11] 国家能源局. 中国核工业创建 65 周年　在建核电规模世界第一[EB/OL]. http://www.nea. gov.cn/2020-01/20/ c_138720424.htm[2020-1-20].

[12] 中国核能行业协会. 中国核电站分布图(截至 2021 年 11 月 1 日)[EB/OL]. https://www.cnnpn. cn/article/26997.html [2022-9-19].

[13] 一代书生规划院. 核能发电发展现状和趋势分析 [EB/OL]. https://mp.weixin.qq.com/s/ HbjsmwAS5HIkenzdDNRNuA[2022-9-19].

[14] 李哲. 中英就核能开展紧密合作[J]. 能源研究与利用, 2016, (2): 27-29.

[15] Filburn T, Bullard S G. Three Mile Island, Chernobyl and Fukushima[M]. Berlin: Springer International Publishing, 2016.

[16] 丁厚昌, 黄锦华. 受控核聚变研究的进展和展望[J]. 自然杂志, 2006, 28(3): 143-149.

[17] 张微, 杜广, 徐国飞. 核聚变发电的研究现状与发展趋势[J]. 产业与科技论坛, 2019, 18(8): 60-62.

[18] 白欣, 胡佳, 冯晓颖. 1944 年诺贝尔化学奖得主——奥托·哈恩[J]. 化学通报, 2012, 75(4): 379-384.

[19] 邵祖芳. 核电站原理与核电现状[N]. 科技日报, 2000.

[20] 马晓静. 核电站厂用电系统设计[J]. 高科技与产业化, 2009, 5(12): 79-83.

[21] 沈自才, 丁义刚. 抗辐射设计与辐射效应[M]. 北京: 中国科学技术出版社, 2015.

[22] 何建洪, 孙勇, 段永华, 等. 射线与中子辐射屏蔽材料的研究进展[J]. 材料导报, 2011(S2): 347-351.

[23] 王祝翔. 核物理探测器及其应用[M]. 北京: 科学出版社, 1964.

[24] 高峰, 肖德涛, 周熠. γ射线和物质的相互作用[J]. 衡阳师范学院学报, 2008, 29(3): 32-36.

[25] Balonov M, Bouville A. Radiation exposures due to the chernobyl accident[J]. Encyclopedia of Environmental Health, 2011: 709-720.

[26] Kyoto M, Chigusa Y, Ohe M, et al. Gamma-ray radiation hardened properties of pure silica core single-mode fiber and its data link system in radioactive environments[J]. Light Wave Technology, 1992, 10(3): 289-294.

[27] Kortov V, Ustyantsev Y. Chernobyl accident: Causes, consequences and problems of radiation measurements[J]. Radiation Measurements, 2013, 55(709): 12-16.

[28] Houssay L P. Robotics and radiation hardening in the nuclear industry[D]. Gainesville: University of Florida, 2000.

[29] Walker J S. Three Mile Island: The first great nuclear power crisis[J]. History, 2015, 42(5): 307.

[30] Harada S, Yanagisawa M. Evaluation of a method for removing cesium and reducing the volume of leaf litter from broad-leaved trees contaminated by the Fukushima Daiichi nuclear accident during the Great East Japan Earthquake[J]. Chemosphere, 2017, 172: 516-524.

[31] Koo Y H, Yang Y S, Song K W. Radioactivity release from the Fukushima accident and its consequences: A review[J]. Progress in Nuclear Energy, 2014, 74(3): 61-70.

[32] Miyata K, Nishino S. Evaluation of plant behavior during the accident at Fukushima Daiichi Nuclear Power Station[J]. International Journal of Nuclear Safety and Simulation, 2012, 4(3): 243-254.

[33] Freeman G. Nuclear Safety in the Wake of the Fukushima Daiichi Accident: Actions of Selected Countries[M]. New York: Nova Science Publishers, 2015.

[34] Strand P, Sundell-Bergman S, Brown J E, et al. On the divergences in assessment of environmental impacts from ionising radiation following the Fukushima accident[J]. Journal of Environmental Radioactivity, 2017, (169-170): 159-173.

[35] 日本福岛核污水入海计划: 百度百科 https://baike.baidu.com/item/%E6%97%A5%E6%9C%AC%E7%A6%8F%E5%B2%9B%E6%A0%B8%E6%B1%A1%E6%B0%B4%E5%85%A5%E6%B5%B7%E8%AE%A1%E5%88%92/56707271?fromModule=search-result_lemma[2019-9-11].

[36] 刘呈则, 严智, 邓景珊, 等. 核电站应急机器人研究现状与关键技术分析[J]. 核科学与工程, 2013, 33(1): 99-107.

[37] Baba M. What Happened: The outline of the Fukushima accident[J]. Progress in Nuclear Science & Technology, 2012, 3: 15-18.

[38] 高峰, 郭为忠. 核电站紧急救灾机器人: 核电安全的忠诚卫士[J]. 科技纵览, 2017, 7: 74-78.

[39] Bogue R. Robots in the nuclear industry: A review of technologies and applications[J]. Industrial Robot, 2011, 38(2): 113-118.

[40] 徐文福, 毛志刚. 核电站机器人研究现状与发展趋势[J]. 机器人, 2011, 33(6): 758-767.

[41] Mano T, Hamada S. Development of a robot system for nuclear emergency preparedness[J]. Advanced Robotics, 2002, 16(6): 477-479.

[42] Yuguchi Y, Satoh Y. Development of a robotic system for nuclear facility emergency preparedness—Observing and work-assisting robot system[J]. Advanced Robotics, 2002, 16(6): 481-484.

[43] 吴玉, 顾毅, 董鹏飞. 核电站环境监测履带式移动机器人设计与研究[J]. 机器人技术与应用, 2016, 3: 41-45.

[44] Nagatani K, Kiribayashi S, Okada Y, et al. Emergency response to the nuclear accident at the Fukushima Daiichi Nuclear Power Plants using mobile rescue robots[J]. Journal of Field Robotics, 2013, 30(1): 44-63.

[45] Nagatani K, Kiribayashi S, Okada Y, et al. Gamma-ray irradiation test of electric components of rescue mobile robot Quince[C]. IEEE International Symposium on Safety, Security and Rescue Robotics, Kyoto, 2011: 56-60.

[46] 姜懿峰. 核电救灾机器人中子屏蔽材料制备及辐射防护研究[D]. 上海: 华东理工大学硕士学位论文, 2016.

[47] French R, Marin-Reyes H, Kourlitis E. Usability study to qualify a dexterous robotic manipulator for high radiation environments[C]. The 21st IEEE International Conference on Emerging Technologies and Factory Automation, Berlin, 2016.

[48] 郝娜. 空间辐射对光电耦合器性能影响的研究[D]. 哈尔滨: 哈尔滨工业大学硕士学位论文, 2012.

[49] Zeb J. Design and development of a radiation protection assistant robots[D]. Islamabad: Pakistan Institute of Engineering & Applied Sciences, 2009.

[50] 朱小锋, 周开明, 徐曦. 剂量率对 MOS 器件总剂量辐射性能的影响[J]. 核电子学与探测技术, 2005, 25(3): 322-325.

[51] 陈盘训. 半导体器件和集成电路的辐射效应[M]. 北京: 国防工业出版社, 2005.

[52] King J C, Sander H H. Transient change in Q and frequency of At-cut quartz resonators following exposure to pulse X-rays[J]. IEEE Transactions on Nuclear Science, 1973, 20(6): 117-125.

[53] 樊明武. 核辐射物理基础[M]. 广州: 暨南大学出版社, 2010.

[54] 胡刚毅. 微电子器件的抗辐射加固和高可靠技术[J]. 微电子学, 2003, 33(3): 224-231.

[55] 冯彦君, 华更新, 刘淑芬. 航天电子抗辐射研究综述[J]. 宇航学报, 2007, 28(5): 1071-1080.

[56] 赖祖武, 包宗明, 宋钦崎, 等. 抗辐射电子学: 辐射效应及加固原理[M]. 北京: 国防工业出版社, 1998.

[57] Dodd P E, Shaneyfelt M R, Schwank J R, et al. Current and future challenges in radiation effects on CMOS electronics[J]. IEEE Transactions on Nuclear Science, 2010, 57(4): 1747-1763.

[58] 栾伟玲, 韩延龙, 张晓霓, 等. 高辐射核环境作业机器人的防护问题//10000 个科学难题: 物理学卷[M]. 北京: 科学出版社, 2018: 744.

第 2 章　核电救灾机器人用γ射线辐射防护材料

γ射线在固体内引起的最主要效应是电离。对于一些材料，如半导体、绝缘体等，电离效应将使其特性发生较大变化。对金属材料而言，辐射所产生的电离能被金属中的传导电子迅速中和，因而金属在接受大剂量辐射后其结构不易改变。

γ射线与物质相互作用时会产生光电效应、康普顿效应和正负电子对效应。三种效应的发生除与γ射线能量有关外，也会受到被辐射物质的原子序数影响。在能量尺度上，低能量范围内光电效应占优势，中等能量范围内康普顿效应是主要的，当射线能量很高而且被辐射物质的原子序数也很高时，才会发生正负电子对效应。但三种效应都会释放出电子。在核电站中，反应堆内由裂变放出的γ射线以及热中子引起的γ射线，主要效应是康普顿效应。

γ射线的电离作用非常小，但是贯穿本领很大，所以对于γ射线的防护一直是一个热点和难点。对核电救灾机器人来说，应主要考虑γ射线的影响，并对γ射线屏蔽材料开展重点研究。很多材料都能够对γ射线产生一定的屏蔽作用，如自然界的水、土壤、岩石、铁矿石等，它们对于能量较低且剂量不强的γ射线有良好的屏蔽作用。但是，能量较高的γ射线危害更严重，屏蔽却非常困难。常见的γ射线屏蔽材料有铅、混凝土、钨-镍合金等，各种材料的γ射线屏蔽效果差异巨大。其中，重金属由于密度较大，电子含量较高，屏蔽效果最好。例如，铅的屏蔽性能优异，价格低廉，是目前应用最多的γ射线屏蔽材料。但是由于铅有毒，在使用过程中可能会扩散出来，给人体带来伤害，近年来，国际上为了防止铅的危害并保护环境，提出开发无铅辐射屏蔽材料。钨及其合金材料的密度大、强度高、吸收射线能力强、导热系数大，且具有良好的导电性，是一种很好的铅替代屏蔽材料。钨镍铬合金也可以屏蔽γ射线[1]。成细洋[2]制备的钨铜合金γ射线屏蔽材料，密度可达 8.3g/cm³左右，半吸收厚度约为 11mm，抗拉强度为 20～30MPa，性能优良。Wagh 等[3]用含硼陶瓷涂层屏蔽β射线和γ射线。Greuner 等[4]采用真空等离子喷涂法，制备了碳化硼第一壁复合材料，其屏蔽效果也较优异。

2.1　辐射防护材料性能计算

关于辐射防护，国际辐射防护委员会(International Commission on Radiological Protection, ICRP)在 1977 年的建议中提出：当考虑经济和社会因素后，应该保持照射量在最低水平。同时，ICRP 提出了相对完整的现代剂量限制体系，即辐射防护三原则：辐射防护正当化、辐射防护最优化以及个人剂量限制。这三个原则密不可分，必须进行综合运用和考量，这不仅打破了依据单一剂量限值来进行防护评价的模式，而且在屏蔽材料的选择和设计方面具有深远的指导意义。

以概率和统计理论方法为基础的计算方法，通过使用随机数(或更常见的伪随机数)来解决计算问题。将所求解的问题同一定的概率模型相联系，用计算机实现统计模拟或抽样，以获得问题的近似解。当所求解的问题是某种随机事件出现的概率，或者是某个随机变量的期望值时，通过某种"实验"的方法，以这种事件出现的频率估计这一随机事件的概率，或者得到这个随机变量的某些数字特征，并将其作为问题的解。半个多世纪以来，由于科学技术和计算机的发展，这种技术作为一种独立的方法被提出来，并首先在核武器的实验与研制中得到应用。由于这种计算方法能够比较逼真地描述事物的特点与实验物理过程，解决一些数值方法难以解决的问题，在研究粒子输运问题领域的应用日趋广泛[5]。通过数学模拟物质区中核和粒子相互作用的统计过程，研究辐照效应和计算屏蔽参数[6]。

2.2　γ射线屏蔽材料

2.2.1　金属、合金的屏蔽性能模拟

原子序数不同的金属对γ射线的屏蔽效果不同，一般认为原子序数大的物质，其屏蔽效果较好，所以常用铁和铅等作为屏蔽材料。表 2.1 列出了几种典型γ射线屏蔽材料的特性。随着核能源及各种核反应堆的发展，对核屏蔽材料的要求越来越高，除屏蔽效果外，对诸如力学性能、耐热性、抗辐照性能等也提出了要求。

表 2.1　典型γ射线屏蔽材料特性

材料	密度/(g/cm³)	特点
钨(W)	19.35	密度大，但较昂贵
铋(Bi)	9.80	屏蔽效果优于 Pb
硫化铅(PbS)	7.50	密度小，有毒
铅(Pb)	11.34	屏蔽效果好，有毒
铁(Fe)	7.86	屏蔽效果弱于 Pb
镍(Ni)	8.91	屏蔽效果弱于 Pb
混凝土	2.20～2.35	有一定的屏蔽效果，只适合固定结构

1. 材料屏蔽性能表征

当一束准直的窄束单能光子沿着水平方向垂直通过吸收体时，γ射线初始强度为 I_0，γ射线通过吸收体时会发生光电效应、康普顿散射和正负电子对效应，透

过吸收体后 γ 射线强度为 I。γ 射线强度将按指数减弱，计算方法见式(2.1)：

$$I = I_0 e^{-\mu l} \tag{2.1}$$

式中，I/I_0 为 γ 射线的透射率；μ 为衰减系数，$\mu = \mu_\tau + \mu_\sigma + \mu_\omega$，$\mu_\tau$、$\mu_\sigma$、$\mu_\omega$ 分别为光电效应衰减系数、康普顿效应衰减系数和正负电子对效应衰减系数；l 为物质层的厚度(m 或 cm)。实验表明，衰减系数取决于 γ 射线的能量、吸收体材料的原子序数 Z 和密度。透射率作为材料屏蔽性能的指标，吸收体透射率随 γ 射线能量的增加而增加，随材料厚度的增加而下降。若要得到穿过屏蔽体后射线的能量分布情况，就要计算屏蔽体的透射能谱，透射能谱是指在不同能量范围射线数量的分布情况。

材料对 γ 射线的屏蔽性能参数可以通过试验测试或计算机模拟得到。窄束和宽束的透射率试验测试示意图如图 2.1 和图 2.2 所示，其区别在于宽束包括出射后其他方向散射的射线。

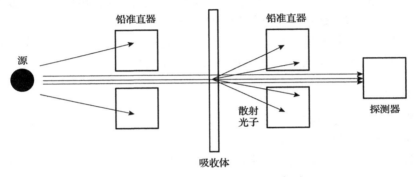

图 2.1　窄束透射率试验测试示意图

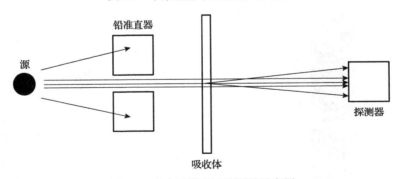

图 2.2　宽束透射率试验测试示意图

在窄束 γ 射线的定义中包含一个假设，只要入射 γ 光子与屏蔽物质发生一次相互作用，无论发生光电效应、康普顿效应还是正负电子对效应，γ 光子都被认为从射线束中消失。现实情况下，仅有发生光电效应和正负电子对效应的 γ 光子被屏蔽物质直接吸收了；而发生康普顿散射的光子可能穿过屏蔽物质，虽然其能量和方向发生了一定变化，但该 γ 光子并没有被屏蔽物质真正吸收。因此，所谓的窄束情况及其指数衰减规律只有在理想的情况下才能成立。

实际上，在辐射屏蔽领域里需要防护的辐射多为宽束。宽束辐射穿过屏蔽物质时，部分光子通过与物质发生光电效应、电子对效应而被屏蔽物质吸收；部分光子与核外电子作用发生散射，经多次散射后 γ 光子仍有可能穿过屏蔽物质，到达采样位置。因此，采样位置的光子不仅包括未发生反应的 γ 光子，也包括发生散射后仍穿过屏蔽物质的 γ 光子。综合考虑康普顿散射的影响，宽束辐射条件下，在窄束的指数衰减规律中引入一个修正因子 B，用来对窄束减弱规律加以修正，即式(2.2)：

$$N = BN_0 \mathrm{e}^{-\mu l} \tag{2.2}$$

式中，N_0、N 分别为穿过物质层前、后的光子数；B 称为积累因子；μ 为射线在该物质中的衰减系数；l 为物质层的厚度(m 或 cm)。

屏蔽物质和辐射源形状确定时，积累因子主要与屏蔽介质厚度和光子能量 E_γ 有关。因此，一般将积累因子写成 $B(E_\gamma, \mu_\mathrm{d})$ 的形式。

2. 建模分析

材料屏蔽性能分析的试验方法会受限于实验室条件。而模拟计算屏蔽参数，可以达到节省制作材料和试验成本、迅速建立筛选方案、提高工作效率的目的。采样源粒子数会显著影响输出结果的统计误差和模拟计算运行时间[7,8]，计算时应综合考虑。

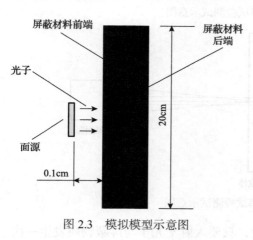

建立图 2.3 所示模型，模型的 γ 射线辐射源为各向同性面源，设定辐射源位于屏蔽材料前端 0.1cm 处，面对源的屏蔽材料截面尺寸为 20cm×20cm。模拟时每次初始发射 γ 射线光子数设为 10^8 个，这样可以保证计算结果的相对误差小于1%。计算透射过材料后面的 γ 射线光子数，即可得到透射率。由于放射源与材料之间设置为真空，射线在入射材料之前不会发生任何效应，故放射源与材料之间的距离对计算结果无影响。

图 2.3　模拟模型示意图

3. 金属材料屏蔽性能模拟分析

根据图 2.3 所示模型，将屏蔽材料设置为铅，模拟 1cm 厚度铅对不同能量 γ

射线的透射率，结果如图 2.4 所示，并将其与理论计算值对比，得到当射线能量为 2MeV 时，透射率的计算值为 0.594，模拟得出的透射率为 0.603，两者相差很小，因此模拟结果可信。

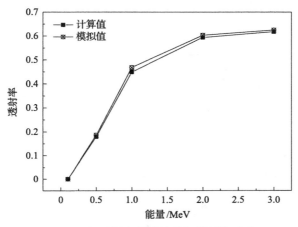

图 2.4　铅透射率的计算值与模拟值对比

根据模拟结果计算 1MeV 射线入射时铅的衰减系数为 0.759，与文献[9]的值 0.77 相差很小，模拟结果可靠。根据半减弱厚度法，文献[10]记载的半衰减厚度为 1.0565，对应透射率为 0.507，亦可知模拟结果可靠。因此，结合不同资料所记载的透射率、衰减系数，再次证明模拟方法和结果是可靠的。

按照上述方法，分别模拟了不同厚度的铅对不同能量(0.5～3MeV)γ 射线的透射率，结果如图 2.5 所示。可见铅的透射率随着材料厚度增加呈指数衰减；γ 射线能量越大，透射率越大。当射线能量由 0.5MeV 增加到 2MeV 时，铅的透射率明

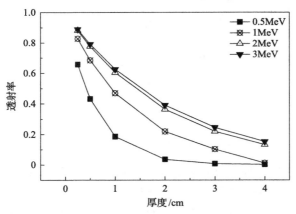

图 2.5　铅对不同能量 γ 射线的透射率

显增大；而当射线能量由 2MeV 增加到 3MeV 时，透射率接近。

传统的金属屏蔽材料有铅、钽、钨等。为了对比几种金属的屏蔽性能差异，模拟它们在不同能量 γ 射线下的透射率，其中钨和钽的模拟结果如图 2.6 和图 2.7 所示。几种金属的透射率曲线变化趋势一致，并且同种材料的透射率在 2～3MeV 变化较小。

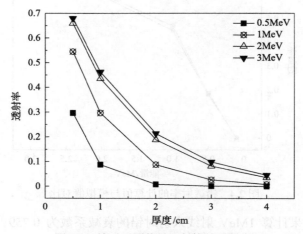

图 2.6 钨对不同能量 γ 射线的透射率

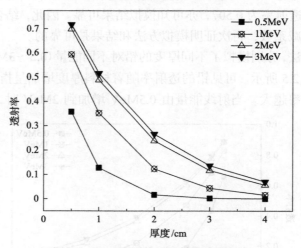

图 2.7 钽对不同能量 γ 射线的透射率

进一步将几种金属对不同能量射线的透射率进行对比，结果如图 2.8 和图 2.9 所示。可见，当材料厚度相同时，钨的屏蔽性最好，其次分别是钽、铅、铁、钡。采用金属钨作为核电救灾机器人电子器件的局部屏蔽材料，可有效节省空间。但是由于功率有限，过重的屏蔽材料会增加机器人负载，使其过于笨重、灵巧性下降、救灾效率降低。因此，还需考虑材料单位质量的屏蔽效果。

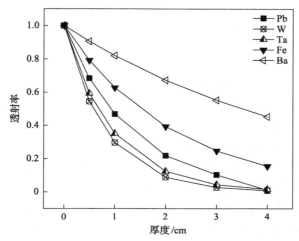

图 2.8　γ 射线能量为 1MeV 时几种典型金属的透射率

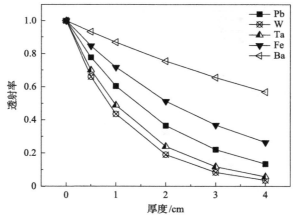

图 2.9　γ 射线能量为 2MeV 时几种典型金属的透射率

由式(2.1)可知，相同厚度(体积)材料的屏蔽性能可用线性衰减系数表示，线性衰减系数越大，单位厚度材料的屏蔽效果越好。单位质量材料的屏蔽性能可用质量衰减系数表示，质量衰减系数越大，单位质量材料的屏蔽效果越好。表 2.2 给出了计算得到的以上金属材料的线衰减系数和质量衰减系数，可见：钨的线衰减系数最大，为 1.216cm^{-1}，其次是钽、铅、铁和钡；铅的质量衰减系数最大，为 $0.06696\text{cm}^2/\text{g}$，钨、钽的质量衰减系数相差不大，分别为 $0.06282\text{cm}^2/\text{g}$ 和 $0.06284\text{cm}^2/\text{g}$。因此，单位质量的铅屏蔽效果最好，其次为钨和钽。

表 2.2　γ 射线能量为 1MeV 时，典型金属材料的线衰减系数和质量衰减系数

材料	密度/(g/cm³)	线衰减系数/cm⁻¹	质量衰减系数/(cm²/g)
铅（Pb）	11.34	0.759	0.06696
钨（W）	19.35	1.216	0.06282
钽（Ta）	16.65	1.046	0.06284
铁（Fe）	7.86	0.467	0.05941
钡（Ba）	3.51	0.198	0.05653

对于不同能量的 γ 射线，铅、钨、钽屏蔽 50%射线时所需的厚度如图 2.10 所示，由图可见钨所需的厚度最小，可以节省大量的空间。屏蔽 50%射线时三种材料所需的质量如图 2.11 所示，所需铅的质量最小，钨、钽几乎相同。电子器件运行时产生大量的热需要散出，铅、钨、钽的热导率分别为 35W/(m·K)、180W/(m·K)、60W/(m·K)，可见，采用钨屏蔽最有利于热量散出。

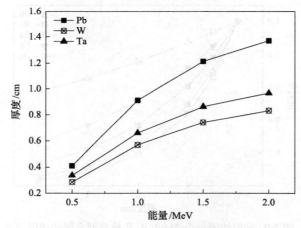

图 2.10　屏蔽 50%射线时三种材料所需的厚度

为进一步研究钨对高能量 γ 射线的屏蔽效果，设定 γ 射线能量为 1.25～4.00MeV，对钨的屏蔽效果进行模拟，结果如图 2.12 所示。随着 γ 射线能量的不断增加，钨的线衰减系数先快速减小，当 γ 射线能量大于 3.0MeV 时，钨的线衰减系数基本保持不变[11]。这是由于在高能量下，光子与屏蔽材料的相互作用以康普顿散射为主，随着光子能量的不断增加，康普顿散射截面逐渐减小，光子发生散射的概率也大大降低，因而在 γ 射线能量大于 3.0MeV 时，钨的线衰减系数基本不变。这也说明低能量 γ 射线的防护相对容易，所需屏蔽材料的厚度也较小，而

高能量 γ 射线防护困难，所需屏蔽材料的厚度很大。

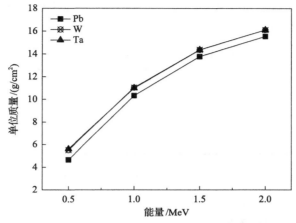

图 2.11　屏蔽 50%射线时三种材料所需的质量

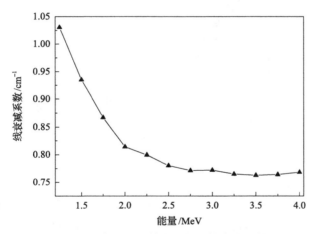

图 2.12　高能量 γ 射线下钨的线衰减系数

4. 钨基、钽基合金屏蔽性能

由于铅及其化合物对人体各组织均有毒性，铅的使用逐渐减少。钨基合金、钽基合金等高密度合金与钨、钽单质相比，强度高，具有良好的可焊性和加工性。

1）钨基合金屏蔽性能

钨基合金的主体体系有 W-Ni-Fe 合金、W-Ni-Cu 合金和 W-Cu 合金等[12,13]，此外，还有少量 W-Hf 合金、W-Ta 合金、W-Re 合金等[14,15]。钨基合金广泛应用于能源、机械加工、航空航天、核工业等领域[16]。表 2.3 给出了三种钨基合金的性能参数，对表中钨基合金和钨的透射率进行模拟比较，结果如图 2.13 所示。三种钨基合金的透射率几乎相同，但是 90W-7Ni-3Fe 的伸长率较大，即韧性较好，综合性能最优。由于纯钨的密度比钨基合金大，故其透射率稍小。但纯钨质硬而脆，力学性能不如钨基合金。

表 2.3　　三种钨基合金的性能参数

钨基合金	密度/(g/cm^3)	硬度（HRC）	伸长率/%	屈服强度/MPa
90W-10Ni	17.3	26	7	586
90W-10Cu	17.3	25	5	605
90W-7Ni-3Fe	17.2	25	18	615

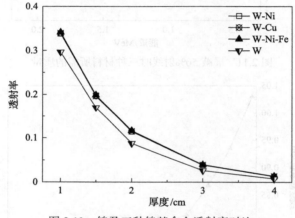

图 2.13　钨及三种钨基合金透射率对比

2) 钽基合金屏蔽性能

表 2.4 中为三种常见钽基合金的性能参数，取力学性能较好的 Ta-7.5W 和 Ta-10W 与纯钽进行屏蔽性能对比研究，模拟所得的透射率对比如图 2.14 所示，可见三者的屏蔽性能几乎相同。从表 2.4 发现，Ta-10W 的屈服强度最大。与单一材质相比，钽基合金具有更好的综合性能，更适合用作屏蔽材料；缺点是合金往往加工工艺复杂，加工成本较高。

表 2.4　　三种钽基合金的性能参数

钽基合金	密度/(g/cm^3)	屈服强度/MPa	伸长率/%
Ta-2.5W	16.7	193	20
Ta-7.5W	16.8	336	26
Ta-10W	16.9	460	25

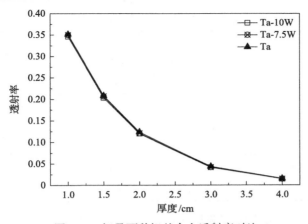

图 2.14　钽及两种钽基合金透射率对比

5. 利用辐照试验测量材料对γ射线的屏蔽性能

采用 ^{60}Co 为放射源，对不同厚度的钨、铅、钨-镍合金(90W-10Ni)进行辐射，以剂量片测量样品前后的剂量值，计算材料的屏蔽值。辐照前后的试样如图 2.15 和图 2.16 所示。其中试样 1、2、3、4 放在与源距离相同的位置。试样 4、5、6、7 分别放在与源距离不同的位置。表 2.5 给出了试验结果和模拟结果的对比。

图 2.15　辐照前试验试样照片

图 2.16　辐照后试样照片

表 2.5　试验结果与模拟结果对比

编号	材料	厚度/cm	辐照时间/h	正面剂量/kGy	反面剂量/kGy	透射率 试验结果	透射率 模拟结果
1	Pb	1	0.7	12.16	5.24	0.43	0.53
2	W	1	0.7	8.77	2.66	0.303	0.36
3		1	0.7	18.03	7.06	0.39	0.4
4	W-Ni 合金	0.5	0.7	15.04	8.6	0.57	0.62
5		0.5	0.7	7.45	3.8	0.51	0.62
6		0.5	0.7	2.15	1.1	0.51	0.62
7		0.5	0.7	1.21	0.64	0.53	0.62

　　试样 1、2、3 虽放在距离源相同位置，但接受的辐照剂量并不相同，说明辐射源的射线分布不十分均匀。试样 4、5、6、7 所受剂量不同，但透射率几乎相同。所有试验结果与模拟结果比较吻合，验证了模拟结果的准确性。总体来讲，试验结果略小于模拟结果，出现误差的原因为：首先是试验使用的剂量片可能存在一定误差；其次是辐照试验环境不够理想，也会给试验结果带来一定误差。

　　6. 重重金属的弱吸收区和稀土屏蔽性能

　　对钨、钽、铅在不同能量下的透射率进行模拟，发现低能量段 γ 射线穿过三种金属后都产生了能量发散情况，结果如图 2.17 所示。谱图中存在两个峰，第一个峰是铅、钽、钨存在的弱吸收区，所以这个区域的射线透过率较相邻区域要大。第二个峰是因为电子对效应产生一个电子对，正电子在材料中不断减速，最后结合一个负电子湮灭，产生两个能量为 0.51MeV 的光子，所以在这个位置也会出现一个峰值。铅的弱吸收区最为明显。这是由于铅的 K 层吸收边为 88keV，能量高

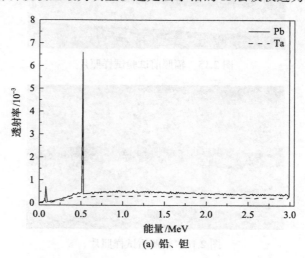

(a) 铅、钽

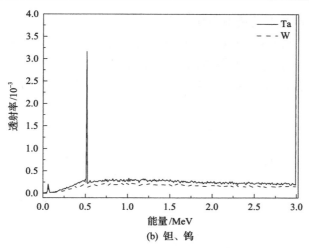

(b) 钽、钨

图 2.17　铅、钽、钨的透过射线能谱图对比

于 88keV 的光子较易与铅的最内层电子发生光电效应而被吸收；而能量略低于 88keV 的光子不能与铅的最内层电子发生作用，因此不容易被吸收。钽的 K 层吸收边为 75keV，钨的 K 层吸收边为 69keV，其吸收区峰最弱，说明钨对于低能量光子仍有较好的屏蔽作用[11]。

K 层吸收边是材料屏蔽性能的重要参数。从表 2.6 中的数据可以看出，钨、铅、铋的 K 层吸收边较大。金属对于低于其 K 层吸收边的射线都存在弱吸收区，铅对其弱吸收区范围内的射线存在吸收性能极低的现象，稀土元素丰富的电子结构使其可以弥补重金属的弱吸收区，但是不同稀土元素对弱吸收区的弥补效果有待研究。

表 2.6　几种金属及稀土的 K 层吸收边

金属	原子序数	密度/(g/cm³)	K 层吸收边/keV
铁(Fe)	26	7.86	7.13
钡(Ba)	56	3.51	37.44
稀土	57～71	—	38.9～63.3
钽(Ta)	73	16.65	75～85
钨(W)	74	19.35	69.53
铅(Pb)	82	11.34	88
铋(Bi)	83	9.8	90.53

假设铅层厚度为 0.01cm，窄束 γ 射线的入射能量为 0.02～0.1MeV，模拟计算铅、镧的透射率结果如图 2.18 所示。铅在 0.04～0.08MeV 范围内的透射率很

大，而镧在此能量范围的透射率比铅小。铅、镧在 0.06MeV 处的质量衰减系数分别为 4.46cm^2/g 和 8.84cm^2/g，后者约为前者的 2 倍，说明此能量段时，镧更为有效。图 2.19 给出了宽束射线的模拟结果，透射率变化趋势与图 2.18 相同，但是镧的透射率大于铅，这是因为宽束射线中包括散射射线，而射线在镧中发生的散射比铅中要多。

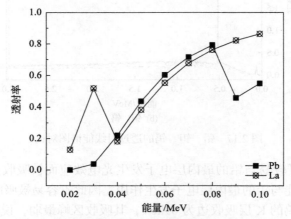

图 2.18　铅与镧的透射率对比(窄束射线，铅层厚度 0.01cm)

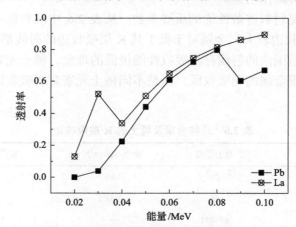

图 2.19　铅与镧的透射率对比(宽束射线，铅层厚度 0.01cm)

继续模拟计算稀土元素钆和镥的透射率，结果分别如图 2.20 和图 2.21 所示。可见在 0.065～0.085MeV 范围内，钆与镥的屏蔽效果均优于铅，但其能量范围小于镧(0.04～0.08MeV)。由此可知，对于铅弱吸收区的弥补，镧的效果最好。

金属钨与铅类似，也存在弱吸收区。图 2.22 中对比了钨和镧在 0.02～0.1MeV 范围内的屏蔽性能，可见在 0.04～0.06MeV 范围内，相同厚度钨的屏蔽性能稍优于镧。

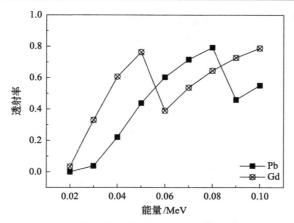

图 2.20　铅与钆的透射率对比(铅层厚度 0.01cm)

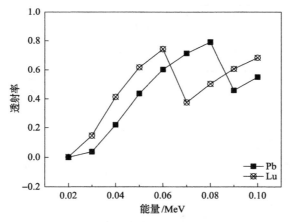

图 2.21　铅与镥的透射率对比(铅层厚度 0.01cm)

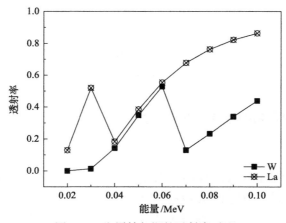

图 2.22　金属钨与镧的透射率对比

继续模拟计算不同 γ 射线能量下钆、镥的透射率,结果分别如图 2.23 和图 2.24 所示。与图 2.22 对比可知,钆、镥对钨弱吸收区的弥补性能同样不如镧。

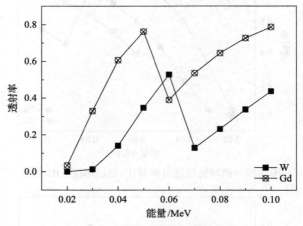

图 2.23　金属钨与钆的透射率对比

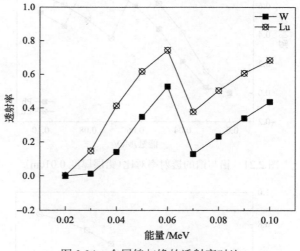

图 2.24　金属钨与镥的透射率对比

2.2.2　钨、镍组合及钨-镍合金的屏蔽性能模拟

1. 模型建立

采用单能同向 2cm×2cm 面源 γ 射线垂直入射到截面为 20cm×20cm 的长方体平板上,记录透过平板后的射线数,计算得到透射率、透射能谱。采用单能同向点源作为辐射源与采用面源的结果进行对比。三种屏蔽结构模型示意图如图 2.25 所

示。选用三种屏蔽材料模型：模型一为镍前钨后(Ni-W)组合，即镍靠近辐射源；模型二为钨前镍后(W-Ni)组合，即钨靠近辐射源；模型三为钨、镍合金组合(合金)。入射 γ 射线能量为 1MeV。三种模型中 W 和 Ni 的体积比均从 1∶1 变化到 5∶1。

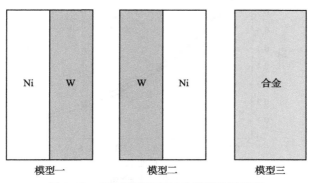

图 2.25　三种不同屏蔽结构模型的示意图

2. 透射率计算

1) 辐射源为面源

图 2.26 给出了 1MeV 能量的 γ 射线入射到三种材料后透射率的计算结果。当 W 和 Ni 的体积比为 1∶1 时(图 2.26(a))，W-Ni 组合的 γ 射线透射率最高，屏蔽效果较差。Ni-W 组合和合金的屏蔽效果相差不多。为证明上述结论的普适性，又模拟了 W 和 Ni 体积比从 2∶1 至 5∶1 的透射率，结果如图 2.26(b)～(e)所示，得到的结论与图 2.26(a)结论一致：三种模型中 W-Ni 组合透射率最大，屏蔽效果最差，Ni-W 组合与合金屏蔽效果相近。

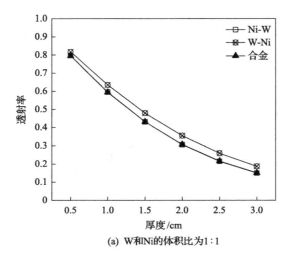

(a) W和Ni的体积比为1∶1

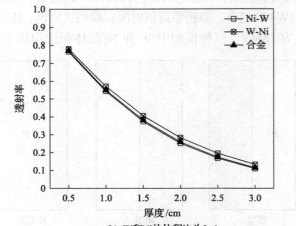

(b) W和Ni的体积比为2:1

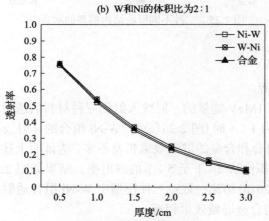

(c) W和Ni的体积比为3:1

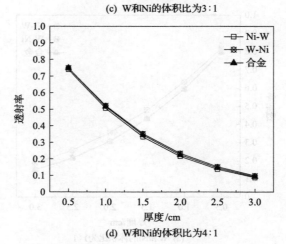

(d) W和Ni的体积比为4:1

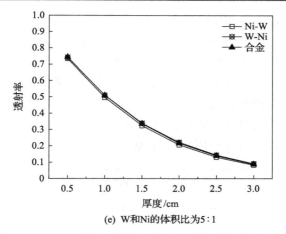

(e) W和Ni的体积比为5∶1

图 2.26　1MeV 能量 γ 射线入射后三种模型材料的透射率

图 2.27 为对 Ni-W 组合和 W-Ni 组合开展进一步对比研究。设 K 为 Ni-W 组合透射率与 W-Ni 组合透射率的比值，K（小于 1）越小，屏蔽性能相差越大。从图 2.27 可见，当 W 和 Ni 的体积比保持不变时，材料总厚度增加，K 值减小。以 W 和 Ni 的体积比为 1∶1 为例，厚度为 0.5cm 时，K 为 0.975；厚度为 3cm 时，K 为 0.799，说明随着材料厚度的增大，Ni-W 组合屏蔽的优势越明显。当两种模型厚度相同时，随着体积比增大，K 值减小。以总厚度 3cm 为例，体积比为 1∶1 时，K 为 0.799；体积比为 5∶1 时，K 为 0.898，即 W 和 Ni 的体积比越大，Ni-W 组合与 W-Ni 组合的屏蔽性能差距越小。这就意味着轻质的材料靠近辐射源，重质的材料远离辐射源，这样的组合方式有利于提高屏蔽效果。

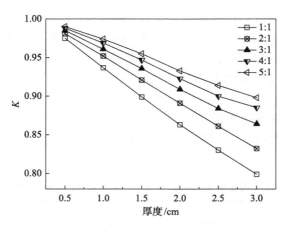

图 2.27　不同体积比的 Ni-W 组合的 K 值

设定 W 和 Ni 的体积比为 1∶1，建立了 Ni-W 重复排列为 4 层、8 层和 16 层的模型，并将多层数模型和模型三进行对比，结果示于图 2.28(a)，发现层数变化对透射率影响很小。图 2.28(b)中计算了总厚度分别为 1.0cm、1.5cm 和 2.0cm 时不同层数 Ni-W 组合及合金的透射率。当 Ni-W 层数从 2 增加到 16 时，透射率略有增大，而合金的透射率略大于 16 层 Ni-W 组合。随着 Ni-W 组合层数增加，屏蔽性能略微下降，并逐渐趋近于合金。合金与组合材料相比有较好的力学性能，但制备工艺复杂、烧结温度一般要达到 1300℃；而且随着组合层数增加，加工成本也相应增大，因此可直接选用两层 Ni-W 组合的方式。

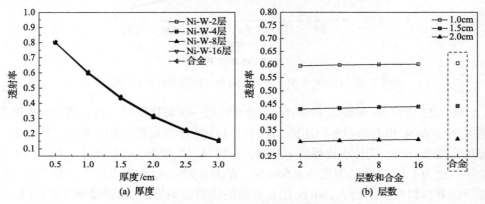

图 2.28　Ni-W 组合及合金透射率的变化情况

　　在多射线、粒子的核辐射环境下，通常需要采取多种材料组合屏蔽的方法。选取复合屏蔽材料时，经常有轻、重原子材料的组合，上述研究结论为多层屏蔽材料的组合顺序及方式提供了理论指导和参考。

2)辐射源为点源

　　将辐射源改为单向点源，建立与面源相同的模型，模拟结果见表 2.7。可见使用单向点源和单向面源对模拟结果几乎无影响。点源与面源透射 γ 射线数最大的差别出现在厚度为 2.5cm 的 W-Ni 组合中，两者透射率分别为 0.216 和 0.215，仅相差 0.47%。虽然源的形式不同，但运算过程中都是逐一跟踪单个 γ 射线的运动，即点源和面源放射出的 γ 射线与材料发生各种效应(光电效应、康普顿效应、电子对效应)的概率是相同的，故模拟屏蔽材料透射率和透射能谱时采用这两种源均是可行的。

表 2.7　点源与面源作为辐射源时的透射率对比(W 和 Ni 两种材料的体积比为 1∶1)

材料		透射率					
		0.5cm	1cm	1.5cm	2cm	2.5cm	3cm
Ni-W	点源	0.818	0.635	0.479	0.355	0.260	0.187
	面源	0.818	0.635	0.479	0.355	0.259	0.187

材料		透射率					
		0.5cm	1cm	1.5cm	2cm	2.5cm	3cm
W-Ni	点源	0.798	0.595	0.431	0.307	0.216	0.150
	面源	0.797	0.595	0.431	0.306	0.215	0.150
合金	点源	0.803	0.605	0.443	0.318	0.226	0.158
	面源	0.804	0.605	0.423	0.317	0.226	0.158

注：γ 射线能量为 1MeV。

3. 透射能谱分析

透射能谱是指透过屏蔽材料后的 γ 射线能量分布。通过透射能谱可直观得到能量分布，从而可根据射线谱情况进行材料组合设计，提高防护能力。分别模拟不同 W、Ni 体积比和不同辐射能量情况下三种模型的透射谱。图 2.29 为 1MeV γ 射线入射后，W 和 Ni 的体积比为 1∶1，模型厚度分别为 1cm、2cm、3cm、4cm

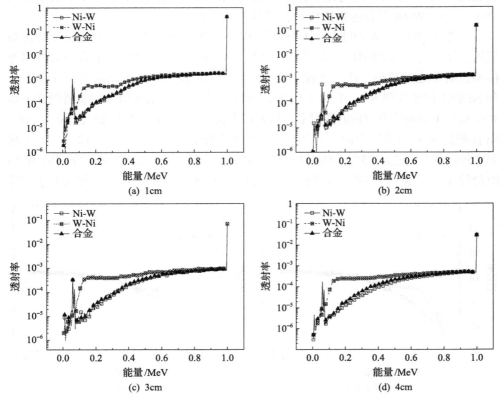

图 2.29　不同材料厚度三种屏蔽模型的透射能谱

时的三种模型的透射能谱。可见，屏蔽材料的厚度变化对变化趋势影响甚小。表 2.8 列出了三种屏蔽模型在不同厚度时的透射率（1MeV 处），它们几乎相同。

表 2.8　三种屏蔽模型随厚度变化的透射率（1MeV 处）

材料	不同总厚度的透射率			
	1cm	2cm	3cm	4cm
Ni-W	0.415	0.172	0.071	0.03
W-Ni	0.416	0.173	0.072	0.03
合金	0.416	0.173	0.071	0.03

图 2.29（a）中左侧波峰（0.059～0.069MeV）对应的能量为 W 的特征 X 射线，不同元素的特征 X 射线能量大小不同。相同厚度的材料中，W-Ni 组合中 W 的特征 X 射线能量可以被 Ni 有效吸收，从而得到补偿。但 W-Ni 组合的透射能谱（0.08～1MeV 范围内）要明显高于 Ni-W 组合和合金，这是由于 Ni-W 组合中 W 在后层可以有效地吸收 Ni 中散射出的低能光子，合金中 W、Ni 平均分布的形式也使 W 能吸收部分从 Ni 中散射出的光子；而若 Ni 在后层，则无法有效吸收 W 中散射出的光子。所以 W-Ni 组合透射率较大，屏蔽性能较差。

图 2.30 考察了 W 和 Ni 的体积比从 2∶1 变化至 5∶1 时三种屏蔽模型的透射能谱。结果与图 2.29 相似，随着 W 和 Ni 的体积比增加，W-Ni 组合与另外两种模型透射率之差减小，即三种模型的屏蔽性能差距减小。为量化结果，计算了 W 和 Ni 的体积比分别为 1∶1、3∶1、5∶1 时，三种模型透射 γ 射线的总透射光子数和在 0.1～0.2MeV 范围内的透射率，结果列于表 2.9。在 0.1～0.2MeV 范围内，W、Ni 体积比为 1∶1 时，Ni-W 组合透射 γ 射线透射率是 W-Ni 组合的 12%，3∶1 时为 23%，5∶1 时为 33%。对应上述体积比，合金透射 γ 射线透射率分别是 W-Ni 组合的 13%、26%和 37%，说明随着复合材料中 W 含量的增加，三种模型 γ 射线

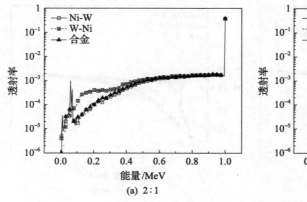

(a) 2∶1

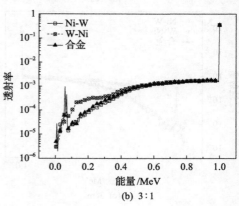

(b) 3∶1

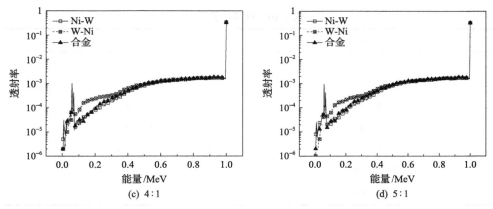

图 2.30　不同 W、Ni 体积比时三种屏蔽模型的透射能谱

表 2.9　不同 W、Ni 体积比时三种模型的透射 γ 射线光子数对比（归一化后）

模型	总透射光子数			$0.1\sim0.2\text{MeV}$ 区间的透射率/10^{-3}		
	1∶1	3∶1	5∶1	1∶1	3∶1	5∶1
Ni-W	0.595	0.519	0.496	1.22	1.02	0.99
W-Ni	0.635	0.540	0.510	9.78	4.53	3.01
合金	0.596	0.529	0.509	1.26	1.17	1.12

透射率的差距减小，屏蔽性能趋近。可见，对核辐射来说，重金属元素 W 对于屏蔽效果起决定性作用。

从对 γ 射线的屏蔽效果来看，采用轻-重元素组合或合金方式较好。合金的力学性能通常优于组合材料，但合金的加工工艺复杂，制备材料的投入成本往往较高。Ni-W 组合层数变化对屏蔽性能影响极小，层数越多，屏蔽性能会略有减弱。

2.2.3　重金属粒子对复合材料屏蔽效果影响分析

核电站部分区域的环境条件非常苛刻。尤其是发生意外事故时，瞬间产生高温高压并伴随着大剂量的核辐射射线，与此同时，开始喷淋蒸馏水或弱碱性液体进行冷却[17]。核电站常用的化学品有硼酸、硼酸钠、联氨、硫酸、氢氧化钠、过氧化氢、磷酸钠等[18]，恶劣物化环境会对材料造成严重的腐蚀和破坏。

不同核电站反应堆堆型不同，所用核燃料、装置构型及辐射时间、与辐射源距离等因素使得机器人所处的核环境也各不相同。表 2.10 描述了核设施内主要的环境参数，事故下的环境条件更为苛刻。

表 2.10　核环境参数

环境参数	数值
温度/℃	0～50
压力	常压
湿度/%	0～100
气氛组成	0%～20%氧
辐射类型	γ 射线、β 射线、X 射线、α 射线、中子
剂量率/(kGy/h)	0～10
总剂量/MGy	0～1

机器人不仅要受到各种高能辐射作用，而且要处于高湿热、化学介质等复杂环境，这些因素共同作用会进一步降低材料的耐辐照能力。由于复合材料具有质轻、易成型等特点，近年来学者对屏蔽复合材料开展研究，开发了屏蔽混凝土[19,20]、硼钢[21-23]、铅硼聚乙烯[24]、Al-BC 复合材料[25]、聚氯乙烯-聚乙烯等。

制备复合材料时，主要通过重金属粒子来吸收 γ 射线。金属粒子的大小及分布方式不仅对屏蔽性能有一定影响，而且也决定了材料的抗拉强度、弹性模量等力学性能。因此开展掺杂金属粒子的大小及分布形式对复合材料屏蔽性能的影响研究是非常必要的。例如，魏霞等[26]利用机械球磨法通过加入复合表面活性剂制备粒径分布均匀的活性 Bi_2O_3 微/纳米粉体，以浆体形式加入到天然乳胶中，制备具有良好力学强度及 γ 射线防护性能的 Bi_2O_3/橡胶复合材料。Bi_2O_3 粒径越小，与基体的接触面积越大，分散更均匀稳定，能更好地增大体系的力学强度，提高 γ 射线的屏蔽性能。Botelho 等[27]制备了粒径分别为 13.4nm 和 56μm 的氧化铜材料，在 X 射线能量为 60～102kV 时，两种粒径材料屏蔽性能相同；X 射线能量为 26～30kV 时，纳米级材料屏蔽性能比微米级高出 14%。多数研究都是通过试验来测试复合材料的屏蔽性能，而模拟研究较少。

前面的模拟分析表明，钨是一种很好的 γ 射线屏蔽材料。而聚乙烯作为一种通用塑料，加工简单，化学稳定性好，能耐大多数酸碱的侵蚀[28]，常温下不溶于一般溶剂，吸水性小，电绝缘性能优良，广泛应用于辐射屏蔽领域。因此，选择钨-聚乙烯作为重金属-有机材料的代表，模拟研究钨颗粒的大小及分布方式对钨-聚乙烯复合材料屏蔽性能的影响，可为屏蔽复合材料制备提供理论指导。

1. 模型建立

同样采用面源作为放射源，建立两种屏蔽结构模型(模型 A 和模型 B)。所选用的材料均为钨-聚乙烯复合材料，其中钨的质量分数均为 8%。模型 A 中钨颗粒为重复排列，平均分布在聚乙烯中，各个方向粒子分布形式相同，如图 2.31

所示。模型 B 中钨颗粒为间隔分布，如图 2.32 所示。两模型中 γ 射线均从左侧入射。

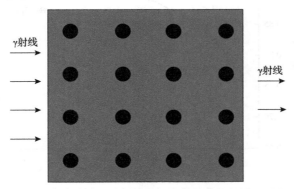

图 2.31　钨-聚乙烯中钨颗粒重复排列(模型 A)示意图

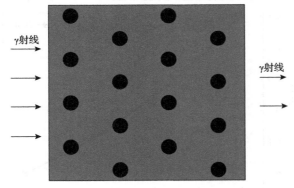

图 2.32　钨-聚乙烯中钨颗粒间隔排列(模型 B)示意图

2. 钨粒径大小对钨-聚乙烯屏蔽性能的影响

将模型 A 中的钨颗粒粒径分别设置为 20μm、2μm 进行模拟计算，将 γ 射线能量分别设置为 0.02MeV、0.03MeV、0.04MeV、0.05MeV、0.1MeV、0.2～1MeV，复合材料厚度设置为 1cm，所得计算结果如图 2.33 所示。可见，在 0.02～0.05MeV 范围内，2μm 粒径材料的透射率略小于 20μm 粒径材料，即粒径小则材料屏蔽性能稍好一些。而在 0.05～1MeV 范围内，两种粒径材料的透射率几乎相同，可见入射 γ 射线能量越大，颗粒粒径大小对复合材料屏蔽性能影响越小。

为考察模型 A 中两种钨粒径材料的透射率和厚度的关系，模拟计算了入射能量为 0.02MeV，厚度分别为 0.5cm、1cm、1.5cm、2cm、2.5cm、3cm 时材料的透射率，结果如图 2.34 所示。可见，随着材料厚度的增加，两种粒径材料的透射率之差几乎保持不变。

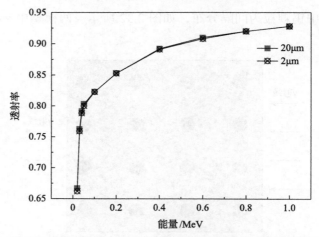

图 2.33 钨颗粒重复排列时两种粒径对材料透射率的影响

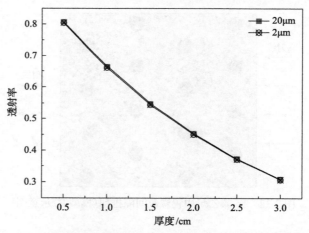

图 2.34 模型 A 中不同粒径复合材料的透射率（入射 γ 射线能量为 0.02MeV）

将模型 B 中的钨颗粒粒径分别设置为 20μm、2μm，γ 射线能量分别设置为 0.02MeV、0.03MeV、0.04MeV、0.05MeV、0.1MeV、0.2～1MeV，复合材料厚度设置为 1cm。模拟结果如图 2.35 所示，可见在 0.02～1MeV 范围内，2μm 钨粒径材料的透射率小于 20μm 粒径的材料透射率。即在该能量范围内，2μm 粒径的钨复合材料对 γ 射线的屏蔽性能稍好一些，并且屏蔽差距几乎保持不变。

为继续考察模型 B 中两种钨粒径材料的透射率和厚度的关系，计算了 γ 射线入射能量为 0.02MeV，厚度分别为 0.5cm、1cm、1.5cm、2cm、2.5cm、3cm 时不同粒径钨材料的透射率，结果如图 2.36 所示。可见，随着材料厚度的增加，20μm 与 2μm 钨粒径材料的透射率之差越来越大；以图 2.36 中材料厚度 1cm、3cm 为例：厚度为 1cm 时，20μm 和 2μm 钨粒径材料的透射率分别为 0.715 和 0.710，差值为

0.005；厚度为 3cm 时，20μm 和 2μm 粒径材料的透射率分别为 0.361 和 0.351，差值为 0.010。故二者屏蔽性能差距随着材料厚度增加而增大。

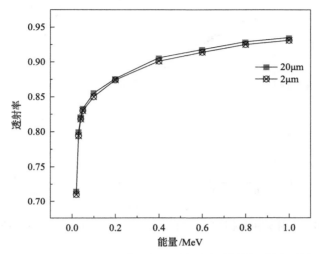

图 2.35　颗粒间隔排列时两种粒径钨颗粒对材料透射率的影响

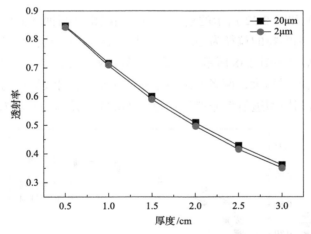

图 2.36　入射 γ 射线能量为 0.02MeV 时模型 B 中不同粒径钨材料的透射率

继续计算 γ 射线入射能量为 0.4MeV，复合材料厚度分别为 0.5cm、1cm、1.5cm、2cm、2.5cm、3cm 时的透射率，结果如图 2.37 所示。可见，随着材料厚度的增加，透射率差值明显增大。复合材料厚度为 1cm 时，20μm 和 2μm 钨粒径材料的透射率分别为 0.906 和 0.901，差值为 0.005；厚度为 3cm，20μm 和 2μm 钨粒径材料的透射率分别为 0.754 和 0.728，差值为 0.026。与图 2.34 结果对比可发现射线入射能量越大，两种粒径材料透射率差值越大，说明 γ 射线入射能量越大时，采用小粒径填料，屏蔽效果越好，并且这种变化随材料厚度的增加而增大。

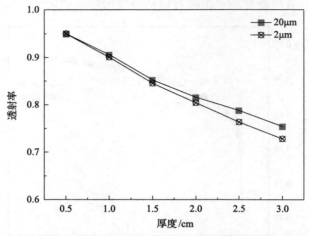

图 2.37　入射 γ 射线能量为 0.4MeV 时模型 B 中不同粒径材料的透射率

3. 钨粒子分布形式对钨-聚乙烯屏蔽性能的影响

建立图 2.31 和图 2.32 所示的重复排列和间隔排列两种屏蔽模型，设置钨-聚乙烯复合材料中钨颗粒的粒径为 20μm，γ 射线入射能量分别为 0.02MeV、0.04～1MeV，透射率结果如图 2.38 所示。可见，重复排列模型的透射率小于间隔排列模型。随着 γ 射线能量增大，两者的透射率差值减小。γ 射线能量为 1MeV 时，重复排列和间隔排列模型透射率分别为 0.928 和 0.935，差值为 0.007；γ 射线能量为

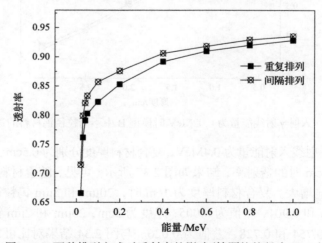

图 2.38　两种排列方式对透射率的影响（钨颗粒粒径为 20μm）

0.05MeV 时，重复排列和间隔排列模型透射率分别为 0.803 和 0.833，差值为 0.03。可知钨颗粒粒径为 20μm 时，重复排列模型的屏蔽性能优于间隔排列模型。随着 γ 射线入射能量的增加，两者屏蔽性能差距减小。

当钨颗粒的粒径减小为 2μm（图 2.39）和 0.2μm（图 2.40）时，同样条件下，透射率的变化趋势与 20μm 钨粒径材料相同。这说明对于入射能量相同的 γ 射线，钨-聚乙烯复合材料中钨颗粒重复排列模型的屏蔽性能优于间隔排列模型。随着 γ 射线的能量增加，两者屏蔽性能差距减小。

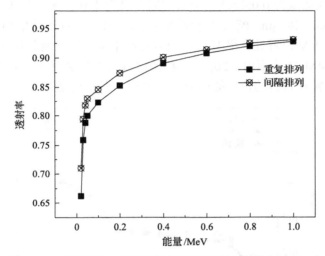

图 2.39　两种排列方式对透射率的影响（钨颗粒粒径为 2μm）

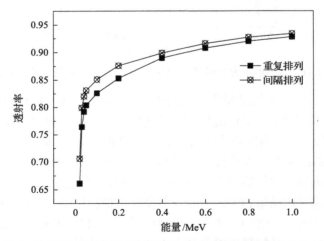

图 2.40　两种排列方式对透射率的影响（钨颗粒粒径为 0.2μm）

4. 重复、间隔排列模型与模型 C 透射能谱对比

1）重复排列模型与模型 C 透射能谱对比

重复排列模型（模型 A）和间隔排列模型（模型 B）设置了钨颗粒的粒径大小和空间分布方式。而复合材料的建模常使用另一种方法，直接根据钨的质量分数来进行建模，不考虑钨颗粒的大小和分布方式，称为模型 C。本部分对比研究复合材料分别采用模型 A、模型 B 与模型 C 的透射能谱。

入射 γ 射线能量为 0.05MeV，复合材料厚度为 1cm，在模型 A 中分别设置钨颗粒粒径为 20μm 和 2μm。模型 A 和模型 C 的透射能谱对比结果如图 2.41 所示。可见，在 0.05MeV 位置处，模型 C 的数值要小于重复排列两种粒径模型的数值；在 0.0375～0.04MeV 范围内，20μm 钨粒径材料的透射率明显大于 2μm 钨粒径材料。说明 2μm 粒径材料的透射能谱更接近模型 C 的透射能谱。

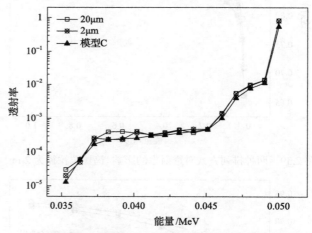

图 2.41　入射能量为 0.05MeV 时模型 A 与模型 C 的透射能谱对比

图 2.42 为入射 γ 射线能量为 0.1MeV，其他条件不变时材料对应的能谱。可见，在 0.1MeV 位置处，模型 C 的数值同样也小于重复排列两种粒径模型。在 0.07～0.1MeV 范围内，三个曲线数值十分接近。在 0.04～0.07MeV 范围内，20μm 和 2μm 钨粒径材料的透射率大小接近，都小于模型 C 的透射率。

图 2.43 为入射 γ 射线能量为 0.5MeV、复合材料厚度为 1cm 时，模型 A 和模型 C 的透射能谱对比结果，模型 A 中分别设置钨颗粒粒径为 20μm 和 2μm。可见，在 0.5MeV 位置处，模型 C 和重复排列两种粒径材料的透射率相同；在 0.2～0.25MeV 内，2μm 粒径材料透射率稍大于其余两种情况；在其余能量范围内，模型 C 和模型 A 的透射率几乎相同。由此可知，当入射射线能量为 0.5MeV 时，两种模型的计算结果几乎相同。

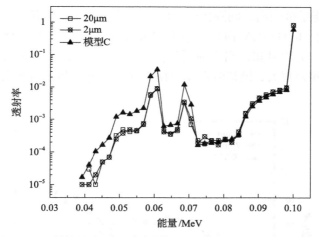

图 2.42　入射能量为 0.1MeV 时模型 A 与模型 C 的透射能谱对比

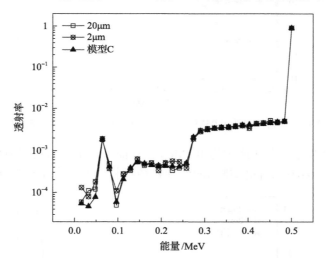

图 2.43　入射能量为 0.5MeV 时模型 A 与模型 C 的透射能谱对比

结合图 2.41～图 2.43 可知，当射线入射能量较低时，在 0.05～0.1MeV 范围内，模型 A 和模型 C 的透射能谱相差较大。在此能量范围内，建模应该考虑所制备的复合材料中金属颗粒粒径大小，以使模拟结果更接近试验制备材料的屏蔽性能；射线入射能量达到 0.5MeV 时，模型 A 与模型 C 的透射能谱几乎相同，此时采用任意一个模型计算均可，所得结果相同，但模型 C 的建模方式更简单，可节省大量机时。

2) 间隔排列模型与模型 C 透射能谱对比

入射 γ 射线能量为 0.05MeV，钨-聚乙烯复合材料厚度为 1cm，模型 B 和模型 C 的透射能谱对比结果如图 2.44 所示，模型 B 中分别设置钨粒径为 20μm 和 2μm。

可见，在整个能量范围内，间隔排列的两种粒径材料的透射率一直大于模型 C，且二者在 0.032～0.035MeV 内相差最大。20μm 和 2μm 两种粒径材料的能谱变化趋势保持一致。由此可知，当入射射线能量为 0.05MeV 时，间隔分布模型与模型 C 透射能谱相差很大，模拟时需要根据实际试验材料制备情况采用合理的建模方式。

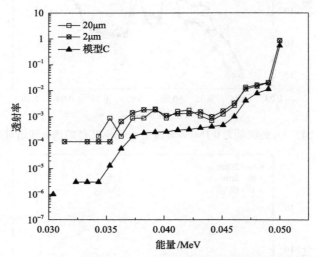

图 2.44　入射能量为 0.05MeV 时模型 B 与模型 C 的透射能谱对比

图 2.45 为入射 γ 射线能量为 0.1MeV，其他条件不变时材料对应的能谱。在 0.07～0.1MeV 范围内，间隔排列的两种粒径材料透射率大于模型 C；在 0.05～

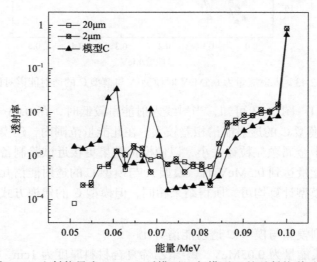

图 2.45　入射能量为 0.1MeV 时模型 B 与模型 C 的透射能谱对比

0.07MeV 内无明显规律；而在 0～0.1MeV 范围内，20μm 和 2μm 两种粒径材料的能谱变化趋势保持一致。由此可知，入射射线能量为 0.1MeV 时，模型 B 与模型 C 透射能谱相差很大，与图 2.44 所得结论相同。

　　图 2.46 为入射 γ 射线能量为 0.5MeV、复合材料厚度为 1cm 时，模型 B 和模型 C 的透射能谱对比结果，模型 B 中分别设置钨颗粒的粒径为 20μm 和 2μm。在 0.1～0.5MeV 范围内，模型 C 和间隔排列两种粒径材料的透射能谱几乎相同。除了在 0～0.1MeV 内，间隔排列两种粒径材料的能谱与模型 C 的能谱有一些偏差。由此可知，在 γ 射线入射能量为 0.5MeV 时，两种模型的透射能谱几乎相同，模型对计算结果几乎无影响。

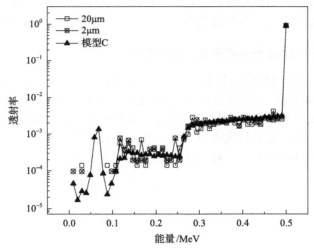

图 2.46　入射能量为 0.5MeV 时模型 B 与模型 C 的透射能谱对比

　　由图 2.44～图 2.46 可知，随着入射 γ 射线能量增大，两种模型的透射能谱差值逐渐减小。能量达到 0.5MeV 时，两种模型透射能谱几乎相同。故模拟重金属复合材料屏蔽性能时，若 γ 射线能量范围较小（<0.5MeV），则需要考虑金属粒径大小对屏蔽性能的影响；而 γ 射线能量大于 0.5MeV 时，使用两种模型均可，但模型 C 更为简单实用。

2.3　辐射防护方案设计

　　辐射防护的目的是防止有害的确定性效应，并限制其随机性效应发生的概率，使其达到被认为可以接受的水平[29]。辐射防护研究的基本任务就是研究如何保护人类和环境免受辐射照射的有害效应，而又不过多限制可能与照射有关的有益于人类的事业和活动[30]。

2.3.1　辐射防护的基本原则

我国以国际放射防护委员会提出的要求为基础，制定了《电离辐射防护与辐射源安全基本标准》(GB 18871—2002)，并进一步完善了剂量限制体系[31]。辐射防护实践应遵循的基本原则具体如下[32]。

(1)正当性原则：任何改变辐照情况的决定都应当是利大于弊。人们能够取得足够的个人或社会利益以弥补其引起的危害。

(2)防护最优化原则：这种最优化应以辐射源所致的个人剂量和潜在照射危险分别低于剂量约束和潜在照射危险约束为前提。

目前，辐射防护主要存在两个问题：一个是不重视辐射防护，缺少必要的降低辐照剂量的措施；另一个是过度防护，不考虑经济因素，缺乏最优化设计。

2.3.2　辐射防护材料屏蔽性能表征和影响因素

γ射线辐射防护材料的防护效果可通过屏蔽率(S)、半值层(HVL)、线性吸收系数(μ)等参数来表征。其中屏蔽率指γ射线通过材料后被吸收的比率，半值层为入射γ射线衰减一半所需防护材料的厚度，而线性吸收系数则是指γ射线在物质中穿行单位距离时，光子与物质原子发生作用的概率[33]。

γ射线的衰减可按照式(2.3)～式(2.6)进行计算，即

$$I = I_0 e^{-\mu x} \tag{2.3}$$

$$S = 1 - \frac{I}{I_0} = \frac{I_0 - I}{I_0} \times 100\% \tag{2.4}$$

$$HVL = \frac{\ln 2}{\mu} \tag{2.5}$$

$$\mu = -\frac{\ln(I / I_0)}{x} \tag{2.6}$$

式中，I_0和I分别是穿过防护材料前、后的光子数；x是吸收物质的厚度(cm)。

除线衰减系数以外，原子的核外电子数、内轨道电子能级数量和大小等，都会影响材料对光子的屏蔽能力[34]，具体如下：

(1)线衰减系数。无论何种防护材料，线衰减系数越大，其对射线的屏蔽性能就越好，达到防护要求所需的材料厚度也越小。

(2)核外电子数。高能光子，首先需要经过多次康普顿效应的衰减，再经光电效应才能被完全吸收。材料原子的外壳层电子数越大，康普顿效应发生的概率就越大；而密度越高的物质，内壳层电子数越大，发生光电效应的概率越大。因此，选用高密度、高原子序数的元素可以有效提升材料的屏蔽性能。

（3）吸收原子内轨道电子能级。若入射光子能量与物质的吸收边能量值相同，那么在此能量值下材料的吸收系数会突然增大。若吸收材料中存在两种以上不同元素，多个内壳层电子能级同时存在，即存在多个吸收边，则在多处均能因光电效应的贡献而提高吸收效率。不同元素的吸收边能量值各不相同，需根据入射光子能量进行选择。

2.3.3　辐射防护材料设计原则

基于上述分析，辐射防护材料的设计应从以下角度考虑[35]。

（1）材料结构：主要考虑基体材料的耐辐照性及防护元素（功能吸收粒子）在基底材料中的分散程度，防护元素分散越均匀，基体材料的耐辐照性越好，材料的屏蔽性能越强。另外，前面的模拟研究也表明，当入射能量较低时，吸收粒子的尺寸越小，如纳米尺寸效应，越有助于提升材料的屏蔽性能。

（2）材料密度：射线与材料的相互作用，很大一部分是与核外电子发生作用。因此，若能增加材料的密度，特别是增加材料中防护元素的含量，则能够提高材料核外电子的密度，进而增大射线的衰减概率。

（3）光电吸收限的合理组合：不同元素具有不同能量范围的吸收限。因此，通过元素组合能够使材料获得较宽能量范围的吸收限，并同时增大光电效应截面，从而提高整体屏蔽性能。

（4）具体用途：不同场合对防护材料要求不同。有些场合仅仅需要材料具有很好的屏蔽性能，但用作结构材料时，还应同时考虑力学强度；事故情况下，还需要屏蔽材料具有较高的耐湿热和耐腐蚀性。因此，应根据具体的应用环境，进行屏蔽材料的设计、选择。

2.3.4　整体屏蔽防护

核电救灾机器人所接受的辐照一般为外辐照，在此情况下对于 γ 射线的屏蔽，主要可以采用三种方法：缩短核电救灾机器人接受辐照的时间，增大机器人与辐射源之间的距离以及采用屏蔽材料对其敏感元器件进行重点防护。通过缩短接受辐照的时间和增大机器人与辐射源之间的距离可以在一定程度上减少辐照对核电救灾机器人的影响，但是会给机器人的操作带来不便，延长了救援的时间，降低了救援的效率。而采用重金属屏蔽材料对核电救灾机器人的敏感元器件进行局部防护可以在很大程度上提高核电救灾机器人的辐射耐受能力，延长其在核环境中服役的时间，并减少屏蔽材料的整体重量，最大限度发挥机器人在核事故中的救援作用。

近年来，随着核电站在全球范围内的快速应用，传统的辐射防护材料已经很难满足多种功能要求。核事故极端情况下，辐射剂量率可能高达 10kGy/h，硼酸水溶液浓度可能升高至 2100～2300ppm，恶劣的物化环境对辐射屏蔽材料提出了十分严苛的要求。屏蔽能力强、无毒害、力学强度高的辐射防护材料已经成为国内外的研究热点[36-38]。相比于金属单质防护材料，聚合物基复合材料不仅含有大量的碳、氢元素，能够有效慢化、吸收中子，而且因高密度、高原子序数重金属的加入而可以很好地屏蔽高能 γ 射线，整体屏蔽防护效果较好。因此，可设计性强、加工性好，并且力学性能优异的聚合物基屏蔽复合材料备受人们关注。例如，Korkut 等[39]模拟计算了环氧/铬铁矿复合材料对γ射线辐射的屏蔽性能。结果表明，随着铬铁矿含量从 50%增至 80%（质量分数），复合材料的线性吸收系数 μ 从 0.025cm^{-1} 增至 0.055cm^{-1}，屏蔽率增大。Nambiar 等[40]通过综合分析认为，与传统材料相比，聚合物基复合材料具有许多优点，尤其是以微米或纳米尺度增强的聚合物材料在辐射屏蔽方面的应用潜力巨大，硼、金属氧化物、石墨纤维、金属晶须等也被应用于核反应堆的屏蔽材料。

环氧树脂具有优异的综合性能。通过对环氧树脂及其复合材料的耐辐照和屏蔽性能进行研究，可为轻质、高效的 γ 射线屏蔽防护方案提供一些解决思路。

1. E51 环氧树脂及其复合材料

1）辐照对 E51 环氧树脂性能的影响

采用 ^{60}Co 放射源，以 1.5kGy/h 的剂量率对固化后的 E51 环氧树脂分别辐射 2h、5h 和 6.7h，累计剂量分别达到 3kGy、7.5kGy 和 10kGy。E51 环氧树脂的弯曲强度随辐射剂量的变化如图 2.47 所示。可见，当总剂量为 3kGy 时，辐射导致环氧树脂的交联密度增大，弯曲强度由 110MPa 增大到 115MPa；进一步增加辐射剂量，弯曲强度开始出现略微下降。辐射总剂量增至 10kGy 时，弯曲强度降至

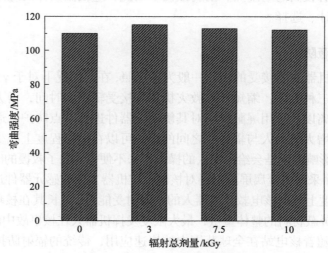

图 2.47　E51 环氧树脂的弯曲强度随辐射总剂量的变化

112MPa，仍略高于未辐照样品。这说明 γ 射线辐射过程中，交联固化和辐照降解共同作用，但 10kGy 的辐射剂量不会引起 E51 环氧树脂发生明显降解[41]。

进一步研究辐照对 E51 环氧树脂热机械性能的影响，结果如图 2.48 所示。同样发现，环氧树脂在 3kGy 的 γ 射线辐照下，因交联密度增大，储能模量（E'）增大，玻璃化转变温度（T_g）从 150.7℃提高到 156.8℃；继续增大辐射剂量到 10kGy，E' 和 T_g 开始下降，但仍高于未辐照样品。

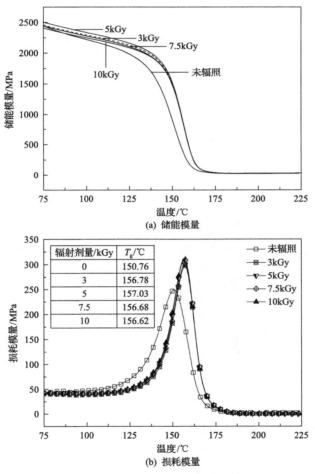

图 2.48　辐照对 E51 环氧树脂的热机械性能的影响

2）辐照对 E51 环氧-钨复合材料性能的影响

采用与真实辐照环境更为接近的工业用 ^{60}Co 放射源（华东理工大学核技术应用研究所，活度：1.5×10^{4}Ci①），分别以 1.5kGy/h 剂量率（略高于正常工作时反应堆

———————
① 1Ci=3.7×10^{6}Bq。

压力容器内的剂量率 1kGy/h)和 14.7kGy/h(略高于核泄漏时的剂量率 10kGy/h)在室温、空气环境中对 E51 环氧-钨复合材料辐照 7h。大剂量辐照试验示意图如图 2.49 所示，辐照对 E51 环氧-钨复合材料弯曲强度的影响结果如图 2.50 所示[42]。

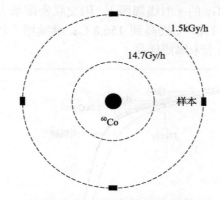

图 2.49　大剂量辐照试验示意图

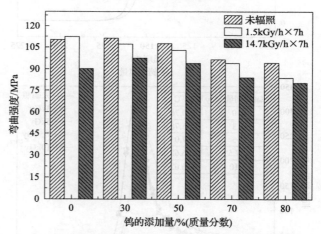

图 2.50　辐照对 E51 环氧-钨复合材料弯曲强度的影响

　　正常工况下，纯环氧树脂的弯曲强度比未辐照时提高了 2MPa，而 E51 环氧-钨复合材料的弯曲强度在辐照后下降。这可能是因为低剂量辐照下，钨的屏蔽作用使得交联引起的力学强度的增加减少；而在大辐射剂量下，辐照降解成为主要反应。

　　辐照对 E51 环氧-钨复合材料的热稳定性和热机械性能的影响分别如图 2.51 和图 2.52 所示。随着辐射剂量的增大，复合材料的初始热分解温度(T_d)、储能模量和玻璃化转变温度(T_g)都是先下降，略微升高后继续减小。

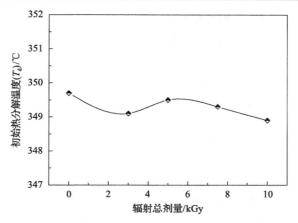

图 2.51　E51 环氧-钨复合材料的初始热分解温度(T_d)随辐射总剂量的变化

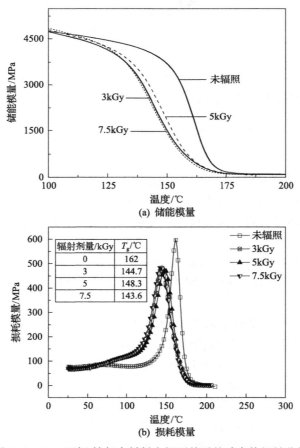

图 2.52　E51 环氧-钨复合材料在辐照前后的动态热机械分析

整个变化趋势说明，γ 射线辐射时交联反应和辐照降解共同作用。大剂量辐照下，以降解为主的反应，使得材料的力学性能、热性能和热机械性能都有所降低。

3）E51 环氧-钨复合材料的屏蔽性能

分别采用医疗诊断用 X 光机和实验室 ^{60}Co 辐射源（江苏省计量科学研究院，活度：500Ci）对材料的屏蔽性能进行评估[42]。

图 2.53 是屏蔽测试示意图。其中，γ 射线入射光子经过铅准直器，垂直作用于厚度为 x 的样品表面上。将德国 PTW 公司 30013 型电离室（有效测量体积 0.6mL）与 PTW UNIDOS^{webline} 型通用剂量仪连接组成剂量测试系统，通过探测屏蔽前后的剂量，计算材料屏蔽参数。

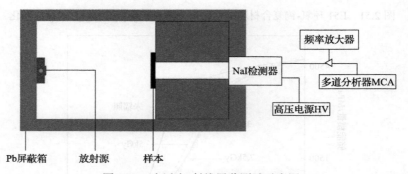

图 2.53　小活度γ射线屏蔽测试示意图

X 射线放射源为 YXLON 公司 MG325 型 X 光机，电压：15～320kV 可调，电流：0～22.5mA 可调。探测器采用 PTW 1L 电离室（有效测量体积 1L），其他设备与 γ 射线屏蔽测试相同，测量材料对连续 X 射线的屏蔽性能。

（1）γ 射线屏蔽性能。

测试厚度分别为 5mm、10mm、20mm、30mm、40mm、50mm 的 E51 环氧-钨复合材料的 $-\ln(I/I_0)$ 值，结果如图 2.54 所示，计算后得到复合材料的线吸收系数为 0.27cm^{-1}。

屏蔽率代表材料对射线的吸收能力，其值越大说明材料对射线的吸收效果越好。从图 2.55 可知，随着钨添加质量分数从 0 增大到 80%，E51 环氧-钨复合材料（厚度：30mm）的屏蔽率从 19.5%增加到 54.9%。这是因为随着钨添加量增多，单位体积中所含的吸收原子增多，原子核外的电子总数也相应增加，光子与材料发生光电效应和康普顿效应的概率增大，因而屏蔽效果提高。

线吸收系数表示射线在物质中穿行单位距离时被吸收的概率，通常用 μ 表示。线吸收系数越大，其屏蔽效果就越好。如图 2.56 所示，当钨质量分数从 0 增大到 80%时，复合材料的线吸收系数从 0.08cm^{-1} 增大到 0.27cm^{-1}。

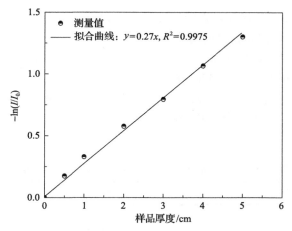

图 2.54　E51 环氧-钨复合材料在 ^{60}Co 辐射下的$-\ln(I/I_0)$值随样品厚度的变化

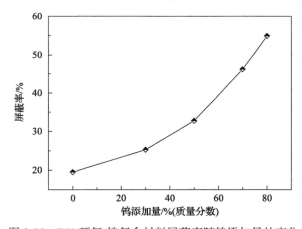

图 2.55　E51 环氧-钨复合材料屏蔽率随钨添加量的变化

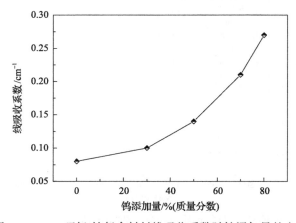

图 2.56　E51 环氧-钨复合材料线吸收系数随钨添加量的变化

　　半值层（HVL），是将入射光子的强度衰减为原来一半时所需的材料厚度。半值层越小，说明衰减相同数目的射线，需要的材料越薄，即屏蔽效果越好。表 2.11 给出了 E51 环氧-钨复合材料在 ^{60}Co 辐照下的半值层。随着钨添加量的增多，材料的密度从 1.14g/cm³ 增加至 4.59g/cm³，单位体积里的吸收原子增多，与光子发生作用的概率越大，半值层从 9.17cm 减小至 2.53cm。可见，将射线能量衰减为原来一半时，E51 环氧-钨复合材料的厚度几乎是纯环氧树脂厚度的 1/4，是重混凝土屏蔽材料的 3/4。

表 2.11　E51 环氧-钨复合材料在 ^{60}Co 辐照下的半值层

钨质量分数/%	密度/(g/cm³)	HVL/cm
0	1.14	9.17
30	1.57	6.65
50	2.12	5.07
70	3.33	3.37
80	4.59	2.53
重混凝土[43]	3.02	3.51

　　（2）X 射线屏蔽性能。

　　高能射线通过光电效应、康普顿效应和正负电子对效应与物质原子发生相互作用后，光子能量逐渐减弱，但低能射线仍具有伤害性。对 5mm 厚的复合材料进行 X 射线屏蔽性能测试，结果如图 2.57 所示。从图中可知，X 射线管电压越高，硬度（能量）越高，其穿透能力越强，越不易被吸收，透过率越大。当 X 射线管电压增大到 200kV 时，连续 X 射线的能量主要集中在 90～95keV，透过率仅为

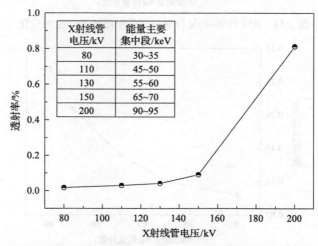

图 2.57　E51 环氧-钨复合材料（钨质量分数：80%）的透射率随 X 射线管电压的变化

0.813%，复合材料几乎可以完全屏蔽低能量连续 X 射线。然而，值得注意的是，在 150kV 管电压前后，材料的透射率发生突变。这是因为管电压为 150kV 的连续 X 射线，其能量主要集中在 65～70keV，恰好对应钨的 K 层吸收边（69.53keV），K 层吸收边效应使得钨元素对此能量下的射线吸收能力突增，而对远高于此能量的射线吸收能力较弱，即存在弱吸收区。

2. AFG90 环氧树脂及其复合材料

增大交联密度，有利于材料耐辐照性能的提高[44]。进一步对含有三个环氧官能团的对氨基苯酚（AFG90）环氧树脂及其复合材料的性能进行研究。

1）两种环氧树脂性能比较

固化后的两种环氧树脂在辐照前的性能比较见表 2.12[45]。可以看出，AFG90 环氧树脂的弯曲强度和热变形温度明显高于 E51 环氧树脂。

表 2.12　两种环氧树脂在辐照前的性能对比

材料	弯曲强度/MPa	热变形温度/℃
AFG90 环氧树脂	127.3	197.5
E51 环氧树脂	116.8	122.3

进一步采用大剂量的 ^{60}Co 辐射源对固化后的两种环氧树脂进行 γ 射线辐照试验（剂量率：6kGy/h），总剂量分别为 12kGy、30kGy、42kGy，树脂在辐照前后的弯曲强度和热机械性能的变化分别见图 2.58、图 2.59。

热机械性能是物质内分子运动的反映，当运动单元运动状态不同时，物质就表现出不同的宏观性能。损耗模量是转化为热（不可逆损失）的力学能量的度量，

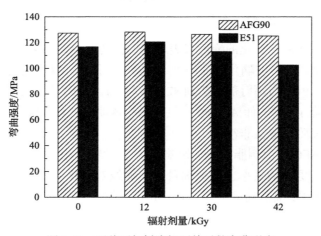

图 2.58　两种环氧树脂辐照前后的弯曲强度

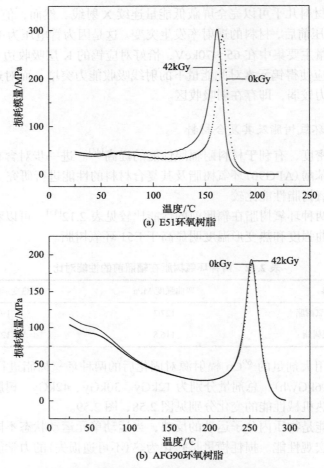

图 2.59　环氧树脂辐照前后的动态热机械谱

可以用损耗模量随温度变化的峰值来表示玻璃化转变温度的大小。通常来讲，分子链的交联程度越高，玻璃化转变温度 T_g 越大。可见，两种树脂在辐照下的性能变化趋势相同。但是当辐射剂量达到 42kGy 时，E51 环氧树脂的弯曲强度下降了 12.19%，T_g 下降了 6℃，而 AFG90 环氧树脂的弯曲强度仅下降了 1.63%，T_g 保持不变，说明其辐照稳定性非常高。

2）辐照对 AFG 环氧树脂性能的影响

进一步采用更高剂量率、更大剂量的 γ 射线对固化后的 AFG90 环氧树脂进行辐照测试。其中，辐射剂量率为 10kGy/h，辐射总剂量分别为 240kGy、480kGy、720kGy、960kGy。

AFG90 环氧树脂颜色随辐射剂量的变化如图 2.60 所示。辐照前，树脂呈棕红色，并有一定的透明度，而随着辐射剂量的增大，树脂的颜色逐渐加深，透明度也有所下降。经过 960kGy 的 γ 射线辐射后，AFG90 环氧树脂呈深褐色且不透明。这主要是因为辐照引起树脂与空气中的氧气反应，产生了使颜色发生改变的氧化物[46]。

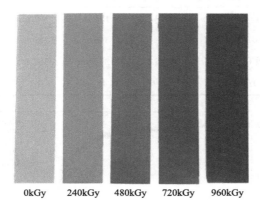

图 2.60　AFG90 环氧树脂颜色随辐射剂量的变化

　　AFG90 环氧树脂的弯曲强度随辐射剂量的变化如图 2.61 所示。可见，树脂经辐照后的弯曲强度先下降，后略有增高，之后又随着辐射剂量的增大而继续降低。经过 960kGy 的辐照后，树脂的弯曲强度最终下降至 116.9MPa，降幅为 8.17%。

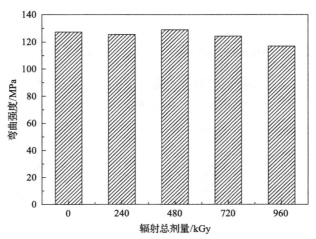

图 2.61　AFG90 环氧树脂弯曲强度随辐射总剂量的变化

　　辐照对 AFG90 环氧树脂热稳定的影响结果见表 2.13 和图 2.62。可知，随着辐射剂量的增大，树脂的初始分解温度（T_d）和热变形温度（HDT）的变化与弯曲强度的变化趋势相同。经过 960kGy 的辐照后，树脂的 T_d 下降了 4.6℃，HDT 下降了 10.9℃，残余质量（500℃时保留的质量分数）下降了 7.4%，说明不断增大的辐射剂量使得树脂内部分解产生的小分子逐渐增多[47]。

表 2.13　AFG90 环氧树脂的 HDT、T_d、最大分解速率对应温度和残余质量随辐射总剂量的变化

参量	辐射总剂量/kGy				
	0	240	480	720	960
热变形温度(HDT)/℃	199.2	195.3	197.9	193.2	188.3
初始分解温度(T_d)/℃	358.4	356.3	357.4	355.3	353.8
最大分解速率对应温度(T_{max})/℃	385.1	375.5	387.4	390.1	385.4
残余质量(500℃)/%	42.0	41.3	41.1	37.0	34.6

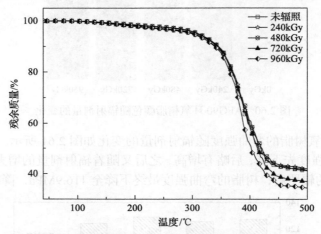

图 2.62　AFG90 环氧树脂经过不同剂量辐射后的热失重曲线

　　AFG90 环氧树脂在不同辐射剂量下的动态机械热分析谱如图 2.63 所示。可以看出，当辐射剂量增大至 240kGy 时，AFG90 环氧树脂的最大储能模量从 3.76GPa

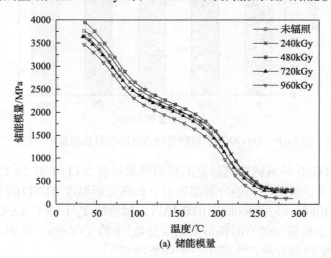

(a) 储能模量

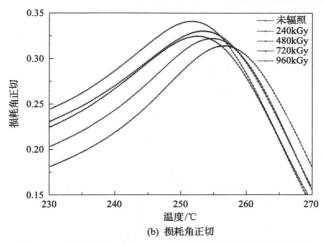

图 2.63　辐射剂量对 AFG90 环氧树脂热机械性能的影响

减小至 3.64GPa, 而由损耗角正切峰值确定的玻璃化转变温度 T_g 从 255.3℃降低至 254.0℃。当辐射剂量增大至 480kGy 时，储能模量和玻璃化转变温度都增大。进一步增大辐射剂量至 720kGy 和 960kGy，辐射降解为主导反应，储能模量和玻璃化转变温度均下降。

3）辐照对 AFG90 环氧树脂的作用机理分析

电子顺磁共振（electro-spin resonance spectrometer, ESR）技术可以用于追踪辐射过程中环氧树脂自由基浓度的变化。图 2.64 和图 2.65 分别是固化后的 AFG90 环氧树脂经过辐照前、后的 ESR 图谱。树脂中的自由基浓度可以通过式(2.7)进行

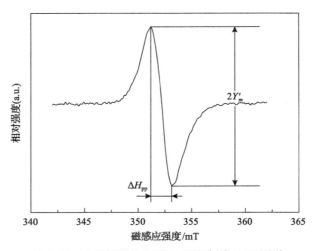

图 2.64　未经辐照的 AFG90 环氧树脂 ESR 图谱

计算[48]：

$$I \propto Y'_m (\Delta H_{PP})^2 \tag{2.7}$$

式中，I 为自由基浓度；$2Y'_m$ 为双峰间的微商幅度；ΔH_{PP} 为双峰间的宽度。

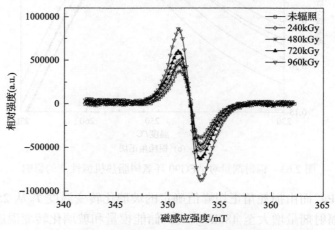

图 2.65　AFG90 环氧树脂在不同辐射剂量下的 ESR 图谱

　　校正后的环氧树脂中自由基浓度随辐射剂量的变化曲线如图 2.66 所示。由图可以看出，辐射剂量对环氧树脂内的自由基浓度影响很大。经过 240kGy 的辐射后，自由基浓度明显增加。高能 γ 射线辐射引起环氧树脂侧链或者端基上键能较低的化学键断裂，进而产生新的自由基，从而使体系中的自由基浓度升高。而当辐射剂量增大至 480kGy 时，越来越多自由基的产生使得其相互碰撞的概率大大增加，树脂交联密度增大，体系自由基浓度相应降低。继续增加辐射剂量至 720kGy

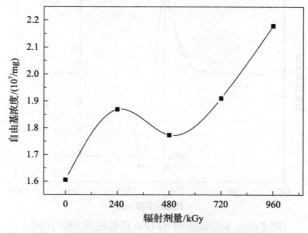

图 2.66　AFG90 环氧树脂中自由基浓度随辐射剂量的变化

和 960kGy，自由基浓度又大幅增加，说明辐射降解逐渐占据了主导地位。

进一步采用傅里叶红外光谱(Fourier transform infrared spectrometer, FTIR)和 X 射线光电子能谱(X-ray photoelectron spectroscopy, XPS)对辐射前后环氧树脂的化学键变化进行分析。

如图 2.67 所示的红外光谱图中，$1510cm^{-1}$ 和 $1595cm^{-1}$ 峰是典型的苯环骨架振动峰，共轭结构使其在高剂量的辐照下仍能保持稳定。图 2.68 为 $1750cm^{-1}$ 到 $1450cm^{-1}$ 区域的局部放大图，可以明显看出，随着辐射剂量的增大，$1610cm^{-1}$ 处逐渐出现了属于 C＝C 的伸缩振动峰，并且由于 C＝C 键与苯环的耦合作用，该峰发生了红移[49,50]。

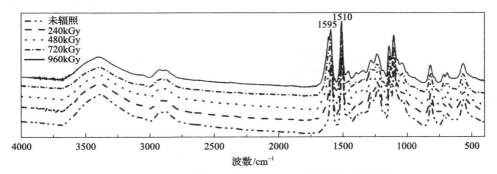

图 2.67 不同辐射剂量下 AFG90 环氧树脂的红外谱图

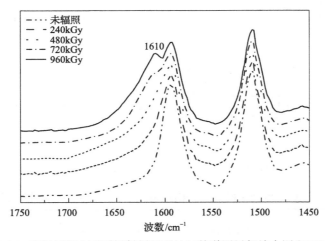

图 2.68 AFG90 环氧树脂在不同辐射剂量下的红外谱图局部放大图($1750\sim1450cm^{-1}$)

样品的 XPS 的 C1s 谱图通过分峰拟合可以被分为 4 个次峰，分别对应 C—H，C—C；C—N；C—O；C—O—C，C＝O，分峰结果见图 2.69 和表 2.14。由表 2.14 可见，C—C 键和 C—N 键的结合能相对较低。因此经过 960kGy 的 γ 射线辐照后，C—C 键的峰面积从 58.64 %减小至 56.87%，C—N 键的峰面积同样从 9.45%

减小至 7.97%。然而，C—O—C 和 C＝O 键的峰面积显著增加，从 1.41%提升至
4.42%，同时氧的含量也有明显增大。

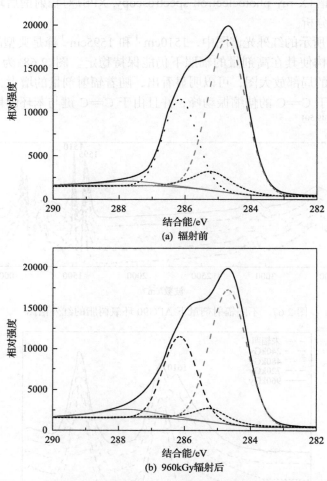

(a) 辐射前

(b) 960kGy辐射后

图 2.69　AFG90 环氧树脂经 γ 射线辐射前后的 XPS 的 C1s 谱图

表 2.14　**AFG90 环氧树脂经 γ 射线辐射前后的 XPS C1s 谱图分峰结果**

化学键	结合能/eV	峰面积/%	
		未辐射	960kGy 辐射后
C—H，C—C	284.73	58.64	56.87
C—N	285.40	9.45	7.97
C—O	286.37	30.50	30.74
C—O—C，C＝O	287.90	1.41	4.42

通过对固化后的 AFG90 环氧树脂辐照前后的化学结构变化的分析，可以对其辐射损伤机理进行推测。固化后的 AFG90 环氧树脂的结构式如图 2.70 所示，其中 a、b、c 三点的碳因与失稳效应显著的电负性原子(氧或氮)相连而极易受自由基攻击，并且由于 C—C 键和 C—N 键的结合能较低，在 γ 射线辐射下，比其他化学键更容易发生断裂(图 2.71(a))。此外，在氧气的作用下，a、b、c 三点的碳能够被氧化而形成 C—C═O 键和 N—C═O 键(图 2.71(b))，从而导致 C═O 键峰面积显著增大，并且伴随着树脂颜色的改变。但是，若在无氧条件下，烷基自由基发生歧化终止，生成 C═C 双键(图 2.71(c))，这一点在辐射后的 AFG90 环氧树脂的傅里叶红外谱图中也得到了验证。

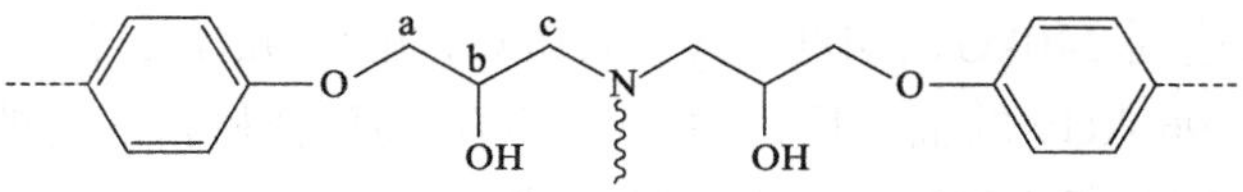

图 2.70　固化后的 AFG90 环氧树脂的结构式

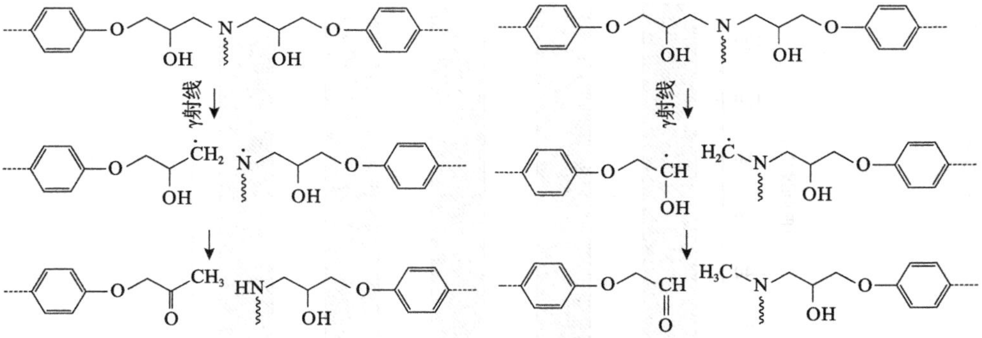

(a) C—C和C—N键断裂

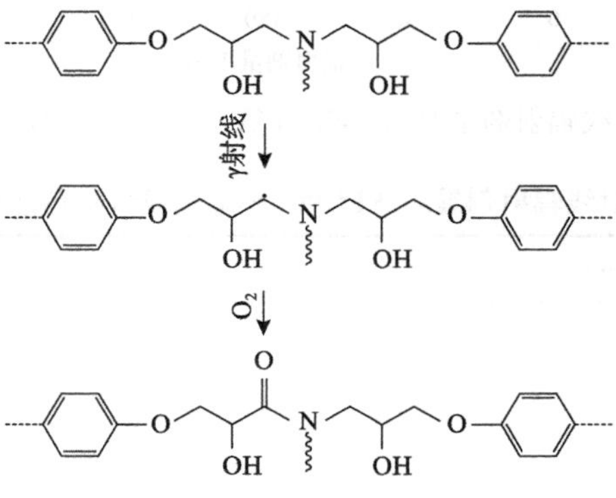

(b) 环氧树脂氧化

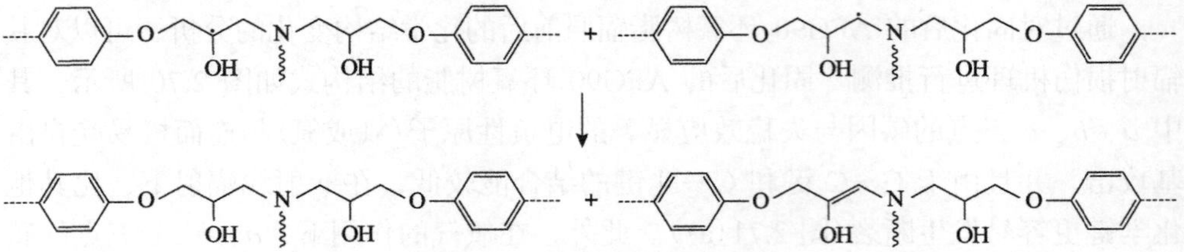

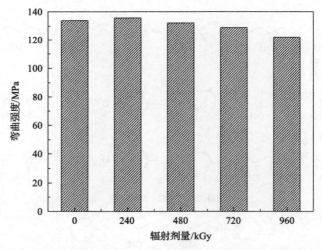

(c) C═C双键的形成

图 2.71　AFG90 环氧树脂经过 γ 射线辐射后的典型反应机理

4) AFG90 环氧-钨复合材料的耐辐射性能

用 10kGy/h 大剂量率 γ 射线分别辐射 AFG90 环氧-钨复合材料 24h、48h、72h 和 96h，总剂量达到 240kGy、480kGy、720kGy 和 960kGy，测试结果见图 2.72 和表 2.15。经过 960kGy 的辐射后，AFG90 环氧-钨复合材料的弯曲强度和热变形温度仅下降了 8.74%和 4.35%，耐辐射稳定性优异。

图 2.72　γ 射线辐射剂量对 AFG90 环氧-钨复合材料弯曲强度的影响

表 2.15　γ 射线辐射剂量对 AFG90 环氧-钨复合材料热性能的影响

辐射剂量/kGy	热变形温度/℃
0	195.3
240	196.1
480	194.2
720	191.9
960	186.8

5) AFG90 环氧-钨复合材料的屏蔽性能

分别采用微居级 ^{60}Co（1.25MeV）和 ^{137}Cs（0.662MeV）两种常用辐射源，对 AFG90 环氧-钨复合材料的屏蔽性能进行测试，并计算得到其线性吸收系数及半值层，结果见表 2.16。可见，随着钨质量分数的增加，样品的线性吸收系数逐渐增大，半值层则相应减小。当钨质量分数达到 90%时，对于 ^{60}Co 放射源，样品的线性吸收系数达到 0.50cm^{-1}，半值层为 1.39cm，仅比纯铅板厚 0.19cm，远小于重混凝土的半值层（3.51cm）；对于 ^{137}Cs 放射源，样品的线吸收系数达到 0.86cm^{-1}，半值层为 0.81cm，仅比纯铅板厚 0.11cm。3cm 厚的材料对 ^{60}Co 和 ^{137}Cs 辐射源的屏蔽率分别达到 77.68%和 92.42%[51]。可见，AFG90 环氧-钨复合材料的屏蔽性能十分优异。

表 2.16　AFG90 环氧-钨复合材料的屏蔽性能

材料	线吸收系数/cm^{-1}		半值层/cm	
	Co-60	Cs-137	Co-60	Cs-137
AFG90-W（钨含量 75%）	0.33	0.42	2.15	1.65
AFG90-W（钨含量 80%）	0.35	0.45	2.00	1.54
AFG90-W（钨含量 85%）	0.42	0.56	1.66	1.24
AFG90-W（钨含量 90%）	0.50	0.86	1.39	0.81
铅板[52]	0.58	0.99	1.2	0.7
重混凝土[43]	0.20	0.21	3.51	3.38

以上是以钨为填料、环氧树脂为基体的复合材料性能。由于传统屏蔽材料钨、铅存在弱吸收区，其对于能量为 40～88keV 的光子屏蔽效果较差。而稀土元素的 K 层吸收边（38.9～63.3keV）正好可以弥补这段弱吸收效应。另外，对于能量范围复杂的中子流，屏蔽材料应同时包含可慢化快中子的重元素、可吸收热中子的轻元素和其他元素。稀土元素（如钆、钐、铕）不仅热中子俘获面比传统的B-10 要高出许多，而且有很高的中能中子和慢中子反应截面。例如，以镧系元素制备的稀土-橡胶类复合材料，与传统铅类制品相比，屏蔽性能更好，密度更小[53-55]。戴耀东课题组[56-59]研究了氧化钨-氧化铈-环氧树脂、氧化钐-环氧树脂、聚丙烯酸钐-环氧树脂等多种复合材料体系，证明稀土元素含量和分布对复合材料的屏蔽率起着重要作用。而以热塑性聚氨酯（thermoplastic polyurethane, TPU）为基体，$Nd_2(CO_3)_3$ 为填料的复合材料，对于电压介于 85～105kV 范围内和管电压为 120kV 的 X 射线都具有很好的屏蔽效果[60]。将重金属、稀土元素和树脂相结合，能更有效地提高材料的整体屏蔽效率。

参 考 文 献

[1] Aygün B, Şakar E, Korkut T, et al. Fabrication of Ni, Cr, W reinforced new high alloyed stainless steels for radiation shielding application[J]. Results in Physics, 2019, 12: 1-6.

[2] 成细洋. 液相烧结制备钨基合金屏蔽材料的实验研究[D]. 衡阳: 南华大学硕士学位论文, 2012.

[3] Wagh A S, Sayenko S Y, Dovbnya A N, et al. Durability and shielding performance of borated Ceramicrete coatings in beta and gamma radiation fields[J]. Journal of Nuclear Materials, 2015, 462: 165-172.

[4] Greuner H, Balden M, Boeswirth B, et al. Evaluation of vacuum plasma-sprayed boron carbide protection for the stainless steel first wall of WENDELSTEIN 7-X[J]. Journal of Nuclear Materials, 2004, 329(1): 849-854.

[5] 李华, 赵原, 刘立业, 等. 基于 MCNP 对 γ 射线吸收剂量累积因子的计算与研究[J]. 辐射防护, 2017, 37(3): 161-168.

[6] Bünyamin A. High alloyed new stainless steel shielding material for gamma and fast neutron radiation[J]. Nuclear Engineering and Technology, 2020, 52(3): 647-653.

[7] 韩仲武, 栾伟玲, 韩延龙, 等. 钨、镍组合及钨镍合金的辐射屏蔽性能模拟[J]. 核技术, 2015, 38(1): 25-30.

[8] 韩仲武. 核电救灾机器人辐射屏蔽材料性能模拟研究[D]. 上海: 华东理工大学硕士学位论文, 2014.

[9] 冯江平, 陈羽, 孙慧斌, 等. 屏蔽材料对 γ 射线屏蔽情况的蒙特卡罗模拟[J]. 核电子学与探测技术, 2011, 31(1): 106-110.

[10] 孙莹莹. 常用 γ 放射源的屏蔽计算与方法评价[D]. 长春: 吉林大学硕士学位论文, 2010: 42-43.

[11] 李作胜. 高能 γ 射线辐射屏蔽材料的研究[D]. 上海: 华东理工大学硕士学位论文, 2015.

[12] 范景莲. 钨合金及其制备新技术[M]. 北京: 冶金工业出版社, 2006: 10-20.

[13] Wu W Z, Hou C, Cao L J, et al. High hardness and wear resistance of W-Cu composites achieved by elemental dissolution and interpenetrating nanostructure[J]. Nanotechnology, 2020, 31(13), DOI:10.1088/1361-6528/ab5e5d.

[14] Ryu H J, Hong S H, Baek W H. Microstructure and mechanical properties of mechanically alloyed and solid-state sintered tungsten heavy alloys[J]. Materials Science and Engineering: A, 2000, 291(1): 91-96.

[15] Wang Q, Du G P, Chen N, et al. Ideal strengths and thermodynamic properties of W and W-Re alloys from first-principles calculation[J]. Fusion Engineering & Design, 2020, 155: 111579.

[16] 范景莲, 刘涛, 成会朝. 中国钨基合金的进步与发展[J]. 中国钨业, 2009, (5): 99-106.

[17] 张娟, 张伶俐, 周子鹄, 等. 耐核辐射涂料及其应用[C]. 中国涂料工业协会首届地坪涂料技术发展研讨会, 广州, 2007.

[18] 张娟, 梁剑峰, 王玉杰, 等. 核电厂用涂料检测标准亟待完善[C]. 中国国防工业标准化论坛, 广州, 2007.

[19] Christian G H M, Contrerasa J R M, Luis A E V, et al. X-ray and gamma ray shielding behavior of concrete blocks[J]. Nuclear Engineering and Technology, 2020, 52(8): 1792-1797.

[20] Obaid S S, Gaikwad D K, Pawar P P. Determination of gamma ray shielding parameters of rocks and concrete[J]. Radiation Physics & Chemistry, 2018, 44: 356-366.

[21] Yılmaz D, Aktaş B, Çalık A, et al. Boronizing effect on the radiation shielding properties of Hardox 450 and Hardox HiTuf steels[J]. Radiation Physics & Chemistry, 2019, 161: 55-59.

[22] Akkurt I, Akyildirim H, Mavi B, et al. Gamma-ray shielding properties of concrete including barite at different energies[J]. Progress in Nuclear Energy, 2010, 52(7): 620-623.

[23] Sercombe T B. Sintering of free formed maraging steel with boron additions[J]. Materials Science and Engineering: A, 2003, 363(1): 242-252.

[24] Erdem M, Baykara O, Dogru M, et al. A novel shielding material prepared from solid waste containing lead for gamma ray[J]. Radiation Physics and Chemistry, 2010, 79(9): 917-922.

[25] DeWitt J M, Benton E R, Uchihori Y, et al. Assessment of radiation shielding materials for protection of space crews using CR-39 plastic nuclear track detector[J]. Radiation Measurements, 2009, 44(9): 905-908.

[26] 魏霞, 周元林, 李迎军. 活性 Bi_2O_3/橡胶复合材料的制备及 γ 射线辐射防护性能研究[J]. 功能材料, 2013, 44(2): 216-220.

[27] Botelho M Z, Künzel R, Okuno E, et al. X-ray transmission through nanostructured and microstructured CuO materials[J]. Applied Radiation and Isotopes, 2011, 69(2): 527-530.

[28] Alsayed Z, Badawi M S, Awad R. Study of some γ-ray attenuation parameters for new shielding materials composed of nano ZnO blended with high density polyethylene[J]. Nuclear Technology and Radiation Protection, 2019, 34(4): 342-352.

[29] 周永增. 辐射防护的生物学基础——辐射生物效应[J]. 辐射防护, 2003, (2): 90-102.

[30] 夏益华. 辐射防护基本点的演变[J]. 辐射防护, 2006, (2): 113-121.

[31] 周强, 韩立伟, 刘蓓蓓, 等. 浅谈生活中的电离辐射[J]. 城市建设理论研究(电子版), 2016, (1): 570.

[32] 夏益华. 高等电离辐射防护教程[M]. 哈尔滨: 哈尔滨工程大学出版社, 2010.

[33] 曾繁清, 杨业智. 现代分析仪器原理[M]. 武汉: 武汉大学出版社, 2000.

[34] 刘波, 李运波. 聚合物基 X 射线屏蔽复合材料研究进展[J]. 化工新型材料, 2011, 39(7): 21-22, 51.

[35] 陈桂明, 阳能军, 董振旗, 等. 一种新型核辐射防护材料的设计与应用研究[J]. 核技术, 2003, 26(10): 783-788.

[36] Jia Y, Li K Z, Xue L Z, et al. Electromagnetic interference shielding effectiveness of carbon fiber reinforced multilayered(PyC-SiC)N matrix composites[J]. Ceramics International, 2016, 42(1): 986-988.

[37] Alhajali S, Yousef S, Naoum B. Appropriate concrete for nuclear reactor shielding[J]. Applied Radiation & Isotopes, 2016, 107: 29-32.

[38] Aboubakr M, Mehdi D, Abdeldjalil Z, et al. Mechanical and gamma rays shielding properties of a novel fiber-metal laminate based on a basalt/phthalonitrile composite and an Al-Li alloy[J]. Composite Structures, 2019, 210(15): 421-429.

[39] Korkut T, Gencel O, Kam E, et al. X-Ray, gamma, and neutron radiation tests on epoxy-ferrochromium slag composites by experiments and Monte Carlo simulations[J]. International Journal of Polymer Analysis and Characterization, 2013, 18(3): 224-231.

[40] Nambiar S, Yeow J T W. Polymer-composite materials for radiation protection[J]. ACS Applied Materials and Interfaces, 2012, 4(11): 5717-5726.

[41] 常乐, 张衍, 刘育建, 等. 环氧树脂的 γ 射线辐照损伤机理研究[J]. 热固性树脂, 2016, 31(1): 10-14.

[42] 常乐. 高能辐射防护材料研究[D]. 上海: 华东理工大学硕士学位论文, 2015.

[43] Ouda A S. Development of high-performance heavy density concrete using different aggregates for gamma-ray shielding[J]. Progress in Nuclear Energy, 2015, 79: 48-55.

[44] Wei C, Pan W, Sun S, et al. Irradiation effects on a glycidylamine epoxy resin system for insulation in fusion reactor[J]. Journal of Nuclear Materials, 2012, 429(1-3): 113-117.

[45] 刁飞宇. 环氧基核电防护材料的制备与研究[D]. 上海: 华东理工大学硕士学位论文, 2016.

[46] Devanne T, Bry A, Audouin L, et al. Radiochemical ageing of an amine cured epoxy network. Part I: Change of physical properties[J]. Polymer, 2005, 46(1): 229-236.

[47] Diao F Y, Zhang Y, Liu Y J, et al. γ-Ray Irradiation Stability and Damage Mechanism of Glycidyl Amine Epoxy Resin[J]. Nuclear Instruments and Methods in Physics Research B, 2016, 383: 227-233.

[48] Chen X R. Electron Spin Resonance Experiment Technology[M]. Beijing: Science Press, 1986.

[49] Ozdemir T, Usanmaz A. Degradation of poly(carbonate urethane) by gamma irradiation[J]. Radiation Physics and Chemistry, 2007, 76(6): 1069-1074.

[50] Li R, Gu Y, Yang Z, et al. Effect of γ irradiation on the properties of basalt fiber reinforced epoxy resin matrix composite[J]. Journal of Nuclear Materials, 2015, 466: 100-107.

[51] 刁飞宇, 张衍, 刘育建, 等. 钨/环氧树脂γ射线屏蔽复合材料的制备及性能[J]. 热固性树脂, 2016, (6): 8-12.

[52] Professional committee of the Chinese society of metering ionization radiation. Radiation dosimetry common data [M]. Beijing: China Metrology Press, 1987.

[53] Sambhudevan S, Shankar B, Saritha A, et al. Development of X-ray protective garments from rare earth-modified natural rubber composites[J]. Journal of Elastomers & Plastics, 2017, 49(6): 527-544.

[54] 王莹, 王广克, 胡涛, 等. 蒙特卡罗模拟稀土镧/橡胶基复合材料的γ射线屏蔽性能[J]. 合成橡胶工业, 2020, 43(3): 216-220.

[55] Wang Y, Wang G, Hu T, et al. Enhanced photon shielding efficiency of a flexible and lightweight rare earth/polymer composite: A Monte Carlo simulation study[J]. Nuclear Engineering and Technology, 2020, 52(7): 1565-1570.

[56] 李江苏, 张瑜, 孙浩, 等. 氧化钐/环氧树脂与聚丙烯酸钐/环氧树脂辐射防护材料的制备工艺、微观结构及性能[J]. 复合材料学报, 2011, (1): 43-49.

[57] 李江苏, 戴耀东, 张瑜, 等. 氧化铒/环氧树脂辐射防护材料的制备及性能研究[J]. 化工新型材料, 2010, (5): 48-52.

[58] 董宇, 戴耀东, 常树全, 等. WO₃/CeO₂/环氧树脂基辐射防护材料的制备及性能研究[J]. 材料导报, 2012, 26(z1): 184-186, 205.

[59] 李书林, 戴耀东, 李俊, 等. 含铅/钐功能粒子有机玻璃的制备及辐射屏蔽性能研究[J]. 材料导报, 2014, (2): 60-62.

[60] 董文敏, 董志华, 徐东太, 等. 热塑性聚氨酯防辐射复合材料的性能[J]. 合成橡胶工业, 2009, 32(4): 313-316.

第3章　核电救灾机器人用中子辐射防护材料

核电站中，中子慢化及吸收过程中将产生大量次级射线。对核电救灾机器人而言，中子及次级射线将会对内部的电子器件产生重要影响[1]。射线及产生的带电粒子会累积到电子器件表面，尤其是高能射线，将直接穿过外层壳体进入器件内部，产生电离及激发效应，改变器件微观结构，最终使其失效。因此，需要采用辐射屏蔽材料对电子器件进行辐射加固。本章主要针对中子射线，设计应用于机器人电子器件整体防护的中子屏蔽材料。由于核电站内部存在高温、高湿及强酸碱腐蚀环境，设计的材料除满足较好的中子屏蔽性能外，还需要适应复杂的核灾变环境。在材料设计过程中，如果使用中子源对基体材料及功能性材料进行研究，成本高，实际操作周期长、难度大，且存在较高的试验误差。因此，材料设计首先模拟粒子输运，研究中子在材料中的运动过程，对材料及组分进行筛选，这可为后期材料制备及验证提供理论依据，而通过试验方法可对材料性能进行评价。

3.1　中子屏蔽的基本概念

3.1.1　中子与物质的相互作用

中子是一种穿透能力很强的不带电电离粒子，在通过物质时主要与原子核发生相互作用，原子的壳层电子几乎不对其起作用。中子与物质的作用方式主要为散射和吸收。

(1)散射。中子在与原子核的碰撞过程中，自身损失一部分能量，并沿偏离原来的方向发射出去，即入射中子发生了散射，成为散射中子。受碰撞的原子核，获得了中子的一部分能量而向另一个方向运动，即被碰撞原子核发生了反冲，成为反冲核。因此，中子与原子核的散射过程可分为弹性散射和非弹性散射。弹性散射前后，中子与原子核两者的总动能和总动量保持不变。中子能量不高时，与轻核物质作用主要发生弹性散射。而非弹性散射前后，中子与原子核的总动能不等。这是因为非弹性碰撞时，中子将一部分能量用于激发原子核，被激发的原子核跃迁到基态的同时放出 γ 光子。

(2)吸收。中子的吸收过程分为辐射俘获与散裂反应两种。其中，辐射俘获过程是指原子核吸收一个中子，形成了激发的"复合核"，当"复合核"跃迁到基态时，发射出一个或几个光子。散裂反应过程是指原子核吸收高能中子，引起原子核散裂并发出两个或三个以上带电粒子的核反应。

通常，慢中子(>1keV)主要通过吸收与原子核发生相互作用；中能中子(1~100keV)和快中子(0.1~20MeV)主要通过弹性散射与原子核发生相互作用；而对于能量大于 20MeV 的快中子主要通过非弹性散射与原子核发生相互作用[2]。在中子和物质相互作用的几个过程中，除弹性散射外，其余各种过程均会产生次级 γ 光子。

3.1.2　物质对中子的屏蔽作用

实际中遇到的中子大部分是快中子，快中子与物质原子发生作用时，首先被减速，继而被吸收。因此中子的屏蔽过程如下：

(1)对快中子进行减速。重元素及其化合物，如铅[3,4]、钨[5]、铁[6]、钡[7]等，既可减速快中子，又可同时吸收次级 γ 射线。通常快中子被重金属阻滞后，还需进行进一步减速，这可通过轻元素材料(如含氢多的材料)得以实现。这些材料具有较好的耐辐照性能，如水、石蜡、聚乙烯[8]、环氧树脂[9]等高聚物，通过与中子发生弹性散射，进一步使中子减速而不产生 γ 射线二次效应。

(2)对慢中子进行吸收。慢中子只有被吸收后才能完全消除中子的危害[10]。具有大吸收截面(当一个中子打到靶核上，与单位面积上的靶核发生核反应的概率)的元素及其化合物，能同时阻滞快中子并吸收慢中子，且不释放二次 γ 射线。常用的有锂[11]、硼[12,13]及其化合物或合金，也有部分稀土元素，如钆[14]、钐等。

3.2　中子屏蔽复合材料设计及模拟分析

建立多能谱中子屏蔽模型，对常用中子屏蔽材料进行研究，选取中子屏蔽复合材料的填料、对常用基体材料进行筛选，并经过相关测试后确定基体材料，同时对中子屏蔽复合材料性能进行模拟研究，设计中子屏蔽材料[15]。

3.2.1　中子屏蔽材料性能表征及模型设计

1. 中子屏蔽材料的性能表征方法

中子流穿过屏蔽材料的计算模型如图 3.1 所示。准直中子沿水平方向入射且与屏蔽材料垂直，经过中子吸收体后，沿材料背面水平射出。中子流分为窄束及宽束两种，在屏蔽材料中的衰减规律可分别用式 (3.1) 或式 (3.2) 计算[16,17]：

$$(窄束中子流) \quad I = I_0 e^{-\Sigma x} \tag{3.1}$$

$$(宽束中子流) \quad I = B I_0 e^{-\Sigma x} \tag{3.2}$$

式中，x 表示中子屏蔽材料厚度；Σ 表示屏蔽材料的中子吸收宏观截面；I_0 及 I 分别表示入射及注入中子强度；B 表示宽束射线中子积累因子，用来描述散射中子对屏蔽体出射中子强度的倍增影响。

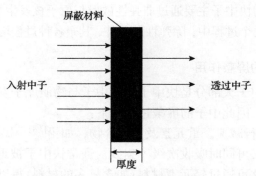

图 3.1　中子透射计算模型[18]

式(3.3)给出了中子辐射透射率计算公式，它表示单位面积的中子通过屏蔽材料后中子出射量与入射量的比值。

$$透射率：S = 1 - \frac{I}{I_0} = \frac{I_0 - I}{I_0} \times 100\% \tag{3.3}$$

2. 屏蔽模型建立

为研究材料中子屏蔽效果，建立模型结构如图 3.2 所示，定义 10cm×10cm 的平面为中子源，采用各向同性的面源进行研究。定义截面积为 15cm×15cm，将需要指定的立方体作为屏蔽材料，设定材料中各元素的百分含量，记录中子通过材料后的数量，并计算透射率。设半径为 100cm 的球面作为边界条件，球面内

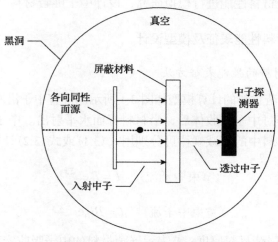

图 3.2　中子屏蔽几何模型示意图[19,20]

部介质设为真空。此时,源与屏蔽材料的距离将不会对材料的透射率造成影响。球面外中子重要性设为 0 以模拟黑洞,表示当中子碰到球面时将会被杀死,不会产生二次反射。

3. 模拟粒子数对试验结果的影响

试验结果误差与模拟时设定的粒子数有关[21-23]。为了确定模拟粒子数对试验结果的影响,现以 1cm 厚度的聚乙烯为研究对象,测试中子对材料透射率的影响。中子的能量设为 2MeV,分别选取 0~2MeV 的 20 个点作为研究对象,记录试验结果的统计误差;设定模拟粒子数分别为 $1×10^6$、$5×10^6$、$1×10^7$、$5×10^7$、$1×10^8$、$5×10^8$ 个,记录完成程序所需的模拟时间,结果如图 3.3(a)、(b)所示,分别表示不同采样粒子数在不同能量下的统计误差和所需要的模拟时间。

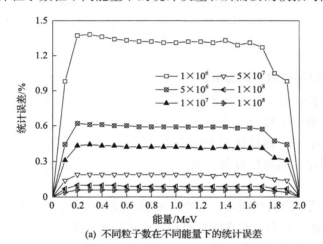

(a) 不同粒子数在不同能量下的统计误差

(b) 模拟所需的时间

图 3.3 模拟粒子数的影响

通过对模拟结果分析可以看出，统计误差随着粒子数的增多而减小，但所需模拟时间显著增加。当采样粒子数为 1×10^6 个时，计算时间仅需 3.6s，但其平均统计误差超过 1.3%，满足不了模拟精度需要；增加采样粒子数，当粒子数增加 5 倍时，运算时间也呈现倍数增长，平均统计误差降至原来的一半，为 0.69%；当采样粒子数为 1×10^7 个时，平均统计误差下降到 0.45%，下降幅度逐渐减缓，时间仍然满足倍数增长关系；但当采样粒子数为 1×10^8 时，平均统计误差小于 0.1%，精度较高；继续增加粒子数至 5×10^8，运算时间需要长达 1954s，但试验误差与 1×10^8 时基本一致。这说明继续增加采样粒子数对模拟精度的提高有限，但所需时间却大大增加。从能量分布与统计误差结果可以看出，当中子能量 $E < 0.2$MeV 或 1.7MeV $< E < 2$MeV 时，其运算时的统计误差远远小于其他能量段，但随着采样粒子数增加，这种不均匀性将逐渐减弱。采样粒子数超过 1×10^8 后，统计误差在各能量段的均匀性基本保持一致。综合考虑模拟精确度和模拟时间，中子模拟时选用的采样粒子数为 1×10^8，此时统计误差小于 0.1%。

3.2.2　中子辐射屏蔽填料的选取及模拟分析

传统的中子屏蔽材料有很多，如聚乙烯、石蜡、混凝土等[24,25]，已广泛用作核电站及反应堆中子慢化及吸收屏蔽。但对核电救灾机器人及移动探测设备而言，由于内部电子元器件排布空间有限，屏蔽材料的厚度及质量因素将成为选材的关键。因此，制备厚度薄、密度轻、中子屏蔽性能优异的复合材料将成为研究的重点。

对中子屏蔽复合材料而言，功能性填料的成分及含量将直接影响材料的中子屏蔽性能。因此，有必要对功能性填料的中子屏蔽性能进行筛选。由于材料制备及中子测试试验等环节复杂，且无法研究填料在不同单能中子源下的屏蔽性能，故首先对常用中子屏蔽材料进行模拟筛选。

1. 中子屏蔽填料的选取

对核电站内部而言，一旦发生核泄漏，将释放出大量的快中子流。材料对中子的屏蔽主要分为两个过程：快中子慢化成热中子，热中子被材料吸收。对高能中子而言，其快中子慢化主要依靠与材料中的原子核发生碰撞，经过非弹性散射释放出高能 γ 射线，能量降低后再发生弹性碰撞，直到中子被慢化吸收。表 3.1 给出了常见元素慢化不同能量中子所需的碰撞次数。发生弹性碰撞时，H 元素慢化 1MeV 中子时碰撞次数最少。随着元素原子质量的增加，所需的碰撞次数逐渐递增，U-238 碰撞次数为 2088，是 H 元素的 116 倍。因此，对于 1MeV 以下的快中子，含 H 元素较多的材料的中子屏蔽性能最好。

表 3.1　常见元素慢化中子能量从 1MeV 到 0.025eV 所需的碰撞次数[26]

元素	H	D	He	B	C	O	Fe	U
质量数	1	2	4	10	12	16	56	238
碰撞次数	18	24	41	65	111	146	485	2088

对不同材料而言，很多元素都有较高的中子吸收截面，但材料在吸收热中子时，会伴有俘获高能 γ 射线。γ 射线具有极强的穿透性及电离特性，对核电救灾机器人整体屏蔽防护而言，中子屏蔽产生的高能 γ 射线，同样会严重影响机器人内部电子元器件的正常使用。屏蔽防护时除要考虑环境 γ 射线屏蔽外，还需额外注意中子慢化产生的俘获 γ 射线，屏蔽难度加大。因此，选用屏蔽填料时，除考虑热中子吸收截面外，还需要对俘获 γ 射线的能量进行考察。γ 射线能量越低，屏蔽越容易。表 3.2 为常见元素的热中子吸收截面及产生俘获 γ 射线的最大能量。从表中可看出，^{10}B 元素中子吸收截面最高，达 3837b（1b=10^{-24}cm^2），且产生的俘获 γ 射线最大能量只有 0.478MeV，可作最为理想的功能性填料，Cd 及 In 等重金属元素同样有着较高的中子吸收截面，但屏蔽中子后产生俘获的 γ 射线能量高达 9.05MeV 和 5.87MeV，对次级 γ 射线的屏蔽带来严峻挑战。因此，可选用含 ^{10}B 元素的化合物作为复合材料填料，如 B$_4$C[27]。

表 3.2　常见元素的热中子吸收截面及产生俘获 γ 射线的最大能量[26]

元素	热中子截面/b	俘获 γ 射线最大能量/MeV	元素	热中子截面/b	俘获 γ 射线最大能量/MeV
H	0.332	2.23	Co	37	7.49
^{10}B	3837	0.478	Cd	2450	9.05
Mg	0.036	10.09	Zr	0.18	8.66
Al	0.235	7.72	In	196	5.87
Sc	24	8.85	W	19.2	7.42
Mn	13.2	7.26	Ag	63	7.27

2. 能量对中子屏蔽填料性能的影响

为选择合适功能性颗粒作为填料，继续对 B$_4$C、Gd$_2$O$_3$、Al$_2$O$_3$ 材料的中子屏蔽性能进行模拟，各元素的质量分数见表 3.3。碳化硼中的硼元素在自然界中主要有两种同位素，^{10}B 和 ^{11}B，其丰度分别为 19.78%和 80.22%，在碳化硼中的质量分数分别为 15.48%、62.8%。稀土元素 Gd 有很高的热中子吸收截面，选用氧化钆作为备选材料，同时，氧化铝也广泛用作反应堆中子吸收材料。三种材料均为固体颗粒。

表 3.3　模拟材料的质量分数及密度

颗粒名称	分子量	各元素质量分数/%						密度/(g/cm³)
		C	O	¹⁰B	¹¹B	Gd	Al	
B₄C	55.26	21.72	—	15.48	62.8	—	—	2.52
Gd₂O₃	362.5	—	13.24	—	—	86.76	—	7.4
Al₂O₃	101.96	—	47.08	—	—	—	52.92	3.9

　　模拟 B_4C、Gd_2O_3、Al_2O_3 颗粒在不同中子能量下的透射率，中子能量范围为 0.5～5MeV，三种材料的厚度均设为 5cm，采样粒子数设为 $1×10^8$。模拟结果如图 3.4 所示。三种颗粒的中子透射率均随中子能量的升高而增大，屏蔽性能逐渐下降。当中子能量小于 1.5MeV 时，三种材料屏蔽性能波动较为明显。在 1MeV 区域范围内，碳化硼颗粒存在明显的弱吸收区，而氧化钆和氧化铝则在此范围内透射率下降，中子屏蔽性能增强；当中子能量为 1.5～5MeV 时，碳化硼的中子透射率基本都小于氧化钆和氧化铝，在高能区间内中子屏蔽性能优异，且随着能量的升高，透射率缓慢升高，中子屏蔽效果稳定。氧化铝中子屏蔽性能优于氧化钆，两者在 3.5MeV 时均出现透射率先下降后升高现象，说明 3.5MeV 附近是两种材料的强吸收区。综合分析，若中子能量在 0.5～5MeV 范围内，碳化硼中子屏蔽性能显著优于氧化钆和氧化铝两种材料，但存在一定的弱吸收区。

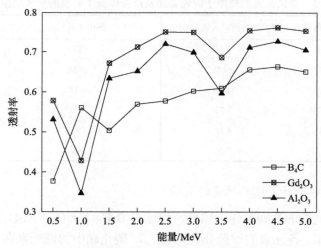

图 3.4　中子屏蔽填料在 0.5～5MeV 能量下的透射率

　　由于中子能量在 1.5MeV 以下时，材料的透射率波动较大。因此，进一步模拟材料在中子能量 0.1～1.5MeV 情况下的透射率，模拟结果如图 3.5 所示。中子能量低于 0.8MeV 时，碳化硼在低能段内中子透射率远低于其他两种材料，中子能量为 0.1MeV 时，中子屏蔽效率为 78.9%；当中子能量为 0.4MeV 时，三种材料均出现透射率下降趋势，出现强吸收区，碳化硼下降趋势较弱，氧化铝下降最为明显，但透射率仍高于碳化硼；在 0.8～1.1MeV 时，碳化硼透射率达到峰值，中子屏蔽效果最差，氧化钆和氧化铝出现低谷，中子屏蔽效果增强；中子能量在 1.3MeV 附近时，三种材料透射率同时下降，屏蔽效果出现增强。综上所述，当中子能量为 0.1～1.5MeV 时，碳化硼中子屏蔽性能最好，但存在明显的弱吸收区，氧化钆和氧化铝材料出现的强吸收区可起到弥补作用。

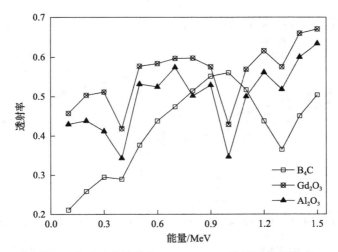

图 3.5　中子屏蔽填料在 0.1～1.5MeV 能量下的透射率

3. 厚度对中子屏蔽填料性能的影响

为了进一步研究材料厚度对中子屏蔽性能的影响，分别选取材料厚度为 0.5～5cm，中子能量为 0.5MeV、1MeV、2MeV、4MeV，采用单能中子射线，模拟不同厚度中子屏蔽填料在不同能量下的透射率，结果如图 3.6 所示。模拟结果表明，在不同能量下，透射率随材料厚度的增加不断下降，曲线大致满足线性规律；随着中子能量的升高，材料的透射率下降逐渐变缓。对于 1MeV 以下的中能中子，通过增加厚度的方法能显著降低中子的透射率，提高屏蔽效果；但对于高能中子，效果并不明显。这一变化趋势与 γ 射线的屏蔽结论一致。

当中子能量为 0.5MeV、2eV、4MeV 时，碳化硼的屏蔽效果显著优于氧化钆和氧化铝，中子屏蔽效果优异；氧化铝的屏蔽性能优于氧化钆，与之前模拟结果一致；但在 1MeV 时，由于弱吸收区的存在，碳化硼的透射率高于氧化钆和氧化铝。当材料厚度为 0.5cm，中子能量为 0.5MeV 时，氧化钆及氧化铝屏蔽效果相当。当中子能量为 2MeV 和 4MeV 时，三种材料中子透射率相差不大，说明材料厚度

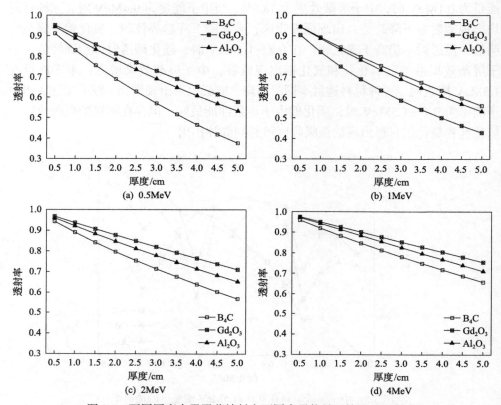

图 3.6　不同厚度中子屏蔽填料在不同中子能量环境下的透射率

越小，中子能量越高，材料屏蔽性能间的差异越小。综上所述可知，厚度对材料的中子透射率影响较大，在厚度没有限制的情况下，增加屏蔽材料厚度能有效提高材料的中子屏蔽性能。而对核电救灾机器人中子屏蔽材料而言，由于电子器件设计紧凑化，通过增加材料厚度的方法屏蔽中子并太不适用[28]。

3.2.3　基体的选取及屏蔽性能模拟

目前，中子屏蔽复合材料研究较为广泛，主要基体材料以聚乙烯、环氧树脂及不锈钢、铝等最为常见[29]。中子屏蔽复合材料的最终性能除与功能填料有关外，还主要取决于基体材料。合适的基体材料，除要考虑材料与功能性填料的相容性、力学性能、耐高温性能外，中子屏蔽性能将是首要因素。对核电救灾机器人而言，中子屏蔽性能的优劣将直接决定机器人的最终耐辐照剂量及工作时间。本节主要对聚乙烯、环氧树脂、不锈钢及铝四种材料的中子屏蔽性能进行模拟研究。

1. 中子能量对基体材料性能的影响

为了验证中子能量对选取的四种基体材料屏蔽性能的影响，现继续对其中子屏蔽性能进行模拟研究。各材料的密度和元素质量分数如表 3.4 所示，聚乙烯最轻，密度为 0.941g/cm³，环氧树脂与聚乙烯相差不大，而 304 不锈钢密度最大，是聚乙烯的 8.4 倍。从元素组成上看，聚乙烯及环氧树脂的 C、H、O 三种元素含量较高。

表 3.4　模拟材料元素质量分数及密度[26]

材料名称	各元素质量分数/%												密度 /(g/cm³)
	C	H	O	N	S	Si	Mn	S	Cr	Ni	Fe	Al	
聚乙烯	85.6	14.4	—	—	—	—	—	—	—	—	—	—	0.941
环氧树脂	59.2	5.57	23.8	6.8	4.62	—	—	—	—	—	—	—	1.4
304 不锈钢	0.07	—	—	—	—	1	2	0.3	18	10	68.9	—	7.93
铝	—	—	—	—	—	—	—	—	—	—	—	100	2.7

设定基体材料厚度为 2cm，模拟材料对 0.2～2MeV 中子的透射率，模拟结果如图 3.7 所示。随着中子能量的升高，四种材料的透射率均有上升趋势，说明材料的中子屏蔽效果随着入射能量的增加而减弱。其中，聚乙烯的透射率随着能量的升高变化比较平缓，中子屏蔽效果稳定。而环氧树脂屏蔽效果优于聚乙烯材料，当中子能量为 0.8～1.0MeV 时，环氧树脂透射率迅速下降，尤其是在 1MeV 时，其

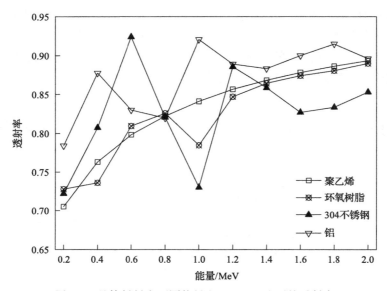

图 3.7　基体材料在不同能量(0.2～2MeV)下的透射率

透射率仅为 78.5%，与 0.5MeV 时相当，出现强吸收区。两种金属材料 304 不锈钢和铝透射率曲线随能量波动十分明显，铝的透射率始终高于聚乙烯材料，中子屏蔽性能最差。而 304 不锈钢在 0.6～0.8MeV 时，屏蔽性能低于聚乙烯和环氧树脂，但当中子能量为 0.8～1.1MeV 时，同样出现强吸收区，且屏蔽效果高于环氧树脂；当中子能量为 1.2MeV 时，出现弱吸收区，随后透射率低于其他三种材料。

通过模拟数据分析，304 不锈钢和环氧树脂的中子屏蔽性能均较好，且当中子能量在 0.8～1.2MeV 时，两种材料均出现强吸收峰，而选取的功能性填料碳化硼颗粒在 0.8～1.1MeV 范围内存在弱吸收区，两种基体材料都能有效弥补碳化硼的弱吸收区。304 不锈钢同时有着较好的耐腐蚀、耐高温及力学性能，但其只能采取固溶强化的方法与功能性填料融合[30]。304 不锈钢除本身工艺复杂外，填料的添加量也十分有限，制备工艺性不理想。环氧树脂本身为液体，可与功能性填料以很高的比例混合，固化成型后具有良好的耐化学腐蚀、耐辐照、耐高温性能，且力学性能优异。综上所述，可选用环氧树脂作为中子屏蔽复合材料的基体。

2. 环氧树脂的选取及性能对比

发生核事故时，核电站内部将出现高温高湿、强化学介质腐蚀、高放射性等极端物化环境[31]，为了满足核电救灾机器人的使用要求，外层屏蔽材料需要有较好的耐辐照、耐高温高湿及耐腐蚀能力。通过对环境及力学性能的综合考虑，选取对氨基苯酚(AFG90)环氧树脂作为基体材料，并与常用的双酚 A 型 E51 环氧树脂比较。两者分子结构式如图 3.8 所示。苯环具有较好的耐辐照及力学性能[32]。另外，三官能度也有利于交联密度的提高。辐照测试结果也证明，AFG90 的整体性能更加优异，辐照测试原理图和实测图如图 3.9 所示。

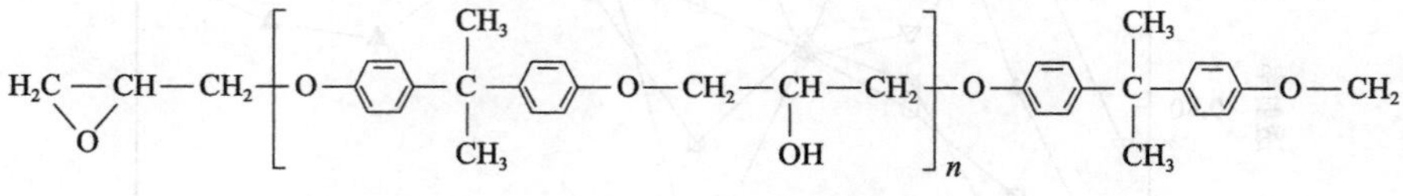

(a) E51

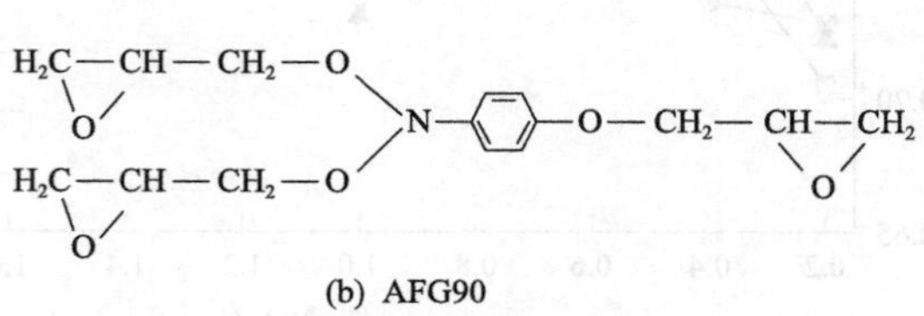

(b) AFG90

图 3.8 两种环氧树脂的分子结构式

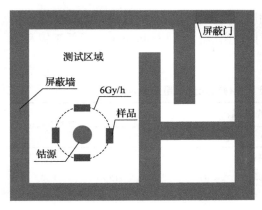
(a) 测试原理图

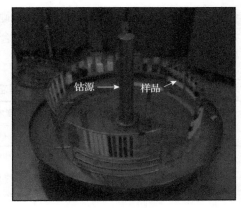
(b) 实测图

图 3.9 辐照试验

为了进一步测试两种材料的耐化学介质腐蚀性能，配置 pH 为 9.3±0.3 的碱性溶液，硼含量为 2.5g/L，将材料在溶液中浸泡 100h 后取出，进行弯曲强度测试，结果见表 3.5。浸泡后的 AFG90 环氧树脂的弯曲强度下降较为明显，为 112.06MPa，与浸泡前相比下降 11.98%，而 E51 环氧树脂下降仅为 1.47%。但由于未处理前的 AFG90 环氧树脂的弯曲强度高于 E51 环氧树脂，浸泡后其弯曲强度仍与 E51 环氧树脂相当，这说明 AFG90 环氧树脂在化学介质腐蚀环境下仍具有较好的力学性能。

表 3.5 材料在化学介质浸泡后的弯曲强度变化

材料名称	弯曲强度/MPa		变化/%
	浸泡前	浸泡后	
AFG90 环氧树脂	127.31	112.06	−11.98
E51 环氧树脂	116.79	115.07	−1.47

3.2.4 复合材料的中子屏蔽性能模拟

前面的模拟研究表明，碳化硼作为功能性填料具有较好的中子屏蔽性能，但存在较为明显的弱吸收区。而对基体材料的模拟研究发现，环氧树脂作为基体材料时，恰好在碳化硼填料出现中子弱吸收区域内，具有强吸收性。两者相互弥补，能有效提高材料在 0~2MeV 范围内的中子屏蔽性能。AFG90 环氧树脂较常用 E51 环氧树脂具有更好的耐辐照、耐高温及力学性能。因此，选用 AFG90 环氧树脂作为基体树脂，以碳化硼颗粒作为功能性填料，制备得到 AFG90/B_4C 复合材料（记作 EP-$x$$B_4C$，其中 x 为 B_4C 的质量分数），碳化硼颗粒的质量分数为 10%~60%。

各元素的质量分数见表 3.6,随着碳化硼质量分数的增加,复合材料的密度逐渐增加。当碳化硼质量分数为 60%时,复合材料密度仅为 1.909g/cm^3,远低于铝和不锈钢等常用中子屏蔽材料。

表 3.6　环氧树脂基中子屏蔽复合材料元素质量分数及密度

材料名称	元素质量分数/%						密度/(g/cm^3)
	C	H	O	N	S	B	
EP-10%B$_4$C	55.41	5.01	21.41	6.15	4.16	7.85	1.465
EP-20%B$_4$C	51.64	4.46	19.03	5.47	3.70	15.70	1.537
EP-30%B$_4$C	47.88	3.90	16.65	4.22	3.24	23.54	1.615
EP-40%B$_4$C	44.11	3.34	14.27	4.10	2.78	31.39	1.703
EP-50%B$_4$C	40.35	2.78	11.90	3.42	2.31	39.24	1.800
EP-60%B$_4$C	36.58	2.23	9.52	2.74	1.85	47.09	1.909

　　模拟不同质量分数(10%～60%)的碳化硼复合材料在不同能量(0.2～2MeV)下的中子透射率,设定材料厚度为 2cm,结果如图 3.10 所示,并增加纯 AFG90环氧树脂作为对照。模拟结果表明,随着碳化硼颗粒含量的增加,复合材料的中子透射率不断下降。当中子能量低于 0.8MeV 时,随中子能量的升高,复合材料透射率上升明显;中子能量在 0.8～1.2MeV 时,透射率均出现先下降后上升的变化,表明复合材料在此区域内中子屏蔽效果增强。随着碳化硼含量的增加,透射率曲线的波动性逐渐减弱,当碳化硼含量达到 60%(质量分数)时,曲线已非常平缓。这表明,AFG90 环氧树脂基体很好地弥补了碳化硼颗粒的弱吸收区,EP-60%B$_4$C

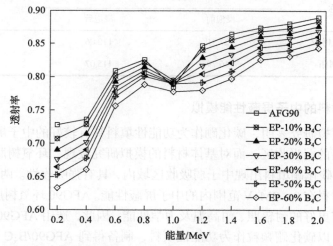

图 3.10　不同质量分数的碳化硼环氧复合材料对不同能量(0.2～2MeV)中子的透射率

曲线始终在其他曲线的下方；当中子能量高于 1.2MeV 时，复合材料的中子屏蔽透射率缓慢上升，且在同一能量下透射率的大小受碳化硼含量的影响。因此，选用的功能性填料碳化硼颗粒与环氧树脂基体制成的复合材料具有较好的中子屏蔽性能，复合材料对中子的屏蔽性能随中子能量的升高而下降，碳化硼填料的百分含量决定着复合材料的中子屏蔽性能，复合材料屏蔽效果随碳化硼含量的升高而增强。

3.3　环氧基中子屏蔽复合材料

通过对中子屏蔽复合材料填料进行筛选发现，碳化硼颗粒具有很好的中子屏蔽性能，尤其是能量较高的快中子，但存在一定的弱吸收区。对基体材料的筛选发现，环氧树脂基体能有效弥补功能填料的弱吸收区，且选用的 AFG90 三官能度环氧树脂具有良好的耐辐照及耐高温性能。环氧树脂及中子屏蔽复合材料组成成分的确定，可为材料的制备及评价提供理论基础。

核事故的特殊环境要求材料除满足耐辐照性能要求外，还要有耐湿热及耐化学介质腐蚀等多种性能[33]，为了制备综合性能优异的耐高温中子屏蔽复合材料，满足核电救灾机器人的使用要求，选用 AFG90 环氧树脂为基体、液体羧基丁腈橡胶作为增韧剂、碳化硼颗粒为填料制备了中子屏蔽复合材料。研究增韧剂含量对复合材料力学性能的影响；采用 ^{241}Am-Be 中子源测试复合材料的中子屏蔽性能，并探讨碳化硼添加量对复合材料中子屏蔽性能的影响；测试材料力学和热力学性能，并研究化学介质对材料性能的影响。

3.3.1　碳化硼含量对复合材料性能的影响

选用的功能性填料碳化硼纯度高于 99.9%，颗粒粒径为 2～3μm，形貌如图 3.11 所示。

图 3.11　碳化硼颗粒的尺寸及形貌图

制备得到的碳化硼含量 10%～60%(质量分数)的中子屏蔽复合材料板材如图

3.12 所示，样品尺寸为 10cm×10cm×1cm。

图 3.12　不同 B₄C 含量的中子屏蔽复合材料板材

　　制备不同碳化硼含量的中子屏蔽复合材料，测得实际密度与理论密度存在一定差异，结果见表 3.7。这主要与制备过程中填料与基体间的孔隙率有关，随着碳化硼含量升高，实际密度与理论密度的差值逐渐增大。通过制备工艺改进，可以降低中子屏蔽复合材料的孔隙率。

表 3.7　中子屏蔽复合材料的密度

材料名称	B₄C 质量分数/%	理论密度/(g/cm³)	实际密度/(g/cm³)
AFG90	0	1.37	1.27
EP-10%B₄C	10	1.47	1.32
EP-20%B₄C	20	1.53	1.37
EP-30%B₄C	30	1.61	1.45
EP-40%B₄C	40	1.70	1.59
EP-50%B₄C	50	1.80	1.67
EP-60%B₄C	60	1.91	1.74

3.3.2　增韧剂对复合材料力学性能的影响

　　选用 AFG90 三官能度环氧树脂固化物交联度较高，材料韧性低、脆性大。尤其是当材料厚度超过 1cm 时，固化后板材将会出现裂纹，性能大幅下降，因此需选用增韧剂对 AFG90 进行改性。液体羧基丁腈橡胶(liquid carboxylated nitrile rubber, CRBN)与环氧树脂具有很好的相容性，综合考虑工艺流程，选用 CRBN 作为增韧剂。参照《塑料　拉伸性能的测定　第 2 部分：模塑和挤塑塑料的试验条件》(GB/T 1040.2—2006)标准，确定增韧剂质量分数对树脂力学性能的影响。样条为哑铃形，长度 160mm，中心距 55mm，厚度 4mm。拉伸试验采用深圳市瑞格尔仪器有限公司的 REGER2000 型万能材料试验机测试，拉伸速度为 5mm/min，试验装置如图 3.13 所示。

图 3.13　拉伸试验装置

　　含量为 10%、20%、30%、40%（质量分数）的 CRBN 增韧环氧树脂，抗拉强度与断裂伸长率的关系曲线如图 3.14 所示。未改性环氧树脂的抗拉强度为 30.69MPa，断裂伸长率仅为 7.68%，脆性很大。加入 CRBN 增韧剂后，材料的断裂伸长率显著提高，且断裂伸长率随着 CRBN 含量的增加而增加；当 CRBN 含量为 40%时，材料的断裂伸长率最高，达到了 13.71%。但随着 CRBN 含量的增加，材料的抗拉强度先增加后降低；当 CRBN 含量为 10%时，材料的抗拉强度为 33.04MPa，

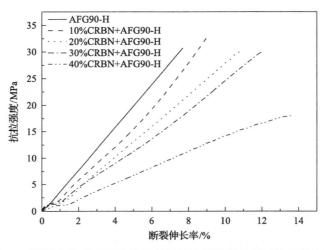

图 3.14　不同含量 CRBN 改性后材料的抗拉强度与断裂伸长率关系图

达到最高。继续增加 CRBN 的含量，抗拉强度开始逐渐下降，当 CRBN 含量为 40%时，材料的抗拉强度仅为 18.16MPa。试验表明，CRBN 的加入能有效地提高材料的断裂伸长率。但由于 CRBN 本身强度不高，所以当引入过多时，材料的抗拉强度反而降低。添加 10%CRBN 的环氧树脂抗拉强度最高，且材料的断裂伸长率提高 30%以上，CRBN 的加入能有效改善材料的韧性。

　　进一步参照 ASTM D790 标准，采用三点弯曲法，测试 CRBN 对中子屏蔽复合材料弯曲强度的影响，试验样品尺寸为 127mm×12.7mm×3.2mm，设备采用上海德杰仪器设备有限公司生产的 DXLL5000 型电子拉力机。

　　将碳化硼含量为 35%(质量分数)、CRBN 含量为 10%(质量分数)的中子屏蔽复合材料，与 CRBN 含量为 10%的环氧树脂以及纯 AFG90 环氧树脂的弯曲强度进行对照，试验结果如图 3.15 所示。纯 AFG90 环氧树脂最大弯曲载荷为 156.54N，发生断裂时的弯曲位移仅为 2.1mm，说明材料的韧性很差；加入 CRBN 后，材料的最大弯曲位移显著提高，达到 7.3mm，增韧剂对材料的增韧改善效果明显，但材料的最大弯曲载荷下降到了 98.5N；加入含量为 35%的碳化硼颗粒后，材料的最大弯曲载荷提高至 159.9N，高于 AFG90 环氧树脂，同时材料的弯曲位移变为 4.79mm，为原来的 2 倍以上。试验结果表明，增韧剂 CRBN 能显著提高材料的韧性，但会导致材料弯曲强度下降，碳化硼颗粒能显著提高材料的弯曲强度，与增韧剂按一定比例添加，可大大改善 AFG90 环氧树脂的力学性能。

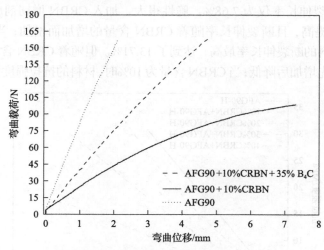

图 3.15　材料弯曲载荷与弯曲位移关系图

3.3.3　复合材料中子屏蔽性能测试

　　为了探究材料的中子屏蔽性能，采用 ^{241}Am-Be 中子源，放射源中子活度为 $1.11×10^{10}$Bq。试验装置示意图如图 3.16 所示，^{241}Am-Be 中子源放在石蜡屏蔽箱体中，出口处放入 5cm 厚的高密度聚乙烯慢化材料，将测试的中子屏蔽材料放在中子石蜡箱出口处，并与出口位置保持垂直，测试板为 10cm×10cm 矩形板，出口圆孔直径为 8cm，保证中子能完全穿过屏蔽材料，探测器位于屏蔽材料后端，采用 ^{3}He 中子计数管，电压为 1500V。测试装置如图 3.17(a)所示，计数管后端连接前置放大器。将采集到的信号放大后传给后端的主放大器(图 3.17(b))，主放大器将进一步放大的电信号传给单道脉冲幅度分析器，分析仪与定标器配合，将探测器检测到的中子个数显示出来。放射源中子产率为 $7×10^5$n/s，试验时先将放射源关闭，用探测器记录 100s 时的粒子数，作为环境本底值，每次记录时将环境的本底值减去，试验统计误差为 0.012%，满足试验要求。

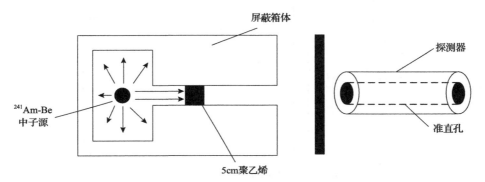

图 3.16　中子屏蔽性能测试装置原理图

(a) 主放大器及单道脉冲幅度分析器　　　　(b) 试验材料及探测器

图 3.17　中子屏蔽性能测试试验装置

1. 环氧树脂的中子屏蔽性能

为了验证选用基体 AFG90 环氧树脂在 ^{241}Am-Be 中子源下的屏蔽性能，分别选取石蜡(paraffin wax, PW)、6002 环氧树脂(6002EP)及高密度聚乙烯(high density polyethylene, HDPE)等三种常用中子屏蔽材料与 AFG90 环氧树脂对比，材料厚度为 1cm，测试时间 100s，记录材料放入前后的粒子数 I_0、I_1 及本底值 N，根据透射率计算公式：$T=(I_0-N)/(I_1-N)$ 计算各种材料在 ^{241}Am-Be 中子源下的透射率，计算结果如图 3.18 所示。由图可知，6002 环氧树脂透射率最高，为 88.56%，屏蔽效果最差；石蜡与高密度聚乙烯透射率接近，分别为 71.22% 和 70.90%，两种材料中子屏蔽效果相当；AFG90 环氧树脂透射率为 65.14%，比高密度聚乙烯、石蜡及 6002 环氧树脂中子屏蔽性能更加优异。

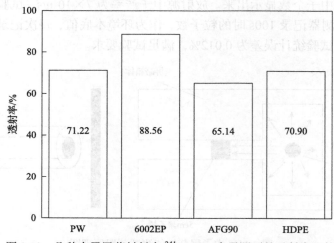

图 3.18　几种中子屏蔽材料在 ^{241}Am-Be 中子源下的透射率比较

2. 碳化硼含量对复合材料中子屏蔽性能的影响

为了探究碳化硼含量对复合材料中子屏蔽性能的影响，现制备碳化硼含量为 10%~60%（质量分数）的中子屏蔽复合材料，厚度均为 1cm，并测试材料在 ^{241}Am-Be 中子源下的透射率，测试结果如图 3.19 所示。结果表明：未加入碳化硼颗粒时，AFG90 环氧树脂的中子透射率为 65.14%，加入 10%碳化硼颗粒后，复合材料的透射率降低到 37.08%，下降幅度明显；当碳化硼含量为 60%时，材料的中子透射率仅为 26.98%。同时，分析材料的密度曲线可知，随着碳化硼含量的增加，材料的密度随之缓慢增大，当碳化硼含量为 60%时，材料的密度仅为 1.74g/cm³，较 AFG90 环氧树脂增加 36.9%，而材料的中子透射率与原来相比下降了 58.6%。

测试结果说明，功能填料碳化硼颗粒的加入能显著提高 AFG90 环氧树脂的中子屏蔽性能，碳化硼含量越高，材料的中子屏蔽性能越好。同时，随着碳化硼颗粒的加入，材料的密度也略有增大，但仍远小于其他中子屏蔽材料，如 Al-B₄C 材料密度为 2.52~2.7g/cm³ [34]。添加 10%碳化硼颗粒后，材料的密度提高 3.7%，而透射率下降 43%，表明密度对复合材料屏蔽性能的影响并不明显。

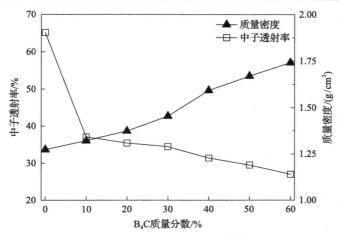

图 3.19　不同 B_4C 含量复合材料的中子透射率及密度

3. 复合材料厚度对中子屏蔽性能的影响

为研究复合材料厚度对中子屏蔽性能的影响，制备厚度为 1～5cm、碳化硼含量为 30%的复合材料板材，测试材料的透射率，并与模拟结果进行比较，结果如图 3.20 所示。模拟采用的 ^{241}Am-Be 中子源能谱如图 3.21 所示，中子源平均能量为 4.4MeV，模拟试验环境并在出口处也加入 5cm 厚度的聚乙烯慢化材料。模拟及试验结果均表明：随着材料厚度的增加，材料的中子透射率迅速下降。3cm 厚度时，材料的透射率为 27.11%，与厚度为 1cm、碳化硼含量为 60%的复合材料屏蔽性能相当；随着材料厚度的增加，模拟曲线与试验曲线逐渐接近，当厚度为 6cm 时，材料的透射率仅为 15%，模拟结果与试验结果基本吻合。模拟结果与试验测试结果存在差异主要与材料的均匀性有关。制备材料内部颗粒间存在一定的

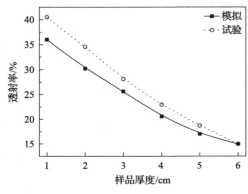

图 3.20　不同厚度 30%碳化硼复合材料
中子透射率

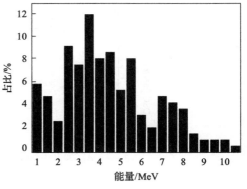

图 3.21　^{241}Am-Be 中子源能谱分布图[31]

孔隙率，导致其屏蔽性能有所下降，同时也会造成测量结果的偏差。但是，随着材料厚度的增加，材料制备不均匀性对试验结果的影响逐步减弱。

综合试验结果说明，复合材料厚度的增加对中子屏蔽效果的提升表现明显。模拟与试验结果吻合，碳化硼填料的加入，显著提高了 AFG90 环氧树脂的屏蔽性能，且屏蔽效果随着碳化硼含量的增加进一步提高。当材料透射率下降缓慢时，可采用增加材料厚度的方法进一步提升屏蔽效果。对核电救灾机器人而言，由于本身电子器件的紧凑性及对载重的要求，中子屏蔽材料除考虑材料本身密度外，单位厚度的中子屏蔽效果也成为材料选型的关键。

3.3.4　中子屏蔽复合材料的热力学性能

1. 复合材料的热稳定性分析

采用美国 TA 仪器公司生产的 Q200 差示扫描量热仪，分别取 AFG90 环氧树脂、10%CRBN 改性环氧树脂以及碳化硼含量为 30%(质量分数)的中子屏蔽复合材料进行热性能测试。升温速率为 10℃/min，温度范围为 40℃～400℃，结果如图 3.22 所示。可以看出，三种材料在 250℃附近均出现了放热峰，为二次固化放热峰。AFG90 环氧树脂的二次固化峰最低，为 239.95℃。增韧剂 CRBN 加入后，材料固化峰右移，较原来增加 24.86℃，而加入碳化硼颗粒后，固化峰右移至 250.03℃，这表明 CRBN 增韧剂的加入，提高了材料发生二次固化时的温度，而碳化硼颗粒对材料二次固化温度无影响。随着程序温度继续上升，曲线出现了第二峰值，对应于树脂的分解反应。10%CRBN 改性环氧树脂分解峰最低，仅为 369℃，这是由于丁腈橡胶的耐热性较低。而 AFG90 环氧树脂和碳化硼含量 30%的复合材料分解峰温度为 385℃，表明碳化硼颗粒的加入不影响复合材料的分解温度。

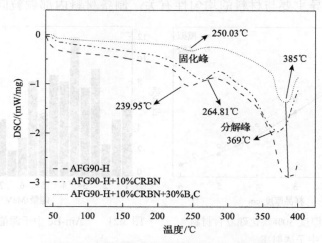

图 3.22　中子屏蔽复合材料的 DSC 曲线图

2. 复合材料导热性能分析

采用德国 NETZSCH 公司生产的 LFA447 激光热导仪,分别测试 AFG90 环氧树脂及碳化硼含量 30%复合材料的热扩散系数、热导率和比热容,结果列于表 3.8。从测试结果可知,两种材料热导率均小于 0.5W/(m·K),为热的不良导体。加入碳化硼颗粒后,材料的扩散系数、热导率及比热容均提高,这表明碳化硼颗粒的加入能改善材料的导热性能。

表 3.8 材料热性能参数

材料名称	热扩散系数/(mm²/s)	热导率/(W/(m·K))	比热容/(J/(g·K))
AFG90	0.202	0.187	0.54
EP-30%B_4C	0.304	0.367	0.73

3. 碳化硼填料对材料耐高温性能的影响

参照 ASTM D790 测试标准,采用 CRIMS 型电子万能试验机,三点弯曲模式对复合材料的力学性能进行测试:测试样品放在高温加热箱中,每次测试保温 5min。样品尺寸为 127mm×12.7mm×3.2mm。分别测试碳化硼含量为 10%~60% 的中子屏蔽复合材料在 100℃及室温环境下的弯曲强度,试验结果如图 3.23 所示。

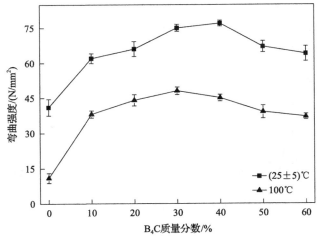

图 3.23 不同 B_4C 含量复合材料在室温和高温环境下的弯曲强度

在室温及 100℃环境下,材料的弯曲强度都随着碳化硼含量的增加先上升后下降。室温环境下,碳化硼含量为 40%时,材料的弯曲强度最大,为 77MPa;随后材料的弯曲强度逐渐下降,碳化硼含量为 60%时,材料弯曲强度下降到 64MPa。

当测试温度升至 100℃时，与室温环境相比，不同碳化硼含量的复合材料弯曲强度均出现不同程度下降；碳化硼含量为 30%时，材料的弯曲强度最高，达到 48MPa；碳化硼含量继续升高，弯曲强度也随之下降，但材料下降幅度小于室温环境。通过对比可知，30%碳化硼复合材料弯曲强度降幅最小，而未加入碳化硼颗粒的 AFG90 环氧树脂弯曲强度最低，且弯曲强度下降幅度最大。

为了进一步探究碳化硼填料对材料耐高温性能的影响，分别测试 AFG90 及碳化硼含量为 30%的中子屏蔽复合材料在 30～240℃温度下的弯曲强度，结果如图 3.24 所示。两种材料的弯曲强度都随着温度的升高而逐渐降低，复合材料在不同温度下的弯曲强度均高于 AFG90 环氧树脂；30%碳化硼复合材料在 150℃时，弯曲强度明显下降至 49MPa，但较此条件下的 AFG90 环氧树脂基体提高了 58%。而 AFG90 环氧树脂在 120℃时，弯曲强度开始显著下降，仅为 48MPa，甚至低于复合材料 150℃时的弯曲强度。当测试温度高于 210℃时，两种材料的弯曲强度均出现上升趋势，这可能是由于二次固化，材料交联程度增加，因此弯曲强度增大。在 240℃高温环境中，复合材料仍然具有较好的力学性能，满足基本的使用要求。因此，针对核事故时的高温环境，制备的中子屏蔽复合材料可作为外层屏蔽壳体使用。

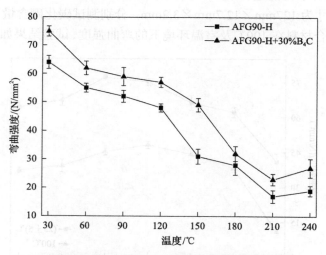

图 3.24　复合材料在不同温度下的弯曲强度

3.3.5　中子屏蔽复合材料的耐酸碱腐蚀性能

基于核事故发生时的特殊情况，除大量放射性物质泄漏导致的辐射环境外，环境中还可能同时存在大量的化学介质及硼酸。高湿热及酸碱腐蚀都对材料提出了较高要求。因此，需要对复合材料的耐腐蚀及湿热性能进行综合考察。

1. 碱性溶液对复合材料性能的影响

化学介质腐蚀参照《玻璃纤维增强热固性塑料耐化学介质性能试验方法》(GB/T 3857—2017)标准,测试条件参照《压水堆核电厂设施设备防护涂层规范　第2 部分:涂层系统在模拟设计基准事故条件下的评价试验方法》(NBT 20133.2—2012),配制 pH 为 9.3 的硼砂-氢氧化钠缓冲液(0.05mol/L 硼酸根)。分别将碳化硼含量为 30%(质量分数)的复合材料、6002 环氧树脂及 AFG90 环氧树脂试样浸泡在缓冲溶液中,浸泡温度为 80℃,浸泡时间 100h。弯曲强度测试采用上海德杰仪器设备有限公司生产的 DXLL5000 型电子拉力机,选用 HXD-1000TMC/LCD 型显微维氏硬度仪测试材料硬度,电子天平跟踪试样前后质量的变化。

测试前后试样变化如图 3.25 所示,对测试试样标记处理。80℃浸泡 100h 后,试样表面出现大量气泡,测试材料放入前后质量、硬度、弯曲强度及弹性模量均发生变化,测试数据列于表 3.9。浸泡后三种试样质量均有一定增加,变化幅度均小于 3%,这主要是由试样吸水所致。

(a) 刚放入溶液中的试样　　　　　(b) 80℃,浸泡100h后的试样

图 3.25　测试前后材料的变化

表 3.9　碱性溶液对复合材料性能的影响(硼砂-氢氧化钠,pH=9.3,80℃,100h)

参数	EP-30%B₄C			AFG90			6002EP		
	浸泡前	浸泡后	保留率/%	浸泡前	浸泡后	保留率/%	浸泡前	浸泡后	保留率/%
质量/g	7.79	7.957	102.14	6.32	6.451	102.07	6.18	6.36	102.91
硬度(HV)	23.2	17.5	75.43	21.1	16.8	79.62	15.3	10.8	70.59
弯曲强度/(N/mm²)	75	56	74.67	64	43	67.19	56	27	48.21
弹性模量/MPa	3800	3700	97.37	2700	2200	81.48	2600	1600	61.54

对比试验后三种材料的维氏硬度，AFG90 环氧树脂降幅最小，6002 环氧树脂下降最多，而 30%碳化硼复合材料的硬度保留率为 75.43%，浸泡后硬度为 17.5HV，高于其他两种材料。由于长期浸泡，浸泡液进入材料表面，导致表面部分碳化硼颗粒出现剥离，从而使硬度下降。但其浸泡前硬度远高于 6002 环氧树脂及 AFG90 环氧树脂，因此浸泡后硬度仍高于其他两种材料。

浸泡试验后，复合材料的弯曲强度保留率为 74.67%，弹性模量为 97.37%，远高于其他两种材料，6002 环氧树脂力学性能下降最为明显。结果表明，碱性溶液对复合材料力学性能影响最小，对复合材料表面硬度会造成一定影响；6002 环氧树脂对碱性溶液敏感，力学性能下降明显。

2. 酸性溶液对复合材料性能的影响

配制 pH=5.3 的硼酸溶液，80℃酸性环境中浸泡 100h，材料性能变化见表 3.10。浸泡后 6002 环氧树脂较碱性环境质量变化明显，质量增加 4.07%；30%碳化硼复合材料硬度保留率最高，为 94.83%，而 6002 环氧树脂硬度保留率最低。通过对比发现，酸性环境下 6002 环氧树脂的弯曲强度及弹性模量下降幅度均高于碱性环境；30%碳化硼复合材料弯曲强度下降幅度最小，弹性模量较原来有所增加。酸性溶液浸泡后，材料的弯曲强度及弹性模量显著高于碱性环境，AFG90 环氧树脂在酸性环境下的性能也都高于碱性环境。

表 3.10　酸性溶液对复合材料性能的影响（硼酸，pH=5.3，80℃，100h）

参数	EP-30%B₄C			AFG90			6002EP		
	浸泡前	浸泡后	保留率/%	浸泡前	浸泡后	保留率/%	浸泡前	浸泡后	保留率/%
质量/g	7.84	8.01	102.17	6.306	6.464	102.51	6.68	6.952	104.07
硬度(HV)	23.2	22	94.83	21.1	19.1	90.52	15.3	10.8	70.59
弯曲强度 /(N/mm²)	75	61	81.33	64	48	75.00	56	25	44.64
弹性模量/MPa	3800	4100	107.89	2700	2400	88.89	2600	1200	46.15

综合比较碳化硼复合材料、AFG90 及 6002 环氧树脂在酸碱环境中的性能可知，三种材料在酸碱、湿热环境中的性能均有一定程度下降。碳化硼复合材料、AFG90 环氧树脂在碱性环境中的性能下降幅度高于酸性环境，碳化硼复合材料在酸碱环境中的吸水率、硬度及力学性能均未出现大幅下降；而 6002 环氧树脂在酸性环境中的性能下降幅度高于碱性环境，且降幅明显，远高于其他两种材料。由测试结果可知，AFG90/BC₄ 中子屏蔽复合材料具有较好的耐酸碱腐蚀性能，满足核事故恶劣物化环境下的使用要求，是一种综合性能较优异的中子屏蔽复合材料。

参 考 文 献

[1] Yoshida T, Nagatani K, Tadokoro S, et al. Improvements to the Rescue Robot Quince Toward Future Indoor Surveillance Missions in the Fukushima Daiichi Nuclear Power Plant[J]. Field and Service Robotics, 2014, 92: 19-32.

[2] 王祝翔. 核物理探测器及其应用[M]. 北京: 科学出版社, 1964.

[3] Wu Y, Zhang Q P, Zhou D, et al. Controlled synthesis of anisotropic lead borate crystals and its co-shielding of neutron and gamma radiations[J]. Journal of Alloys & Compounds, 2017, 727: 1027-1035.

[4] Rammaha Y S, I. Olarinoye O, El-Agawanya F I, et al. The F-factor, neutron, gamma radiation and proton shielding competences of glasses with Pb or Pb/Bi heavy elements for nuclear protection applications[J]. Ceramics International, 2020, 46(17): 27163-27174.

[5] Tang D W, Liu X S, Xiao W W. Influences of W contents on microstructures, mechanical properties and the shielding performance for neutrons and γ-rays of Fe-W-C alloy[J]. Journal of Alloys & Compounds, 2020, 827: 153932.

[6] 杨文锋, 刘颖. $Fe_{78}Si_9B_{13}$非晶薄带的力学性能与高能射线屏蔽性能研究[J]. 材料导报, 2009, 23(5): 52-55.

[7] Singh V P, Badiger N M, Chanthima N, et al. Evaluation of gamma-ray exposure buildup factors and neutron shielding for bismuth borosilicate glasses[J]. Radiation Physics and Chemistry, 2014, 98: 14-21.

[8] 石勇, 陈宝, 张龙, 等. 高密度聚乙烯/铅硼复合材料屏蔽性能和力学性能研究[J]. 中国塑料, 2020, 34(1): 51-57.

[9] Lee M K, Lee J K, Kim J W. Properties of B_4C-PbO-Al(OH)$_3$-epoxy nanocomposite prepared by ultrasonic dispersion approach for high temperature neutron shields[J]. Journal of Nuclear Materials, 2014, 445(1-3): 63-71.

[10] 何金桂. 含硼高分子防中子辐射材料的研究[D]. 沈阳: 东北大学硕士学位论文, 2013.

[11] Svikis V D. Dense lithium fluoride for gamma-ray-free neutron shielding[J]. Nuclear Instruments and Methods, 1963, 25: 93-105.

[12] Shang Y, Yang G, Su F M, et al. Multilayer polyethylene/hexagonal boron nitride composites showing high neutron shielding efficiency and thermal conductivity[J]. Composites Communications, 2020, 19(5): 147-153.

[13] Güngör A, Akbay I K, Özdemir T. EPDM rubber with hexagonal boron nitride: A thermal neutron shielding composite[J]. Radiation Physics and Chemistry, 2019, 165: 108391.

[14] Wang C H, Hu L M, Wang Z F, et al. Electrospun and in situ self-polymerization of polyacrylonitrile containing gadolinium nanofibers for thermal neutron protection[J]. Rare Metals, 2019, 38(3): 252-258.

[15] 韩仲武. 核电救灾机器人辐射屏蔽材料性能模拟研究[D]. 上海: 华东理工大学硕士学位论文, 2014.

[16] Nagatani K, Kiribayashi S, Okada Y, et al. Gamma-ray irradiation test of electric components of rescue mobile robot Quince[C]. IEEE International Symposium on Safety, Security, and Rescue Robotics (SSRR), Kyoto, 2011: 56-60.

[17] 邵祖芳. 核电站原理与核电现状[N]. 科技日报, 2000.

[18] 曾心苗, 周鹏, 秦培中, 等. 不同材料中子透射的 Monte Carlo 模拟计算[C]. 中国核学会 2009 年学术年会, 北京, 2009.

[19] Hammersley J M, Handscomb D C. Monte Carlo Methods[M]. Amsterdam: Springer, 1964.

[20] Briesmeister J. MCNP——A general Monte Carlo N-particle transport code, Version 4C[R]. LA-13709-M, 2000.

[21] 崔卫民, 诸德培. 用蒙特卡罗数值模拟评估可靠性试验中子样容量确定方法[J]. 机械强度, 1999, (1): 33-35.

[22] 李树, 田东风, 邓力. 提高超高能中子计算效率的蒙特卡罗抽样技巧[J]. 计算物理, 2011, 28(3): 323-328.

[23] Feghhi S A H, Gholamzadeh Z. A MCNP simulation study of neutronic calculations of spallation targets[J]. Nuclear Technology & Radiation Protection, 2013, 28(2): 128-136.

[24] Shang Y, Yang G, Su F M. Multilayer polyethylene/hexagonal boron nitride composites showing high neutron shielding efficiency and thermal conductivity[J]. Composites Communications, 2020, 19: 147-153.

[25] Zhang Y, Chen F D, Tang X B, et al. Boracic polyethylene/polyethylene wax blends and open-cell nickel foams as neutron-shielding composite[J]. Journal of Reinforced Plastics and Composites. 2018, 37(3): 181-190.

[26] 南华大学核科学技术学院. 电离辐射剂量与防护概论[M]. 衡阳: 南华大学核科学技术学院, 2011.

[27] Li X M, Wu J Y, Tang C Y, et al. High temperature resistant polyimide/boron carbide composites for neutron radiation shielding[J]. Composites: Part B, Engineering, 2019, 159: 355-361.

[28] Yuguchi Y, Satoh Y. Development of a robotic system for nuclear facility emergency preparedness-observing and work-assisting robot system[J]. Advanced Robotics, 2002, 16(6): 481-484.

[29] Canel A, Korkut H, Korkut T. Improving neutron and gamma flexible shielding by adding medium-heavy metal powder to epoxy based composite materials[J]. Radiation Physics and Chemistry, 2019, 158: 12-16.

[30] 元琳琳, 韩静涛, 刘靖, 等. 热中子屏蔽用高硼不锈钢复合板的组织与性能[J]. 材料热处理学报, 2015, 36(8): 104-110.

[31] Zhang Q, Guo R, Zhang C, et al. Radioactive airborne effluents and the environmental iMPact assessment of CAP1400 nuclear power plant under normal operation[J]. Nuclear Engineering and Design, 2014, 280: 579-585.

[32] 王响. 异构型联苯四酸二酐(i-BPDA/s-BPDA) 合成热塑性以及热固性共聚聚酰亚胺及其性能研究[D]. 长春: 吉林大学硕士学位论文, 2011.

[33] Mocko M, Daemen L L, Hartl M A, et al. Experimental study of potential neutron moderator materials[J]. Nuclear Instruments & Methods in Physics Research Section A, 2010 624(1): 173-179.

[34] Zhang P, Li Y, Wang W, et al. The design, fabrication and properties of B_4C/Al neutron absorbers[J]. Journal of Nuclear Materials, 2013, 437(1-3): 350-358.

第 4 章　核电救灾机器人电子器件辐射防护

4.1　电子元器件的发展趋势

当今社会科技的发展日新月异，产品更新换代的时间越来越短，而随着传统元件科研生产逐步走向成熟，电子科技正步入以新材料、新工艺、新技术带动下的产品更新升级和深化发展的新时期，呈现出以下五个方面的新发展趋势和特点：

(1)向片式化、小型化方向发展。片式化、小型化是电子元件近年发展的主要方向，已成为衡量电子元件技术发展水平的重要标志之一[1]。电子元件片式化的同时，小型化也在迅速发展，不仅传统元件在迅速小型化，片式元件也在迅速小型化。但是尺寸缩小涉及一系列材料和工艺问题，基于传统半导体材料的硅基功能性器件已经达到极限，近年来纳米材料的出现提供了新思路。由于纳米材料具有独特的力学、电学及光学性能，基于纳米材料的功能性纳米器件的研制将有利于打破当前功能性器件的技术瓶颈，进一步促进电子器件向小型化发展[2]。

(2)向低功耗、高可靠、抗辐照领域发展。便携式消费电子设备正向小尺寸、轻质量、多功能、数字化方向发展，全面带动了电子元件向小型、片式、低厚度、低功耗、高频、高性能的深入发展和不断改进。与此同时，国防和尖端科技装备也对电子器件提出低功耗、高可靠等性能方面的新要求，包括提高抗辐照能力满足宇航级应用。随着空间活动的深入发展，宇航用各类电子系统增长迅速，一方面使空间用电子元件的需求量不断增加；另一方面对电子元件提出了更高的性能要求，抗辐照加固的要求已经达到相当苛刻的地步[3]。

(3)向集成模块化方向发展。由于无源的电子元件制造工艺在材料和技术上差异很大，很长时间以来一直以分立元件的形式使用。尽管人们一直在片式元件的小型化方面进行着一系列努力，但与半导体器件的高度集成相比，其发展相对缓慢得多。

(4)向多功能、柔性化发展。近年来，随着物联网以及人工智能等技术的快速发展，越来越多的电子器件向柔性化、小型集成化、多功能化发展，尤其是柔性电子器件，可在非规则平面工作，以实现如弯曲、拉伸、扭曲等变形作用，具有结构可塑性和多层次集成特性等优势，可以广泛应用于信息、能源、医疗等领域[4]。

(5)向绿色环保化，实现无毒无害、安全环保的新目标发展。随着人们对资源环保、生产安全等方面的关注和意识的增强，世界各国开始十分关注电子产品制造和生产流程环节中的环保和安全问题，绿色电子制造的概念应运而生。在电子元件生产过程中，原材料和工艺是实现绿色制造的关键，因此无铅化的实施对印制线路板（printed circuit board, PCB）材质、电子元件的耐温性、助焊剂的性能、无铅焊料的性能、无铅组装设备的性能提出了更高的要求[5]。各电子元件生产企业普遍加强对新材料的研究开发，以求在元件无铅化方面有新的突破。

4.2　核电救灾机器人电子器件的性能要求及现状分析

应用于核工业领域的机器人需要考虑 γ、α、β 和中子的辐射影响。α 和 β 射线在物质中的射程较短，主要会对物体表面涂层、线缆表皮材料等造成一定的影响，通常利用外壳就可以进行有效的屏蔽；而核燃料循环的大多数环节都存在强 γ 射线辐射，只有反应堆运行期间压力容器附近区域才存在强中子辐射场。因此，核电救灾机器人电子器件的选择要主要考虑 γ 射线辐射的影响。

电子器件是机器人系统中应用最多、门类最广的一类材料，涉及电阻等无源电子器件、二极管等半导体分立元件、模拟或数字集成电路芯片以及摄像机等成品配件。

4.2.1　无源器件

电阻器、电容器、电感器、电缆、变压器、连接器、开关、继电器以及电路板等都是机器人驱动和控制电路中用到的无源电子器件。对于无源器件，器件的耐辐照性能因工艺或材料不同会有很大差别。表 4.1 列出了不同工艺或材料电阻和电容的辐射损伤剂量；由表中数据可知，除金属氧化物膜电阻和电解电容外，大多数电阻和电容的辐射损伤剂量在 10^4 Gy 以上。根据磁芯和绝缘材料的不同，电感的辐射损伤剂量通常为 $10\sim10^6$ Gy；而电缆、变压器、连接器、开关、继电器和电路板的耐辐照性能主要取决于绝缘材料，通常在 10^5 Gy 以下不会出现明显的辐射损伤(含聚四氟乙烯的器件除外)[6]。

表 4.1　电阻和电容的辐射损伤剂量

电阻类型	辐射损伤剂量/Gy	电容类型	辐射损伤剂量/Gy
陶瓷绕线电阻	$10^6\sim10^{10}$	玻璃电容	$10^5\sim10^8$
环氧绕线电阻	$10^4\sim10^7$	云母电容	$10^4\sim10^7$
金属膜电阻	$10^5\sim10^9$	陶瓷电容	$10^4\sim10^8$
碳膜电阻	$10^4\sim10^7$	钽电容	$10^3\sim10^5$
金属氧化膜电阻	$10\sim10^4$	电解电容	10^2

4.2.2　半导体分立元件

半导体分立元件的耐辐照性能也因工艺或材料不同而不同，总体符合以下规律：高频器件比低频器件强，小功率器件比大功率器件强，二极管比三极管强，NPN 晶体管比 PNP 晶体管强，锗晶体管比硅晶体管强[7]。表 4.2 列出了常用半导体分立元件的辐射损伤剂量。

表 4.2　常用半导体分立元件的辐射损伤剂量

半导体分立元件	辐射损伤剂量/Gy	半导体分立元件	辐射损伤剂量/Gy
整流二极管	10^3	变容二极管	10^5
开关二极管	10^5	双极型晶体管	$10^2 \sim 10^7$
稳压二极管	$10^4 \sim 10^5$	结型场效应管	10^6
肖特基二极管	10^6	MESFET	10^6
发光二极管	10^2	MOSFET	$10^2 \sim 10^4$

注：MESFET 表示金属半导体场效应晶体管。

4.2.3　模拟集成电路芯片

对于模拟集成电路，双极工艺芯片比 MOS 工艺的耐辐照性能好；双极工艺芯片的辐射损伤剂量通常为 $10 \sim 10^4 Gy$，而 MOS 工艺的为 $10 \sim 100 Gy$。对于不同功能类型的器件：运算放大器和比较器的辐射损伤剂量通常为 $50 \sim 10^6 Gy$（含 MOSFET 器件更容易损坏），稳压器为 $10^3 \sim 10^6 Gy$，模数转换器（ADC）为 $10^2 \sim 10^4 Gy$（基于 SOS 和 SOI 技术加固的能达到 $10^6 Gy$），取样保持器件至少为 $10^3 Gy$，定时器约为 $10^2 Gy$。

4.2.4　数字集成电路芯片

数字集成电路芯片的耐辐照性能都相对比较弱。双极工艺芯片的辐射损伤剂量通常为 $10^2 \sim 10^6 Gy$，JFET 或 MESFET 工艺的通常为 $10^5 Gy$，MOSFET 工艺的为 $50 \sim 500 Gy$（即便采用加固技术也很少超过 $10^4 Gy$）。微处理器、随机存储器（RAM）、电动程控只读存储器（EPROM）通常都采用 MOS 工艺，因此耐辐射性能都比较差（辐射损伤剂量通常为：微处理器 $10 \sim 500 Gy$、RAM $50 \sim 5000 Gy$ 和 EPROM $10 \sim 200 Gy$）。

4.2.5　其他部件

摄像机和电动机是机器人系统中用到的成品配件。摄像机中电荷耦合器件（CCD）的辐射损伤剂量最小，通常在 100Gy 左右，采用加固技术后可以提高到

10^5Gy。电动机中磁体的辐射损伤剂量通常在 10^6Gy 以上，因此其耐辐照性能主要取决于其中包含的有机材料[8]。

4.3　电子器件抗辐照设计

针对电子器件的抗辐照设计，目前主要有两种方法：采用抗辐照加固的材料或器件，从元器件水平提高机器人的本质耐辐照性能；通过硬件或软件的优化设计，从系统或整机角度提升其存活能力。

4.3.1　辐射敏感材料或器件的抗辐照加固

抗辐照加固能够解决大规模集成电路在强辐射条件下的可靠性问题。抗辐照材料的选择是最基本的加固考虑[9]。抗辐照微电子材料包括 Ge、Si、GaAs、蓝宝石上硅(silicon-on-sapphire, SOS)、绝缘体上硅(silicon-on-insulator, SOI)、金刚石等。其中研究最多、最成熟的是硅材料。这是因为硅材料和器件制作成本较低、集成度高、电性能可满足大多数电子系统的要求，且其抗辐照能力较强，在一般辐照环境中有生存能力。GaAs 外延材料具有较高的抗中子辐照和抗总剂量辐照的能力，薄弱环节是抗瞬时辐照的能力。SOS 器件的抗辐照能力比 Si 器件强，可能是目前所采用的抗辐照能力最强的微电子材料。使用 SOS 的缺点是片子易碎、面积小、成品率低、成本高。SOI 技术是在绝缘衬底上形成单晶硅而制作数字和模拟器件的技术。它具有速度快、集成度高、工作温度范围宽(达 350℃)、无闭锁、抗辐照能力强、工艺简单等特点，在发展高密度、低功耗、高速、超大规模集成化及高温高压和三维集成电路方面具有优势。金刚石材料还处于材料制备和器件制作的初步阶段，预计它将是抗辐照能力最强的微电子器件制作材料。另外，利用新发展起来的铁电材料与硅材料相结合，对存储器的加固有很好的效果[10]。

4.3.2　硬件/软件的优化设计

分离、屏蔽、冗余以及电路优化设计是常用的几种方法。分离是将机械部分与电子部分相分离；屏蔽抗辐照的机理为：减缓一次粒子的能量，产生并吸收次级辐射，从而使被屏蔽的元器件不受或少受辐射损伤；冗余设计主要是利用半导体器件(尤其是集成电路芯片)在断电时能承受更高的辐射照射这一现象，提高系统的耐辐照性能；电路优化设计主要通过电路失效模式的分析，预测辐射损伤的薄弱环节，然后通过容差设计、降额设计等方法来提高电路的耐辐照性能[11]。

4.4 电机驱动系统设计及试验

4.4.1 驱动器抗辐照性能评估

1. 驱动系统的选取

机器人的每一个动作，都需要驱动器驱动电机，电机输出扭矩，再由其他传动机构将电动机输出的圆周运动转为机器人需要的运动方式。所以驱动系统的可靠性对机器人完成任务至关重要。驱动机器人目前有多种系统可选，较常使用的有两大类：伺服系统和步进系统。

1)伺服系统

伺服系统一般由以下部分组成：上位机、驱动器、电机、反馈装置。反馈装置使系统形成闭环控制，能对角度、线性位置、速度以及加减速度进行精密控制。对伺服系统来说，位置传感器是必不可少的装置，通常为光电编码器或旋转变压器。将测量到的电机运动位置与规定的位置相比较，当两个值不符时，位置传感器就会产生一个信号使电机朝任意一个方向转动以最终达到合适的位置[12]。图 4.1 描述了伺服系统的整体组成。在更精密的控制下，系统还会加装速度控制器，以避免电机长时间全速运转。这些措施联合作用，使伺服电机能更快更精确地达到指令位置，响应快速，缩小位置误差。同时，由于反馈装置的存在，其驱动器也更为复杂，往往需要为不同功能设计不同的模块，才能驱动伺服电机。

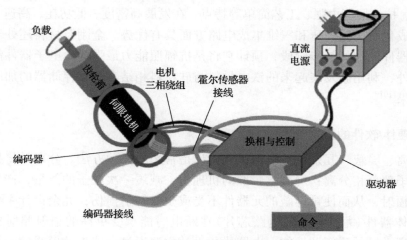

图 4.1　简单伺服系统及其组成[13]

2)步进系统

步进电机是纯粹的数字控制电机，它将电脉冲信号转变为角位移，即给一个脉冲信号，步进电机就转动一个角度。步进电机有以下特点[14]。

(1) 角位移与输入脉冲数成正比，因此当电机转一周后，没有累计误差。

(2) 动态响应较快，易于启停、正反转及变速。

(3) 在低速下仍能保证获得大转矩，因此一般可以不用减速箱而直接驱动负载。

(4) 步进电机存在振荡和失步现象。

(5) 步进电机自身的噪声和振动较大，带惯性负载的能力较差。

(6) 步进电机可采用开环数控系统，既简单，又可靠。

(7) 步进电机可以与角度反馈环节组成高性能的闭环数控系统。

上述特点中第六点揭示了步进系统可以采用开环控制，即由步进电机、驱动器、控制器构成。由于不需要在驱动器上设置处理位置反馈信号的模块，构成系统的电路元件数显著减少，驱动电路复杂程度也大幅下降。但相应地，其控制精度会下降，而由其控制的机器人，其动作精度也会随之下降。

3) 伺服系统与步进系统的对比

伺服电机在转动到指定位置后就进入"休息"模式，不再消耗功率；步进电机转动到指定位置后会进入自锁模式(在指定位置锁住)，这个过程中依然会继续消耗功率，所以步进电机发热比伺服电机大。

步进电机本身具有控制位置的能力，因此常用作开环位置控制，即不带任何反馈编码器。但驱动步进电机的信号中需预先指定电机所运行的步数，即步进电机的控制器需要提前"知道"步进电机启动时的初始位置。一般地，在刚启动步进电机时，控制器和驱动器会驱动电机到一个熟悉的位置，如电机正转或反转的极限位置。如老式的墨水打印机，每次打开电源，步进电机会带动墨水喷头运动到最左及最右端以建立本次打印的极限位置信号。而与此相对，伺服电机则可以随意转动到控制器所指定的位置，不用顾及电机启动时的初始位置。

反馈元件的缺失限制了步进系统的性能。在这样的情况下，步进电机只能驱动其能力范围内的负载，一旦超过，步进系统就会产生定位误差，而系统也可能需要重新启动或重新计算。编码器和更为复杂的驱动器、控制器会使伺服系统的成本升高，但它们也为整个系统带来了优化，包括速度、功率及精度。对于那些所需力矩较大或控制精度较高的场合，伺服电机更具有优势。

目前，也有许多场合采用闭环步进系统，闭环使步进系统运动得更平滑，运动特性与伺服电机相似，但在软件控制方面又有所区别。在这方面做得较出色的厂商使用磁性编码器以达到闭环控制[15]，使用闭环步进系统，可以较低的成本获得较好的电机性能。

选择步进系统还是伺服系统，应综合考虑所需控制精度、速度以及系统工作环境等要求。若在正常使用环境下，为机器人配备伺服系统可以带来较为精密的控制，但在有核辐射环境下，究竟哪个系统能正常工作，需要对两个系统做进一步考察。

2. 辐照试验方法

为进一步考察驱动系统在核环境下的性能，需分别对其进行抗辐照测试。由于辐照试验会使集成电路的特性发生巨大改变，甚至使集成电路失效，所以属于破坏性试验。且辐照试验对人体安全有一定风险，所以抗辐照性判定试验需要从多个方面综合考虑：首先是辐照试验系统，其次是试验方法，最后是结果是否可用的判据[16,17]。

《微电子器件试验方法和程序》(GJB 548B—2005)中"方法 1019A 电离辐射（总剂量）试验程序"和《半导体器件辐射加固试验方法 γ 总剂量辐照试验》(GJB 762.2—89)规定了相关的试验程序和方法。试验系统包括辐射源、剂量测定系统、电学测试装置、试验电路板、电缆、接线板等。

1) 辐射源

辐射源总体而言可分为两类，第一类采用天然辐射源，其本身衰变会释放光子及离散的能量，但因为衰变时刻刻都在进行，源自身能量会随时间下降，此外，源的外部也一直需要采取屏蔽措施；第二类源为人造辐射源，如 X 射线机器以及粒子加速器，这些仪器可以带来更为广阔的光子能谱，而且其能量强度也可调节，但相应的测试费用也会更高。因此试验采用第一类源[18]。

^{60}Co 是目前使用最为广泛的辐射源。在反应堆中，用中子轰击 ^{59}Co 即可获得辐射元素 ^{60}Co。^{60}Co 的每一次衰变会放射出能量分别为 1.17MeV 及 1.33MeV 的两种光子。辐照试验准则通常也会规定采用 ^{60}Co，因为在核事故环境下，核电站中原有的钢铁结构设备产生的 ^{60}Co 是对机器人造成核辐射的主要来源。采用 ^{60}Co 辐射源可以准确模拟事故发生时的真实状况。通常情况下，要求把已经封装好的 ^{60}Co 安置在有混凝土、铅或铁的屏蔽环境下。由于水是成本极低的屏蔽材料，所以会把源放在几米深的水底，需要用时从水里升到实验室进行试验即可[19]。剂量率的大小与目标位置到 ^{60}Co 的距离的平方成反比，所以在靠近源的地方，即使是微小的距离差别，剂量率也会发生较大改变；在距 ^{60}Co 较远的位置，则可以获得一个较为一致的剂量率。这对体积较大的测试样品影响较大，因为同一件样品上的不同点可能会受到不同的剂量率照射。虽然，无可避免地经天花板和墙反射的射线会扰乱辐射场，试验用的 ^{60}Co 源通常做成对称的圆柱形，可以提高辐射空间内辐射强度的各向同性，增强试验条件的可靠性。

此外，γ 射线经过遮挡材料后，辐射强度下降的同时低能光子数量会极大增加，导致同一距离不同点的剂量率可能不同。基于此，当 ^{60}Co 源能量太高时，除在 ^{60}Co 源与样品之间放置铅板等降低能量，还可在铅板与样品之间再放置一块塑料薄板避免二次电子辐射的产生。

^{137}Cs 可以作为 ^{60}Co 的替代辐射源。^{137}Cs 的光子能量比 ^{60}Co 低，具体值为 0.662MeV，相应地，使用较小的屏蔽材料就能满足要求。而且，^{137}Cs 的半衰期长达 30 年，比 ^{60}Co 的 5.27 年要长得多[20]。唯一的缺陷是 ^{137}Cs 无法重复产生试验所需的特定辐照条件，所以即使 ^{137}Cs 所需屏蔽材料少、半衰期长，依旧无法成为辐射源的优选。如果采用 ^{137}Cs 进行试验，其试验结果将与经由 ^{60}Co 辐照过的结果有些许差别。所以，该章节所涉及的辐照试验均采用各向同性、大剂量率 ^{60}Co 源。

2）辐照试验的剂量率

对于需要长期在核电站中服役的设备来说，其承受的辐射剂量一般较低，所以能经受住长时间的辐照考验。但对它进行耐辐照能力评估则要困难得多，通常情况下，把样品进行长达一个月的辐照测试是很不实际的。因为如果要让试验结果真实可靠，需对同一种样品进行数量庞大的测试。进行辐照的空间有限，需要分批次进行长时间的测试。由此可以看出，长时间低剂量率进行辐照测试并不实际。

常用的替代做法是对样品进行大剂量率短时辐照，保证总剂量不变。但大剂量率的辐照会产生电子空穴并激发光电流，光电流会改变半导体元件的特性。重要的是，此效应的出现将导致人们错估样品能耐受的辐射总剂量，使该值偏小。但对于需在核电站紧急事故中服役的救灾机器人，所接受的是大剂量率的短时照射。因此，大剂量率的短时照射能更为真实地模拟核事故发生时的环境条件，所得数据即使偏小，也更具参考依据。

3）试验中的温度

温度对半导体的特性有十分重要的影响，而辐射射线产生的巨大能量会使样品的温度升高。3.6kGy 就能带来 1K 的温升[16]。剂量率较小的时候，温升较小可忽略；但剂量率较高的时候，温升会变得明显并对半导体产生影响。

如果被测样品需要在一个高/低温的环境中工作，辐照试验时最好把温度条件也加上，因为电子元件的退火效应对温度十分敏感，这一点对 MOS 器件的辐照测试尤其明显[18]。退火效应指的是，MOS 元器件受到辐射损伤后，对其进行 200℃ 的高温热处理，元件会快速恢复到辐射之前的状态。室温下也会发生退火效应，只是速率相对减慢。而其他元件则不然，高温与强辐射会加快其损毁速率。因此，对于这些元件，一定要保证其工作时的散热良好，必要时还需额外添加吸热设施以加快降温。

当对一个电子设备进行辐照测试时，电路部分并非是唯一的测试对象，有机材料也会受辐照的影响。有机物质在接受辐照时会产生腐蚀性、剧毒、易爆的物品，这些有机物也不应被忽视，必须事前一一确定好其受辐照影响的程度及后果。

4)剂量计的选用

虽然对于辐射源 ^{60}Co，相关工作人员会定期对辐射场进行辐射场环境剂量的认定，但如前所述，^{60}Co 每时每刻都在进行衰变，所以必须采用实时的剂量计来记录样品所经受的辐照剂量，由此得出样品的辐照抗性。总体而言，剂量计一般可分为两大类，即物理类和化学类。针对不同类别，目前市场上存在多种剂量计可供选择，具体应根据辐照射线种类、所要求的精度、总剂量范围及样品的材质形状等条件进行选择。

实际试验使用的是薄膜剂量片，它属于放射化学类剂量计。塑料薄膜上预先涂有染料，当染料受到辐射时会变色，随着累积剂量的不同，薄膜的光吸收峰也相应随之改变。薄膜剂量片可测剂量范围可达 $10^4\sim10^8$rad（即 $10^2\sim10^6$Gy）。通过测量薄膜染料在紫外光下的波长并通过转换就能获得薄膜所接受的总剂量。

实际试验采用的是美国 GEX 薄膜剂量计，使用温度在 60℃以下，剂量范围为 $10^5\sim1.5\times10^7$rad（即 $1.0\sim150$kGy），未辐射状态下，其吸光度波长峰介于 550～555nm。图 4.2(a)是经过辐射的单片薄膜剂量计，试验中，为了使结果准确，采用同一个点同时放置两片薄膜剂量计的方法来减小误差，两片薄膜被放入其中一面遮光的塑料袋子中，以避免受自然光影响，如图 4.2(b)所示。这种薄膜剂量计

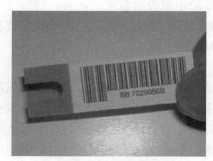

(a) 经辐射后的单片薄膜剂量计

(b) 测试时采用两片剂量计

图 4.2　薄膜剂量计

外形尺寸较小，使用方便，而且相较于可以反复使用的 TLD 剂量计(thermo-luminescent dosimeters)，其精度更高。同时，为了降低周围环境的温度及相对湿度对剂量计的影响，在辐照后对该薄膜计量计进行热处理(在 58.5℃时保持 5～15min)，经过热处理的剂量计可保持超过一年的稳定性。

通常来说，除有测量总剂量的剂量计外，还可以加装测量剂量率的剂量计，如 p+/n/n+剂量率监视器、MOS 剂量仪等，但这种剂量仪造价昂贵，且总剂量范围较小。由于试验中所进行的辐照试验是大剂量率短时辐照，在 1～1.5h 的范围内，认为源 ^{60}Co 不会产生较大改变，因此不采用上述设备，而是通过总剂量与辐照时间相除得出该时间段的平均剂量率。

3. 对驱动系统的初步辐照试验

1)电机的辐照试验

由于可采用分离技术提高系统整体抗辐照性，将控制器留在低辐射区域，所以最终必须进入辐射环境的部件为电机和相应驱动器。

设计了针对电机的辐照试验。试验对象为普通市售直流电机，图 4.3 是其外形图。对电机的试验采取大剂量长时照射，该辐照试验在上海市农业科学研究院下属的辐照技术公司进行，利用钴源进行辐照，γ 射线剂量率 1Mrad/h(即 10kGy/h)。由于环境条件限制，电机并未上电，即在非工作状态下接受了辐照试验。试验结果显示，该市售直流电机经受 1Mrad(即 10kGy)的辐射后，电机性能并无明显改变。

图 4.3　试验用普通直流电机

分析该电机的内部结构可以发现，电机大部分由耐辐照的金属构成，内部则包括漆包线绝缘漆、绝缘纸、润滑油、引出线、密封圈等，这些部分的抗辐照能力虽然稍弱于金属，但与集成度高的精密电子元件相比，其耐辐照性能已经能基本满足要求[21]。

上述电机所涉及的材料与步进电机和伺服电机大致相同。步进电机没有反馈装置，其结构更为简单，耐辐照性也随之增强；而伺服电机中除了旋转变压器外，组成电机所涉及的材料类别与其一致。旋转变压器属于伺服系统里的一种反馈装置，是一种电磁式传感器，用来测量转轴角位移和角速度，由定子、绕子、整流子、接线柱、电刷(非必需)构成。由于大多为机械结构，其耐辐照性与电机相当。三种电机内部如图 4.4 所示，由此可认为上述对普通直流电机的辐照试验有一定的代表性，试验结果可以通用。

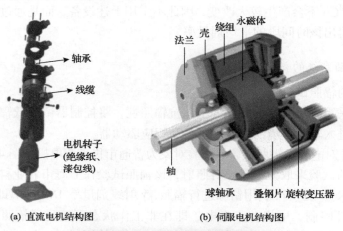

(a) 直流电机结构图　　　　　　　　　　(b) 伺服电机结构图

(c) 步进电机结构

图 4.4　三种常用电机

在电机参数选取方面，原机器人匹配的是 Maxon 公司的 EC45flat 直流伺服电机，额定输出力矩为 747mN·m。考虑到机器人要求的是大力矩、低转速的电机，因此可采用低速性能优越的 57 式两相步进电机。

表 4.3 是两个电机参数的对比情况。从表中可以看出，与步进电机相比，伺服电机电压较高，但在要求同样的输出力矩时，步进电机在尺寸和质量方面都更具优势。

表 4.3　步进电机和伺服电机各参数对比

电机种类	步距角/(°)	机身长/mm	电压/V	电流/A	电阻/Ω	电感/mH	力矩/(mN·m)	质量/kg
步进	1.8	56	3.6	1.5	1.4	4.3	1100	0.82
伺服	—	125	48	10	—		747	2.37

2)针对市售伺服驱动器与市售步进驱动器的辐照试验

对驱动器进行了辐照试验。图 4.5 分别为市售伺服驱动器与市售步进驱动器，以及对二者在同一条件环境下进行的辐照试验方案。

(a) 伺服电机驱动器

(b) 市售步进电机驱动器

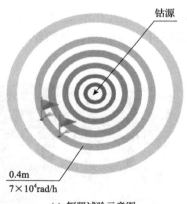

(c) 辐照试验示意图

(d) 辐照试验现场真实图

图 4.5　驱动器和试验现场图

此处采用的伺服驱动器为以色列 Elmo 公司的 Whistle DC 20/100 伺服驱动器，该公司长期生产军工产品，其驱动器类产品常用于工业控制以及多款机器人驱动，用于试验的 Elmo 伺服驱动器属于同类产品中做工较为精良，能承受多种极端环境的优秀产品。

　　试验计划对两个驱动器分别在 $7×10^4$rad/h（即 $7×10^2$Gy/h）的剂量率下辐射1h，因此将其放在距源 0.4m 的位置。经真实试验后，剂量片上显示总剂量分别为：步进驱动器 $7.47×10^4$rad（即 $7.47×10^2$Gy），伺服驱动器 $7.19×10^4$rad（即 $7.19×10^2$Gy），辐射时长为 1h，实际剂量率分别为：步进驱动器 $7.47×10^4$rad/h（即 $7.47×10^2$Gy/h），伺服驱动器 $7.19×10^4$rad/h（即 $7.19×10^2$Gy/h）。驱动器被拿出辐照试验室后，再分别将其连入各自的系统中，结果发现，步进驱动器还能驱动步进电机转动，但伺服电机已完全停止工作。

　　北京航空航天大学张涛逸等对 Elmo 的 Whistle DC 5/60 伺服驱动器进行过在线测试[22]，测试结果表明，在 500rad/h 的剂量率照射下，89min 后驱动器损坏，总剂量为 8200rad。这款驱动器与试验采用的驱动器属于同一类别，只是试验采用的驱动器集成度更高。

　　试验数据表明，在核辐射环境下，电路集成度较高、程序较复杂、电子元件较多的伺服驱动器很容易被 γ 射线损毁。而强辐射情况下，关键是要保证完成重要任务，如到达现场获得环境数据并能从现场返回等基本动作。在这样的前提条件下，步进驱动系统也能胜任，步进系统由于其先天优势，可以采用开环系统，并且驱动器可以直接与上位机通信，即省去了控制器及反馈装置两个复杂的电子设备，航天上也早有步进电机的使用案例[23]。而且从试验中可以看出，即使是普通市售步进电机，也具有一定的抗辐照性，如果能针对其进行改进，大幅提高其抗辐照性并非不可行。

　　之后继续对该市售步进电机进行辐照试验，发现其在承受 $1.2×10^5$rad（即 $1.2×10^3$Gy）的总剂量后被损坏，对其进行拆解并检查电路，拆解结果如图 4.6 所示。

(a) 驱动器正面　　　　　　　　　　　　　　　　　(b) 驱动器背面

图 4.6　市售步进驱动器拆解

　　经拆解分析发现，该驱动器中的光耦芯片及单片机损坏。光耦元件属于利用光电效应的一种器件，如前所述，此类器件对辐射敏感，容易受损。单片机属于高密度复杂电子元器件，辐射除了改变其本身的电特性外，还有可能使内部程序的逻辑信号产生翻转，使整个电路失效[24]。

此外，市售驱动器的大小为 143mm×95.5mm×38mm，质量为 540g。体积和质量越大，其所需要的屏蔽外壳体积也会越大[25]。屏蔽材料一般为密度大的重金属，如钨，体积每增加 1cm³，总质量就会增加 19.35g，密度是铁的 2.45 倍[26]。为此，必须重新设计步进驱动器，在保证能驱动电机并增强其辐射抗性的同时减小体积。

4. 无单片机的驱动器设计及其辐照试验

为了减小驱动电路板体积，首先考虑的方法是采用步进电机专用驱动芯片。专用驱动芯片内部集成脉冲分配电路，结构简单，易于操作。目前，市面上已有较多同类芯片，日本东芝公司就围绕该功能研发了一系列集成芯片。直接采用驱动芯片的好处是可以减少元器件的数目，驱动器的整个电路就是由围绕该驱动芯片的所有外围电路组成的，同时还能省去采用单片机时的程序编写过程，大大降低控制难度[27]。

试验初始采用的是日本东芝公司的 TB6560 系列[28]，相比于其他额定电流不超过 2A 的两相步进电机驱动芯片，该驱动芯片的峰值电流可达 3.5A。其外围电路简单，只需外部提供一路脉宽调制(pulse-width modulation，PWM)信号即可。该驱动芯片抗干扰能力较强、性价比高，适用于各种工业控制环境。可驱动 35、39、42、57 型 4、6、8 线的两相混合式步进电机；内部本身集成了 4 种细分模式，分别为 2、4、8、16 细分；芯片同时具有自动半流、低压关断、过流保护和温度保护功能，其外观如图 4.7 所示。

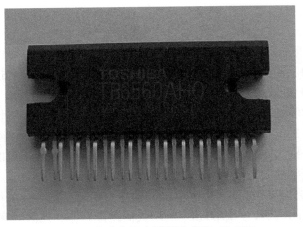

图 4.7　步进电机专用驱动芯片 TB6560

根据驱动芯片 TB6560 的工作特点，分别为其搭建电源电路、PWM 信号发生电路、细分模式选择电路，最终电路原理图如图 4.8 所示。

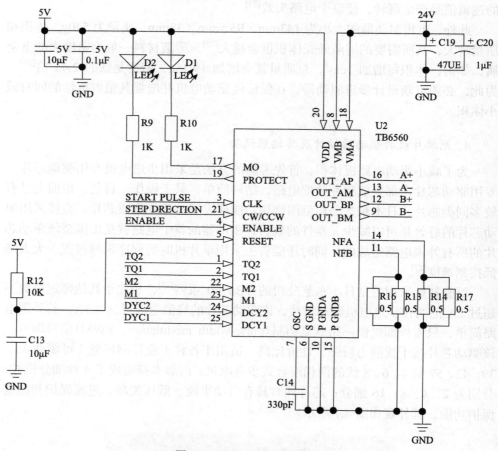

图 4.8　TB6560 电路原理图

(1K 表示 1kΩ, 10K 表示 10kΩ, 0.5 表示 0.5Ω)

最终搭建的驱动电路板尺寸仅为 60mm×60mm，高度即 TB6560 驱动芯片的高度，此处约为 20mm。如图 4.9 所示。

随后对该款驱动器与步进电机组合，对步进电动机的矩频特性进行测试。矩频特性是考察步进电机转动性能的重要参考指标，由电机本身和驱动器共同决定。所选工作电流分别为 1.19A、2.29A，其目的是考察不同电流档位时步进电机的输出扭矩与所给频率的关系。具体测试结果如图 4.10 所示。

从图 4.10 整体趋势可知，步进电机的输出力矩随所选电流的增大而增大。而对于每一个具体的电流，力矩随频率的增大而逐渐减小，在低频率时，力矩较大。低频率对应低转速，这与步进电机本身在中低速时较为稳定的特性相吻合。

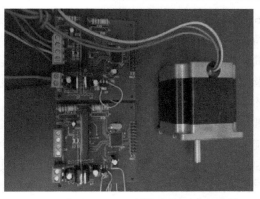

图 4.9　采用 TB6560 所搭建的驱动电路板

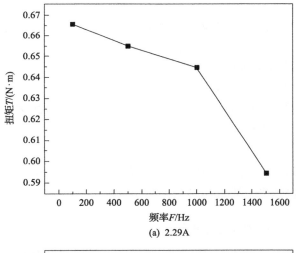

(a) 2.29A

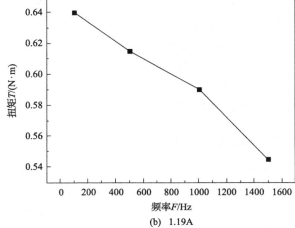

(b) 1.19A

图 4.10　步进电机在输出电流为 2.29A 和 1.19A 时的矩频特性曲线

总体而言，TB6560 驱动芯片在保持良好特性的同时，还兼具电路结构简单、电路整体体积小的特点，而且 60mm×60mm 的尺寸在实际情况中还可以更小，若是用于雕刻机等简单电子设备，该驱动器能完全满足其功能需求。

但经过辐照试验后发现，TB6560 芯片或因为内部集成度较高，在承受约为 700Gy/h 的 γ 射线辐射后即损坏。

此外，更为重要的是，此驱动器是针对核电站救灾作业的机械臂而设计开发的，对驱动器的性能有新的要求。机器人一个机械臂上有三个自由度，每个自由度均由一个电机控制完成，要求驱动器能具备通信功能，以使同一时刻下不同的电机能分别根据不同要求控制机械臂完成动作，因此必须在驱动器上配备能处理数据的芯片，并具有基础的数据分析和通信功能。该方案无法满足机械臂的控制精度和控制功能。

由此可知，为机器人电机设计的驱动器，必须综合考虑控制性能、体积质量和耐辐照性能。具体而言，必须满足以下条件：

(1) 所选驱动器必须能驱动已选定的步进电机。

(2) 集成芯片本身最好能具有一定的抗辐照性。

(3) 电子元件的数目尽量少，电路结构尽量简单。数目越多，单个及整体的抗辐照性就越难考察，如前文所述，电子元件之间的相互影响也会随电子元件数目的增多而变得更加复杂。

(4) 尽量减小驱动器体积，为外壳屏蔽争取空间，驱动电路板体积越小，所需的重金属屏蔽材料越少，质量和体积也会相应减小。

4.4.2 驱动器的芯片选型和电路设计

在不采用步进电机专用驱动芯片的情况下，要驱动步进电机，驱动器必须包含脉冲发生器、脉冲分配电路和驱动电路等。脉冲发生器负责产生 PWM 波，输出的 PWM 波直接送入栅极 MOS 功率管控制器，由它控制 H 桥中 MOSFET 驱动管的开闭状态，从而实现电机的正反转及速度控制。

试验中脉冲发生器和分配器均由主控芯片完成，由主控芯片产生两路占空比相同、电平高低恰好相反的 PWM 波以驱动电机。

1. 控制芯片的选择及其外围电路的设计

控制芯片是整个驱动器最重要的部分，它负责 PWM 波的生成和分配、与上位机的通信，以及电机控制算法的运算。电机主要控制芯片的选型，需要综合考虑芯片处理速度、功耗、抗干扰性、程序存储器和数据存储器的容量、I/O 口的数量、定时器的数量、中断数量等。

dsPIC33F 系列是美国微芯 Microchip 公司推出的数字信号控制芯片 DSC，相对于普通 MCU 芯片，它结合了 DSP 芯片的快速计算功能和单片机的控制功能。dsPIC DSC 内核可以执行数字滤波算法和高速精密数字控制环路，非常适合需要在有存储压力下执行应用程序的设备。

具体采用的芯片是 dsPIC33FJ64MC802。该芯片的特点和功能如下：

(1)封装紧凑。芯片尺寸为 6mm×6mm×0.9mm，如图 4.11 所示。

图 4.11　芯片 dsPIC33FJ64MC802

(2)工作范围。最高速度为 40MIPS；工作电压为 3.0～3.6V；温度范围可拓展至–40～125℃。

(3)高性能 CPU。改进的哈佛结构；拥有 128KB FLASH 程序存储器，16KB 静态随机存储器；两个 40 位累加器；单指令周期乘加运算。

(4)电机控制 PWM 模块。2 个 PWM 发生器及 4 个输出；25ns PWM 分辨率；死区可编程；支持无刷直流电机、永磁同步电机、异步电机、开关磁阻电机。

(5)A/D 转换器。10 位 1.1MSPS ADC 转换模块；150ns 比较器。

(6)通信模块。包括 SPI、UART 等模块，一个 CAN 模块，支持 CAN2.0B。

dsPIC33FJ64MC802 控制芯片的外围电路包括电源电路、时钟电路、复位电路、去耦合电容及 CPU 逻辑滤波电容等。

(1)dsPIC33FJ64MC802 控制芯片电源电路。dsPIC33FJ64MC802 控制芯片推荐的输入电压为 3.3V，为此，所选取的电源芯片除了能输出 3.3V 的直流电压外，还应具有外围器件少、静态电流小、动态干扰少等特点。因此，选取 LM1117 稳压电路芯片，精度为±2%，其内部集成有过热保护和限流电路。

(2)dsPIC33FJ64MC802 控制芯片时钟电路。dsPIC33FJ64MC802 控制芯片集成有内部时钟，这是芯片内部的振荡电路，不需要外部振荡器件，但其精度不高，温度漂移也较大。而外部时钟，尤其是由石英晶振产生的时钟，精度高，稳定性好，能提供较精确的时钟频率。试验中具体采用的是 8MHz 的石英晶振。

（3）dsPIC33FJ64MC802 控制芯片复位电路。通过拉低 MCLR 引脚电压可以使 dsPIC33FJ64MC802 控制芯片复位。该引脚是一个带有干扰滤波器的施密特触发器输入引脚。一旦有一个比最小脉冲宽度长的复位脉冲就会产生一次复位。对 dsPIC33FJ64MC802 控制芯片来说，该引脚与电源之间接上一个大于 10kΩ 的电阻即可组成复位电路。

2. 驱动电路的设计

步进电机的驱动电路主要由 MOSFET 驱动芯片和 MOSFET 功率管组成，电机的每一相绕组由 H 桥驱动，H 桥由 4 个 MOSFET 功率管组成，两相电机一共有 8 个 MOSFET 功率管。对于 H 桥，目前流行的主要有两种控制方式：信号/大小（signal/magnitude）控制以及锁定反相（locked anti-phase, LAP）控制。信号/大小控制是指在 H 桥中的两个桥臂，其中一个的高低端功率管保持开启，另一桥臂的高低端功率管则通过输入控制信号来开启或关闭。采用这种方法，在一个 PWM 周期内，步进电机的每相绕组两端只承受单一极性的电压，其优点是功率损耗较小，但电机的运行不是很稳定[29]。因此，采用 LAP 控制。

1）H 桥的 LAP 控制

控制流过电枢的电流即可实现对电机转向、速度和扭矩的控制。通常用 H 桥电路驱动双极步进电机。如图 4.12 所示，H 桥电路的布局能使电流正向或反向地流过一相绕组。具体到图 4.12，当功率管 Q_1 和 Q_4 在开启状态，而 Q_2 和 Q_3 在关闭状态时，电流从 A 相绕组的左边流至右边。反之，当 Q_2、Q_3 开启，Q_1、Q_4 关闭，电流将从 A 相绕组的右边流至左边。

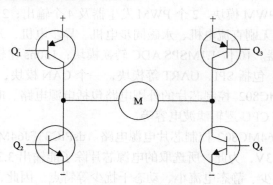

图 4.12　H 桥电路

LAP 控制的特点是，在一个 PWM 周期里，电机电枢的电压极性呈正负交替变化。采用这种控制方式，不会发生电流断续，尤其可以保证电机在低速状态下的平稳运行，但需要注意的是，必须设置死区以避免上下功率管同时打开的危险，由此也阻碍了开关频率的提高。

需要注意的是，通常在 H 桥电路中，Q_2 和 Q_4 是 NMOS 管，需要一个正向偏置使功率管打开。而 Q_1 和 Q_3 是 PMOS 管，需要一个反向偏置将其开启。虽然 PMOS 管对辐射的敏感性要略强于 NMOS 管，但最新研究发现，两者在很多情况下敏感程度相当。在对市售驱动器的辐照试验中发现，NMOS 管即使在经受 10^5rad 的总剂量辐射后依然可以正常工作。此外，PMOS 功率管由于其导通电阻大、价格贵、替换种类少等原因，使用范围不及 NMOS 功率管广泛[30,31]。

因此，决定将 H 桥的四个晶体管都替换成相同的 NMOS 型场效应晶体管，并采用电荷泵电路和电平漂移电路来打开需要正偏置的场效应晶体管，如图 4.13 所示。

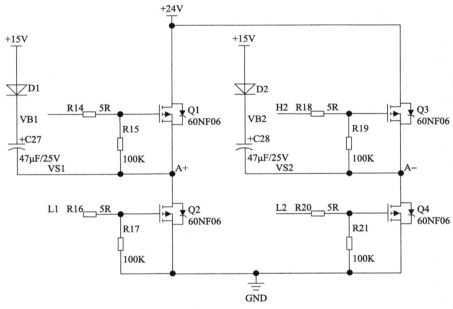

图 4.13　电机驱动器 H 桥电路的原理图

（100K 表示 100kΩ，5R 表示 5Ω）

当功率管切换或当功率管短路时，驱动电路回路里会产生强于额定电流数倍的大电流。因此，功率管的额定电压和电流应大于电动机在工作情况下的母线电压和电流。除此之外，NMOS 功率管导通后有导通电阻存在，电流流过后就会在该阻值上消耗能量，这部分消耗的能量称为导通损耗。因此，要选择导通电阻小的 MOS 管以减小导通损耗[32]。试验选用意法半导体公司的 N 通道 MOSFET 60NF06，它的导通电阻不超过 0.016Ω，却可以承受最高为 60V 漏源极电压、60A 的最大连续冲击电流和最大 240A 的脉冲冲击电流。

2) 驱动芯片的选择

控制 MOSFET 的开关需要有合适的功率驱动器，为了选出合适的驱动芯片，首先分析功率管驱动芯片的负载类型。MOSFET 是一种电压驱动型器件，如果忽略开关时间，MOSFET 几乎不需要驱动电流。但在电动机控制中，MOSFET 通常工作在中高频条件下，这就需要一定的驱动电流来完成功率管的开通和关闭。

试验选用 IR 整流器公司的驱动芯片 IR2103。它能承受最高为 600V 的悬浮电压。IR2103 在内部输入级对两路信号的电平做了相反的处理，只需要将 HIN 与 LIN 共同接在驱动信号上即可，芯片内部会自动做反向处理，少了许多外围电路的麻烦。

3. 电流采样电路

1) 电压反馈电阻

除采用传感器外，驱动器还可采用功率电阻替代电流采样芯片。将采样电阻串联至 H 桥回路中，这样的电阻也叫输出电压反馈电阻[33]。关键的问题是对于采样电阻大小的选取：一般阻值较大的电阻能减小采样电阻上的功率消耗；另外，采样电阻的阻值过大会引入采样误差。为了避免采样电阻所承受的电压过大及发热量过大，选用两个电阻 R_{f1}、R_{f2} 进行并联，其中，两个电阻的阻值均相等，阻值及功率为 0.2Ω/W，构成误差为 1‰的功率电阻。这样，总反馈电阻的大小可以由式(4.1)得到：

$$R = \frac{1}{R_{f1}} + \frac{1}{R_{f2}} = \frac{1}{0.2} + \frac{1}{0.2} = 10\Omega \tag{4.1}$$

该反馈回路的原理如图 4.14 所示。用采样电阻组成反馈电路，其优点是可以提高反馈电路的抗辐照性，缺点是电路板的控制精度会大幅降低。在实际驱动电机过程中，电机转动时发出的噪声较大，且当转速大于 300r/min 时，步进电机发生堵转。因此在试验中认为，采用电压反馈电阻无法满足对电机精度和性能的要求，需另行设计反馈电路。

2) 电流传感元件的选择

电流传感器用于实时反馈电流的大小。它先捕捉线路中的电流，然后产生正比于该电流大小的信号。这个信号可以是一个模拟电压或模拟电流信号，甚至是一个数字信号。经过更为完整的设计，电流传感器相比电阻反馈，其采样及反馈的性能均有大幅提高。

常见的电流传感器有霍尔效应 IC 传感器、变压器、电流钳、感应电阻、罗戈夫斯基线圈(Rogowski coil)等。其中，霍尔效应 IC 传感器能测量所有类型的电流信号，即交流(AC)、直流(DC)或脉冲电流，并能将其转换成多种方便操控的信号，因此霍尔效应电流传感器得到广泛的应用[34]。试验所选的电流传感器芯片即属于此种类型，具体为 Allegro 公司的 ACS714 芯片[35]。芯片内部有精确的低偏置线性霍尔传感器电路，能输出和捕捉到与电流成比例的电压。该芯片响应时间短（对应步进输入电流，输出上升时间为 5s），80kHz 带宽，低噪声，低内部导通电阻（1.2mΩ），工作电压 5V，高输出灵敏度（66～185mV/A），高绝缘电压（2.1kV），能稳定输出补偿电压，工作温度范围宽达–40～150℃。ACS714 采用小型的 SOIC8封装，各引脚分布如图 4.15 所示。

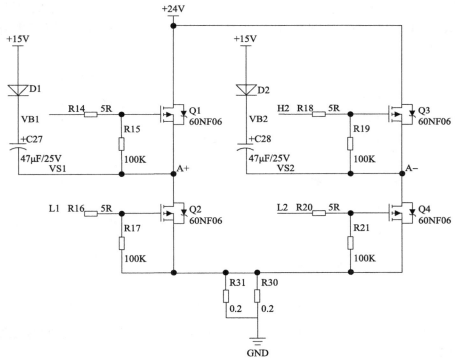

图 4.14　电压反馈电阻组成的电路

（100K 表示 100kΩ，5R 表示 5Ω，0.2 表示 0.2Ω）

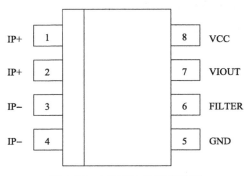

图 4.15　ACS714 的引脚分配

当检测电流时，电流从引脚 1 和 2 流入，从引脚 3 和 4 流出，这 4 个引脚的内部均有保险。同时，该芯片使用了稳定斩波技术，它给片内的霍尔元器件和放大器提供了一个小的偏置电压，可以消除霍尔芯片由于温度或封装压力所产生的输出漂移。

ACS714 共有四种型号，ACS714LLCTR-05B-T、ACS714LLCTR-20A-T、ACS714LLCTR-30A-T、ACS714LLCTR-50A-T。其中，数字 05、20、30、50 分别代表各自的电流检测范围。试验所选用的步进电机最大工作电流为 3A，因此选用 ACS714LLCTR-05B-T 即可。图 4.16 为 ACS714LLCTR-05B-T 检测到的电流与输出电压的关系特性曲线。

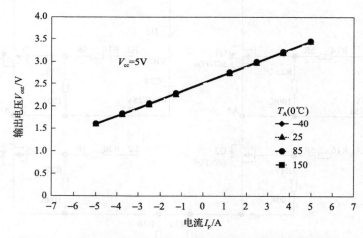

图 4.16　ACS714LLCTR-05B-T 输出电压与电流的关系特性曲线

可以得出，ACS714LLCTR-05B-T 的被测电流 I_p 和电压输出 V_{out} 间的关系如式(4.2)所示：

$$V_{out} = 0.2 \times I_p + 2.5 \tag{4.2}$$

图 4.17 为 ACS714 电流检测模块的结构示意图。根据该示意图搭建 ACS714 的外围电路图，如图 4.18 所示。

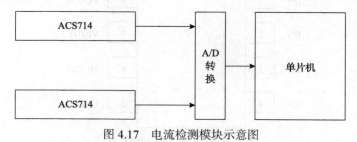

图 4.17　电流检测模块示意图

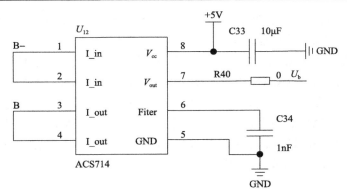

图 4.18　ACS714 外围电路图

4. 通信电路搭建

驱动器要用于机械臂，机械臂的灵敏度取决于其关节的自由度。有多少个自由度即需要多少个电机控制，而电机的数目又决定了驱动器的数目。为了完成特定动作，要求驱动器间能相互协同合作，即可实时反馈信息，保证同一时刻、同一机械臂上的电机可以有不同的转动方向、输出力矩和转动速度。为了满足此功能，要求驱动器之间、驱动器与上位机之间能进行通信。目前，工业上较常用的通信方式包括两种：CAN 通信和串口通信。

1) CAN 通信总线

CAN 的全称为 controller area network，即控制器局域网络，它可以让微型控制器与其他电子元件在没有主机的情况下互相通信。与一般的通信总线相比，CAN 通信总线具有突出的可靠性、灵活性和实时性。最初用于汽车上，目前已广泛用于自动控制、航空航天、机械工业、动力工程、机器人、医疗器械及传感器等领域，并已发展成为国际上应用最广泛的总线之一[36,37]。

CAN 通信总线传输距离最远可达 10km，传输速率最大可达 1Mbit/s，但两者的关系呈负相关关系，即传输速率会随着传输距离的增加而下降。在 5Kbit/s 的传输速率下最远传输距离可达 10km；在 40Kbit/s 的传输速率下最远传输距离下降为 1km；在 1Mbit/s 的情况下最远只能传输 40m[38]。

固定在机械臂上的驱动器之间间隔距离较短，对应于 CAN 通信总线传输的特点，可以达到较高的传输速率。

dsPIC33FJ64MC802 上集成 CAN 模块，内部有两个 CAN 控制器，支持 BOSCH 规范中的 CAN2.0A/B 协议，也支持该协议的 CAN1.2、CAN2.0A、CAN2.0BPassive 以及 CAN2.0BActive 等版本。该模块采用最多两个 I/O 口进行通信，分别为接收引脚和发送引脚，这两个引脚为复用引脚，当 CAN 模块处于禁止、配置或回送模式时，I/O 引脚恢复为普通 I/O 端口。即使处于噪声环境下这两个引脚上也只需连上信号收发器即能完成驱动器间的通信。

　　发送过程首先由 dsPIC33FJ64MC802 对外围设备或其他节点传送过来的信息进行处理，根据相应的 CAN 协议按规定格式将其写入 CAN 控制器的发送缓冲器中，并启动发送命令，再把数据发送到 CAN 总线上；接收过程刚好与之相反，CAN 控制器从 CAN 总线上自动接收数据，经过过滤后存入 CAN 接收缓冲器，并向控制中心发出中断请求，然后单片机从 CAN 的接收缓冲器读取要接收的数据。图 4.19 是相应的通信简单示意图。

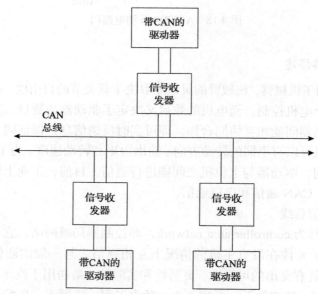

图 4.19　驱动器的 CAN 总线网络图(假设该机械臂有 3 个自由度，需 3 个驱动器)

2) 收发芯片选型

　　收发芯片采用英飞凌(Infineon)公司的 TLE6250，主要用于增强系统的驱动能力。该芯片有 8 个引脚，工作电压为 5V，TxD 及 RxD 分别与 dsPIC33FJ64MC802 的发送和接收引脚相连，CAN_H 及 CAN_L 引脚则直接与 CAN 总线相连。

　　通常情况下，CAN 控制器与收发芯片之间需采用光电耦合器进行信号隔离，光电耦合器极易受到辐照射线的影响，而且两者之间不采用隔离的电路设计结构已有先例[39]。具体接口电路原理图如图 4.20 所示。

　　最终驱动器包括如下部分：电流采样及反馈、CAN 信号收发器、驱动功率管所组成的 H 桥电路、总线通信、电源部分以及连接各部分并保证其正常工作的外围电路。驱动电路硬件主要组成如图 4.21 所示。

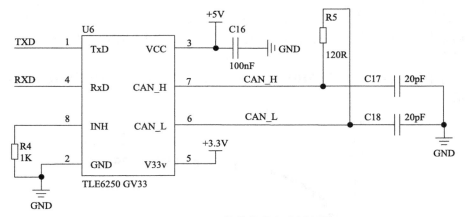

图 4.20　CAN 通信模块的电路原理图

（1K 表示 1kΩ，120R 表示 120Ω）

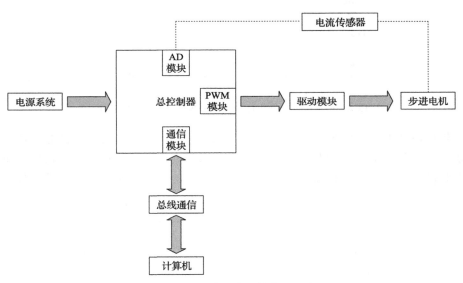

图 4.21　驱动电路硬件主要组成

5. 驱动电路板的热设计

在电路系统中，通过电流越大、功率越大的器件发热越严重。如前所述，在核电站事故中，驱动电路板工作的环境温度最高可达 100℃。在此驱动电路板中，其发热源主要包括 2 个稳压器和构成 2 个 H 桥的 8 个 MOSFET。电子器件在工作中产生的热量若不能及时散发出去，不仅会使自身因过热烧毁，还会使其他热敏器件因受热而失效[40]。

驱动器初步热设计包括器件内部芯片的热设计、封装的热设计以及发热器件实际使用中的热设计。对于小功率的器件，只需分析其内部、封装的设计；对于发热更大的大功率器件，则需匹配合适的散热器，通过其有效散热，保证器件正常工作。

对于稳压芯片 7815 和 7805，在 30℃ 环境下，两个芯片的温升情况如图 4.22 所示。

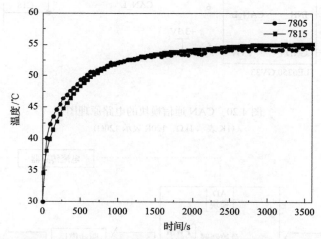

图 4.22　稳压芯片 7815 和 7805 在 1h 内的温升情况

根据图 4.22 可知，两个稳压芯片在 10min 内温升超过 30℃，因此必须使用散热板。从芯片手册上可得其热阻值均为 5℃/W。使用散热板可以减小该部分驱动电路板的热阻值。散热板通常采用铝合金，图 4.23 是铝合金在不同尺寸下的散热能力。

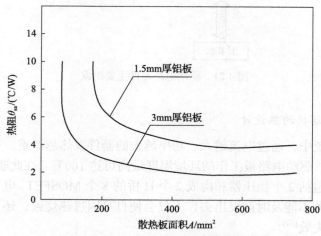

图 4.23　不同尺寸及不同材质的散热板散热能力[41]

结合该曲线即可选出散热板的具体厚度及散热面积，需要注意的是，实际情况中通常选比图中值稍厚的铝合金板作为余量。因此，选择厚度为 2mm 的铝合金板。

对于 H 桥中的 8 个晶体管，其热阻无法从芯片手册中直接得出，需经过计算。H 桥中的 8 个晶体管有两种工作状态，分别为上桥臂和下桥臂。上桥臂 4 个功率管的平均功耗按式(4.3)计算：

$$P_{\text{up}} = \dfrac{\left(\dfrac{I}{4}\right)^2 \times R \times D \times 4 + \dfrac{U_{\text{ds}} \times I_{\text{D}}}{6} \times (t_{\text{on}} + t_{\text{off}}) \times f}{3} \tag{4.3}$$

式中，P_{up} 为上桥臂 4 个功率管的平均功耗；I 为驱动器工作电流；D 为驱动器开关频率；R 为导通电阻；U_{ds} 为功率管开关漏源电压；I_{D} 为功率管开关电流；t_{on}、t_{off} 为开关延迟时间；f 为功率管开关频率。

计算得 P_{up}=15W，下桥臂与上桥臂互补，所以，由式(4.4)计算其平均功耗为

$$P_{\text{down}} = \dfrac{\left(\dfrac{I}{4}\right)^2 \times R \times D \times 4 + \dfrac{U_{\text{sd}} \times I_{\text{D}}}{6} \times (1 - D)}{3} \tag{4.4}$$

式中，P_{down} 为下桥臂 4 个并联功率管的平均功耗；U_{sd} 为功率管开关导通电压。

计算得 P_{down}=12W。假设环境温度为 30℃，最大允许结点温度为 125℃，则最大温差为 95℃，则上桥臂功率管的热阻可按式(4.5)计算：

$$\Delta T_{\text{j}} = P_{\text{up}} R_{\text{ja}} \tag{4.5}$$

式中，ΔT_{j} 为结点温差；R_{ja} 为芯片的热源结到外围冷却空气的热阻。

由公式计算得 R_{ja}=6.3℃/W。根据该计算值，为了保证驱动器正常工作，散热片的热阻需小于该值。

由实践发现，8 个 MOSFET 功率管的发热程度较小，远低于 78 系列的两个稳压芯片。综合考虑 2 个 78 系列的稳压芯片及 8 个功率管，得出如下设计方案：

(1)8 个功率管及稳压芯片位于电路板的最边缘并竖直放置，同时注意与总控制芯片 dsPIC33F 保持一定的距离。

(2)在这 10 个发热元件后紧贴铝合金薄板散热板，其厚度为 2mm，并涂上导热硅脂以方便热量导出。

散热板的设计方案如图 4.24 所示。

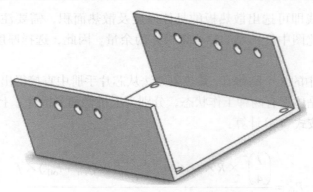

图 4.24　散热板的设计方案

4.4.3　驱动器优化的算法和程序设计

1. 软件开发流程

步进电机驱动器的软件设计主要包括控制系统功能描述、控制算法具体实现以及程序代码编译等步骤。

实际试验中采用无操作系统的前、后台结构。后台程序包括一个无限循环函数，在 main() 函数中被循环调用；前台程序则是中断服务函数。与基于操作系统的嵌入式系统相比，前、后台结构调试较为困难，由此也导致产品维护困难，但其优势在于结构简单、运行速度快、可读性强及稳定性高。基于本驱动器的重点是保证机械臂必要的基本动作，所以前、后台结构足以发挥步进电机驱动器的基本功能。图 4.25 为 DSP 系统软件开发流程图。

根据上述流程图，为了实现控制还需利用 DSP 开发软件 MPLAB IDE 编写源代码并最终生成可执行代码。

1）MPLAB IDE 介绍

MPLAB 集成开发环境(IDE)是综合的编辑器、项目管理器和设计平台，适用于 Windows 操作系统。MPLAB 支持 Microchip 的 8 位、16 位和 32 位 PIC 单片机的项目管理、编辑、调试和编程。

MPLAB IDE 具有一系列内置组件和插入模块来为系统配置各种软件和硬件工具。其内置组件包括如下几个。

(1)项目管理器。IDE 和语言工具之间的集成和通信靠项目管理器来提供。

(2)编译器(C Compiler)。DSP 开发工具包提供了高级语言编译环境，一般为 C 语言。开发系统读取 DSP 库函数、头文件及编写的 C 程序，对之进行词法和语法的分析，将高级语言指令转换为功能等效的汇编代码，这个过程称为 C 编译。由于 C 编译器效率较低，调试工具除了提供标准 C 语言库函数，也提供了适合

DSP 运算的高效库函数，如 FIR、IIR、相关、矩阵运算等。编译器是功能全面的程序文本编辑器，它还可以作为调试器的窗口使用。

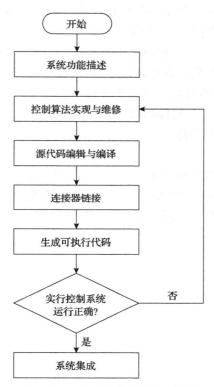

图 4.25　DSP 系统软件开发流程图

（3）汇编器（Assembler）。汇编过程实际上指把汇编语言代码翻译成目标机器指令的过程。对于被翻译系统处理的每一个 C 语言源程序，都将最终经过这一处理而得到相应的目标文件。目标文件中所存放的就是与源程序等效的目标的机器语言代码。

（4）链接器（Linker）。链接程序的主要工作就是将有关的目标文件彼此连接，即将在一个文件中引用的符号同该符号在另外一个文件中的定义连接起来，使得所有的这些目标文件成为一个能够被操作系统装入执行的统一整体。

（5）软件模拟器（Simulator）。软件模拟器是利用计算机的 CPU 来模拟单片机的运行，在模拟运行过程中，通过监测程序的运行方向、时间、寄存器及变量的值等关键因素来分析程序，找出问题并最终加以解决。MPLAB IDE 内部集成了软件模拟器 MPLAB SIM，可以脱离硬件，模拟 dsPIC33FJ64MC802 的运行。

（6）硬件仿真器（Emulator）。利用 JTAG 接口线把 DSP 硬件电路和仿真器连接起来，把可执行代码烧入 DSP 内部的 FLASH 程序存储器，连接步进电机和驱动器进行实物调试，利用示波器分析对象的工作参数，并不断修改控制策略及算法以达到最佳控制效果。

使用 MPLAB 创建的一个完整的 DSP 工程项目一般包括以下几种文件。

(1)源文件。实现程序的主要功能。

(2)头文件。头文件作为一种包含功能函数、数据接口声明的载体文件，主要用于保存程序的声明、映射寄存器地址、定义公共参数等。

(3)库文件。在编译程序时，使用库文件来连接公共函数库。

(4)链接描述文件。每个器件都有一个链接描述文件，由这些文件定义各个器件的存储器配置和寄存器名称。

2)驱动器的主程序

步进电机驱动软件的主程序主要任务是对整个软件系统初始化，设置整体常量及变量；对 A/D 转换口、PWM 输出口、I/O 口等进行设置，以完成资源配置。除此之外，还需要进行使能中断、启动定时器等操作。该主程序的流程如图 4.26 所示。

图 4.26　主程序流程图

2. 算法分析及其实现

在前面章节中已清楚描述了控制系统的功能要求，此处将重点描述控制算法的实现及其他子程序的编写。控制系统是整个驱动器的核心，而算法的优劣直接决定了控制系统的品质高低。这里主要涉及两个算法，即步进电机的细分算法和电流环 PI 控制算法。

1) 步进电机的细分算法

相比直流电机和交流电机，步进电机有以下劣势：①无法平稳升降速，速度发生大幅变化或转速过高时可能会出现失步或堵转的现象；②低速转动时噪声较大。这些问题是由控制系统、电机、负载三者之间的非线性组合产生，无法彻底消除。对步进电机来说，其绕组理想的驱动电压波形是正弦波。具体到两相步进电机，可使用相位差为 90° 的两路正弦波电压驱动两相绕组。为了得到平滑的正弦波，需要进行细分控制。

步进电机的细分技术实质上是一种电子阻尼技术，通过驱动器精确控制电机的相电流产生，与电机无关[42]。细分后电机运行时的实际步距角是基本步距角的 N 分之一。以两相步进电机为例，两相步进电机的基本步距角是 1.8°，即一个脉冲走 1.8°，如果没有细分，输出 200 个脉冲时，转轴转动一圈 360°；如果是 10 细分，每发出一个脉冲电机走 0.18°，即 2000 个脉冲才能走完一圈。细分控制不但可以使电机低速运行时更为平稳，而且由于步距角的减小，每一步的分辨率也相应提高。

细分值一般为 2 的倍数，如整步运行(即 0 细分)、2 细分、4 细分、8 细分、16 细分、32 细分、64 细分、128 细分、256 细分。不同细分下步进电机的微步距角可由式(4.6)求得：

$$\eta = \frac{\theta}{细分数} \tag{4.6}$$

一般来说，细分值为 32 时，步进电机即可实现最佳性能。大于这个值不会使位置精度得到显著改善，除非增大驱动电压或降低电机电感才能实现更好的位置精度。

根据给定的细分数，对于每个时刻的每一个步进脉冲信号，输出相应的正弦值作为电机 A 相的电压给定值。用单片机实时计算正弦值速度较慢，因此将预生成的正弦表存入单片机中。几种细分间存在的倍数关系，因此在实际操作中只需计算出 32 细分时各个时间点对应的正弦值，通过定义不同的指针偏移量即可获得不同的细分数。细分子程序的流程如图 4.27 所示。

各点正弦值具体通过式(4.7)求得：

$$x_n = 1024 \times \sin\left(\frac{90°}{32} \times n\right), \quad n \in \mathbf{Z}, \ n \leqslant 128 \tag{4.7}$$

式中，x_n 为正弦细分表中的实时值。

图 4.27　细分算法实现的流程图

　　将正弦值乘以 1024 是为了扩大该数值，避免小数点的出现，方便程序运算，在后面程序中再做缩写处理以获得真实值。最后存入单片机中的 32 细分表如下：

long SinTable[32]
={0,50,100,150,200,249,297,345,392,438,483,526,569,610,650,688,724,759,792,822,
852,878,903,926,946,964,980,993,1004,1013,1019,1022,1024,1022,1019,1013,1004,
993,980,964,946,926,903,878,852,822,792,759,724,688,650,610,569,526,483,438,
392,345,297,249,200,150,100,50,0,−50,−100,−150,−200,−249,−297,−345,−392, −438,
−483,−526,−569,−610,−650,−688,−724,−759,−792,−822,−852,−878,−903,−926,
−946,−964,−980,−993,−1004,−1013,−1019,−1022,−1024,−1022,−1019,−1013,−1004,
−993,−980,−964,−946,−926,−903,−878,−852,−822,−792,−759,−724,−688,−650,−610,
−569,−526,−483,−438,−392,−345,−297,−249,−200,−150,−100,−50};

　　B 相电流由于与 A 相有 90°的相位差，因此 B 相的电流细分表由余弦函数求得。B 相细分余弦表如下所示：

long CosTable[32]
={1024,1022,1019,1013,1004,993,980,964,946,926,903,878,852,822,792,
759,724,688,650,610,569,526,483,438,392,345,297,249,200,150,100,50,0,−50,−100,
−150,−200,−249,−297,−345,−392,−438,−483,−526,−569,−610,−650,−688,−724,−759,
−792,−822,−852,−878,−903,−926,−946,−964,−980,−993,−1004,−1013,−1019,−1022,
−1024,−1022,−1019,−1013,−1004,−993,−980,−964,−946,−926,−903,−878,−852,−822,
−792,−759,−724,−688,−650,−610,−569,−526,−483,−438,−392,−345,−297,−249,−200,
−150,−100,−50,0,50,100,150,200,249,297,345,392,438,483,526,569,610,650,688,724,
759,792,822,852,878,903,926,946,964,980,993,1004,1013,1019,1022};

2)电流环 PI 控制算法

PI 算法是 PID 控制算法中的一个特殊版本。PID 控制算法即比例-积分-微分控制算法，由比例单元 P、积分单元 I 和微分单元 D 组成，广泛用于反馈回路控制。通过把收集到的数据和系统设定的参考值进行比较，两者的差值用于计算新的输入值，从而使系统的数据达到或者保持在参考值[43]。PI 控制系统原理如图 4.28 所示。

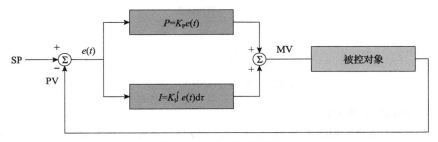

图 4.28　PI 控制系统原理

PID 控制中的比例单元 P、积分单元 I 和微分单元 D 分别对应目前误差、过去累计误差及未来误差。某些应用只需要 PID 中的部分单元，可以将其余不需要单元的参数设为零。因此，PID 控制器可以变成 PI 控制器、PD 控制器、P 控制器或 I 控制器。其中，又以 PI 控制器比较常用，因为 D 控制器对反馈信号中的噪声十分敏感；而 I 控制器对于系统是否能达到目标值起决定性作用[44]。

若设 $u(t)$ 为 PI 控制的输出值，则 PI 控制算法的表达式如式(4.8)所示：

$$u(t) = K_\mathrm{P} e(t) + K_\mathrm{I} \int e(t) \mathrm{d}t \tag{4.8}$$

式中，K_P 为比例增益，K_I 为积分增益，两者是调节参数。

$e(t)$ 为设定值(SP)和测量值(PV)的误差，可按式(4.9)进行计算：

$$e(t) = \mathrm{SP} - \mathrm{PV} \tag{4.9}$$

微分单元对输入中的高频信号格外敏感，PI 控制器由于没有微分单元，在信号噪声大时，在稳态时会更加稳定。但对状态变化的反应较慢，因此相较于调适到最佳值的 PID 控制器，PI 控制器会较慢达到设定值，受干扰后恢复到正常值所需的时间也相应较长。图 4.29 为 PI 子程序流程图。

3. 驱动器其他子程序的设计

除两个算法外，要驱动步进电机，还需要编写程序生成驱动 H 桥的 PWM 波、实现电机加减速的控制、CAN 通信。

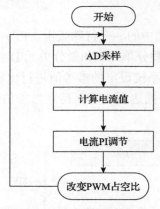

图 4.29　PI 算法实现的流程图

1）PWM 波控制子程序

dsPIC33FJ64MC802 芯片内部有 2 个 PWM 发生器，只需对相关寄存器进行配置即可产生用于打开 MOS 管的 PWM 波。而组成 H 桥的 MOS 管在同一桥臂上互补导通，为了避免上下两个管同时导通，需要为 PWM 波设置死区时间。dsPIC33FJ64MC802 芯片内部有可编程死区单元，只需对死区的控制寄存器进行配置就能设置相应的死区时间。PWM 波控制程序流程如图 4.30 所示。

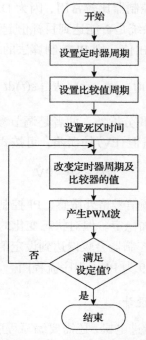

图 4.30　PWM 波控制程序流程

2)加减速控制子程序

对步进电机来说，如果脉冲信号变化太快，由于内部的反向电动势的阻尼作用，转子与定子之间的电磁反应将无法跟上电信号的变化，导致堵转和丢步。所以步进电机在高速启动时，需要采用脉冲频率升速的方法，在停止时也要有降速过程，以保证实现步进电机精密定位控制。

具体而言，将单个运动过程划分为加速、恒速、减速三个阶段。在加速和减速阶段，设置速度极差为 N 个定时器计数周期，加速时，速度每升一级，定时器周期就减去一个特定值；减速时，速度每降一级，定时器周期就加上一个特定值。图 4.31 为加减速子程序流程图。

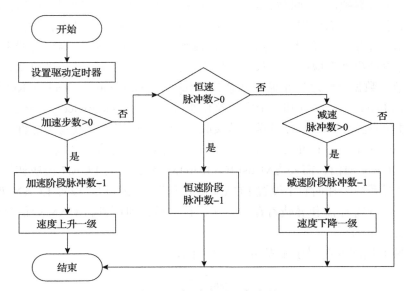

图 4.31　加减速子程序流程

3)CAN 通信子程序

CAN 通信要与直接内存存取(direct memory access, DMA)相配合。CAN 模块中的协议引擎通过 CAN 总线，遵循 CAN2.0 协议发送和接收报文，并通过配置的接收过滤器来检查收到的报文，以确定将它存储在 DMA 报文缓冲区中还是将它丢弃。

对于接收到的报文，接收 DMA 接口会产生接收数据中断来启动 DMA 周期。接收 DMA 通道会从 CiRXD 寄存器读取数据并将它写入报文缓冲区。

对于发送的报文，发送 DMA 接口会产生发送数据中断来启动 DMA 周期。发送 DMA 通道会从报文缓冲区中读取数据，并写入 CiTXD 寄存器，来进行报文发送。

　　DMA 控制器用作报文缓冲区和增强型控制器局域网(ECAN)之间的接口，无须 CPU 干预即可来回传输数据。DMA 控制器最多可支持 8 个通道，用在 DMA RAM 和 dsPIC33FJ64MC802 外设之间传输数据。为了支持 CAN 报文发送和 CAN 报文接收，需要两个独立的 DMA 通道。每个 DMA 通道都具有 DMA 请求寄存器(DMAxREQ)，通过使用它来分配中断事件，以触发基于 DMA 的报文传输。

　　在收发过程中，信息以数据帧的形式从发送器传递到接收器。数据帧由以下形式组成：

SOF+仲裁+控制+数据+CRC+ACK+EOF

　　每一个数据帧都从帧起始(start-of-frame, SOF)位开始。帧起始位后面跟随仲裁和控制字段，它们标识报文类型、格式、长度和优先级。其中，仲裁字段的大小为 12 位，控制字段的大小为 6 位。仲裁和控制字段信息使 CAN 总线上的每个节点都可以适当地响应报文。数据字段用于传送报文内容，其长度可变，范围为 0~8 字节。数据字段之后是循环冗余校验(cyclic redundancy check, CRC)字段，由一个 15 位的 CRC 序列和一个定界符位组成。应答(acknowledgement, ACK)字段以隐性位(逻辑电平为 1)发送，若接收正确，会被接收器改写为显性。最后是帧结束(end-of-frame, EOF)位，由 7 个隐性位组成，指示报文结束。

　　使用 CAN 通信，需要先对 dsPIC33FJ64MC802 中的 ECAN 模块初始化。具体包括设置系统工作时针、设置 ECAN 接收和发射缓冲区、设置 ECAN 波特率、设置接收过滤寄存器和屏蔽寄存器。初始化之后，即可进行 CAN 通信总线的发送和接收程序编写。

　　CAN 通信的发送程序流程如图 4.32 所示。

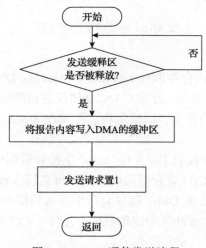

图 4.32　CAN 通信发送流程

CAN 通信的接收在中断中进行，程序流程如图 4.33 所示。

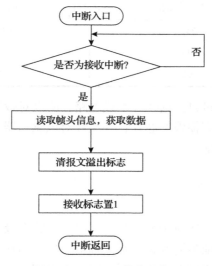

图 4.33　CAN 通信接收流程

4.4.4　驱动器的屏蔽设计及试验结果分析

1. 非工作状态下的辐照试验

在舍去光耦元件、提高芯片的抗干扰等级，并对集成电路进行"删繁就简"的基础上，驱动器本身已具有一定的耐辐照性。将驱动器放在距钴源 0.35m 的位置，此处预计剂量率为 10^5rad/h（10^3Gy/h），辐照时间为 1h，进行耐辐照性能测试。

实际测得的辐射剂量率为 $1.52×10^5$rad/h（$1.52×10^3$Gy/h）。该次试验为不带电测试，即驱动器并不处于工作状态。辐射 1h 后，将驱动器取出，发现其能照常驱动电机转动。为得出其极限值，将其放回原处，继续进行辐照试验。第二次辐射时长为 1.5h，剂量率仍为 $1.52×10^5$rad/h，即该驱动器一共接受了 $3.8×10^5$rad 的总剂量，此时将驱动器取出，发现驱动器已被损毁，无法再驱动电机转动。因此，该驱动器的耐辐射性能为 $1.52×10^5$～$3.8×10^5$rad。表 4.4 中对伺服驱动器、市售步进驱动器以及自主研发的步进驱动器的耐辐照性能进行了简单对比。

从表 4.4 可以看出，相较于前两种驱动器，自主研发步进驱动器的耐辐照性能有大幅提高，在非工作状态下，其耐辐照剂量率至少是前两种驱动器的两倍以上。

表 4.4　伺服驱动器、市售步进驱动器、自主研发步进驱动器耐辐照性能对比

驱动器类别	剂量率/(10^5rad/h)	辐射时间/h	总剂量/10^5rad	辐射后工作情况
伺服驱动器	0.747	1	0.747	失效
市售步进驱动器	0.719	1	0.719	失效
自主研发步进驱动器	1.52	1	1.52	正常驱动

　　由于所有芯片都通过自主选择并组成电路，所以对毁坏的驱动器进行更为细致的检测，可排查出所有损毁的芯片，并能针对该驱动器上的所有电子元器件做出完整的抗辐照性能评估。

2. 驱动器的屏蔽措施

1）局部屏蔽措施

　　屏蔽材料可以减缓一次粒子的能量、产生并吸收次级辐射，从而减少到达被保护器件的射线。屏蔽能显著改善总剂量辐射效应，但在实际操作中不可能用不断增加屏蔽厚度的方法来应对高能粒子。因为大面积的屏蔽会造成机器人的"死重"问题，降低机器人本身的负载能力[45]。所以可以考虑局部屏蔽方法，即在重要电子芯片的表面覆盖屏蔽材料，在增加其抗辐照性能的同时，减少机器人的额外负重。

　　在普通的辐射环境下，这款驱动器已经能满足环境要求，但如果在核事故情况下，剂量率有可能达 10^6rad/h（10^4Gy）以上，目前的抗辐照性能无法满足要求，需要额外采取屏蔽措施。根据表 4.5 可得出，主控制芯片及电流传感芯片对辐射最

表 4.5　自主研发步进驱动器上各芯片的抗辐照性能

器件名称	功能	所属材料类别	抗辐照性能分级*
集成电压转换器	转换电压	双极性晶体管	3
开关三极管	构成 H 桥	双极性晶体管	3
dsPIC33FJ64MC802	中央控制	集成电路	1
MOSFET 驱动	驱动开关管	CMOS 器件	3
贴片电阻	辅助元件	金属玻璃釉电阻器	3
贴片电容	辅助元件	陶瓷电容器	3
电解电容	与电源芯片配合使用	直插铝电解电容	3
电流传感器	电流传感、转换	BiCMOS Hall IC	2
CAN 收发器	驱动器间通信	双极、CMOS 及 DMOS	3

*分级标准依据辐照试验结果及辐射相关手册得出，各对应情况如下。等级 1：$8×10^5$rad 以下的总剂量；等级 2：$8×10^5$～$1.2×10^6$rad 及以上；等级 3：$1.2×10^6$rad 及以上。

敏感，因此需要针对它们进行局部屏蔽。此部分中采用的局部屏蔽材料为钨基合金。采用切割仪将材料切割（如图 4.34（a）所示），大小与以上需屏蔽的两类芯片一致，具体为：主控制芯片 6mm×6mm，电流传感芯片 6mm×5mm。随后，在电子芯片的表面涂上导热硅脂，导热硅脂可使芯片与合金粘连的同时辅助芯片的散热。图 4.34（b）显示出被切成特定形状的钨基合金，图 4.34（c）给出了钨基合金与电子芯片黏合后的最终效果。

(a) 用切割仪切割钨基合金

(b) 被切成特定形状的钨基合金

(c) 局部屏蔽

图 4.34　用切割仪切割钨基合金、被切成特定形状的钨基合金和最终形成的局部屏蔽

2）整体屏蔽措施

在驱动器的外围加装整体屏蔽，整体屏蔽材料由纯钨制成，内部空间在原有驱动器的基础上前后左右均留有余量，为驱动器的插接口及引线留出空间，具体结构如图 4.35 所示。

集成电路板本身具有一定的耐辐照性能，在此基础上又为其加上局部屏蔽及整体屏蔽。为验证该整体方案的抗辐照性能，需要进一步的辐照试验。

3. 辐照试验

由前文可得出，虽然已采用剂量计，并中途多次验证样品的完好程度（在 1h 后停止试验，取出驱动器，若发现并未损坏，则试验继续），依然无法得出驱动器抗

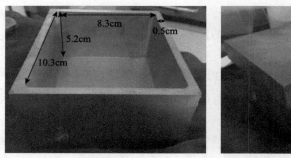

(a) 钨盒结构内部　　　　　　　　　　(b) 整体图

图 4.35　钨盒结构内部和整体图

辐照性能的确切值。而且通常情况下，工作中的电子元件受损速率要大于非工作状态的电子元件。核事故发生时，机器人在工作状态下进入核辐射环境，因此对整体方案补充在线试验有重要意义。

由于环境因素要求人必须远离驱动器，而无法设置驱动器转速、转动圈数等，所以前期修改 dsPIC 中的程序，确保一旦给驱动器供给电源，其上的所有电子元器件都会被唤醒，并处于工作状态到损坏为止。试验过程中将配合使用实时电压扫描仪，用于获取驱动器上采集到的 A 相接口处的实时电压。具体试验方案如图 4.36 所示。

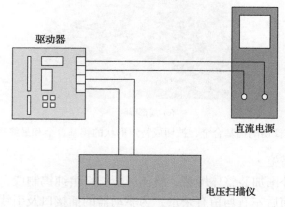

图 4.36　各部分仪器的连接示意图

试验中，电源、电压扫描仪及计算机将被放入远离辐射源的控制室中，图 4.37 表示在线辐射时各个器件的布局摆放。

试验过程中将实时扫描驱动器输出的 A 相相电压，扫描间隔时间为 5s，所得数据可绘制成图 4.38 所示的曲线。

从图 4.38 可以得知，在 845s 之前，电流曲线一直保持类似正弦曲线的样式，在这之后，电压出现激增，而且电压不再出现交替变化，而是保持一个较为稳定的值，约为 –0.2V，如图 4.39 和图 4.40 所示。

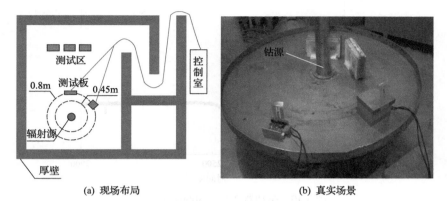

(a) 现场布局　　　　　　　　　　　　　(b) 真实场景

图 4.37　驱动器在线测试

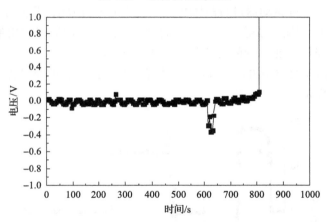

图 4.38　驱动器 0～1000s 的相电压

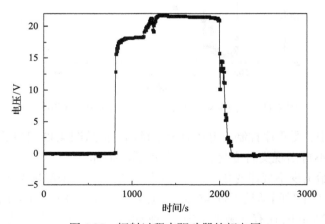

图 4.39　辐射过程中驱动器的相电压

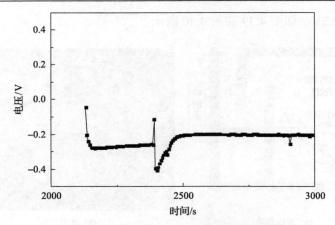

图 4.40　驱动器 2000～3000s 的相电压

　　试验结束后，对驱动器进行故障检测，发现 CPU 损坏，无法再产生驱动步进电机的 PWM 波。因此可得出结论，在剂量率高达 $5×10^5$rad/h 的照射下，15min后驱动器就会损坏，能承受的总剂量约为 $1.25×10^5$rad。

　　相对地，图 4.41 表示的是进行过局部屏蔽和整体屏蔽的驱动器在几乎相同的剂量率下的工作情况。

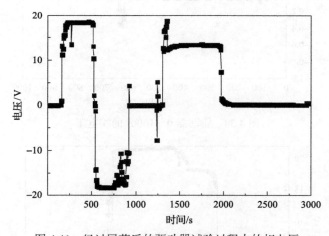

图 4.41　经过屏蔽后的驱动器试验过程中的相电压

　　整个过程中，受程序控制，电压有上下跳动，但从图 4.42 可以看出，1200s 左右开始，电压不再出现交替变化，认为驱动器已损坏。

　　相电压开始出现不规律变化的确切时间为 1230s，比未经过保护的驱动器多工作了近 380s，工作时间延长了近 45%。该点剂量率为 $4.9×10^5$rad/h，钨盒内的剂量率为 $4.5×10^5$rad/h，在有屏蔽的情况下，驱动器能承受的总剂量为 $1.67×10^5$rad，该值比未加保护的情况下提高约 33.6%。

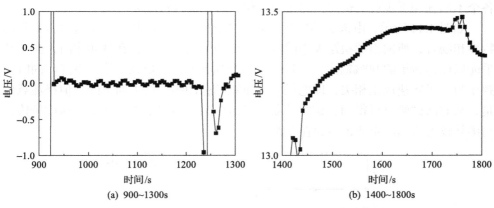

(a) 900~1300s　　　　　　(b) 1400~1800s

图 4.42　驱动器 900~1300s 和 1400~1800s 的相电压

4. 驱动器的驱动性能试验

为验证驱动器的驱动性能，又对驱动器进行了电路测试和矩频测试。

1) 驱动器的电路测试

图 4.43 是驱动器分别在 8 细分和 16 细分的情况下，示波器采集到的电机相电压曲线。

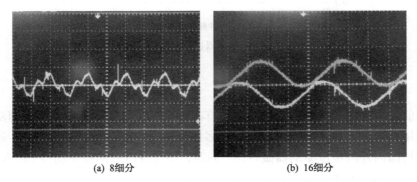

(a) 8细分　　　　　　　(b) 16细分

图 4.43　在 8 细分和 16 细分下的相电压曲线

从图 4.43 可以看出，从 8 细分增加到 16 细分，示波器采集到的电压曲线更加平滑，更加接近呈正弦变化的理想电流曲线。由此可以证明，dsPIC33FJ64MC802 中的细分算法和 PI 算法已得到有效执行。经试验发现，当细分数被设置为 32 时，步进电机可以获得最佳转动性能。

2) 驱动系统的矩频测试

驱动器是为驱动电机而设计的，电机运转的好坏会受到驱动器的制约及影响。

因此，连接驱动器与电机，通过电机的运转情况判断驱动器的工作性能。为查看各个不同脉冲下步进电机输出的扭矩变化，对系统进行矩频测试。

如图 4.44 所示，由该驱动器驱动的步进电机，其矩频特性与步进电机本身的特性相吻合，所输出的扭矩大小随脉冲频率的增大而减小，在低频率时，扭矩几乎能以保持转矩的 90%输出，一旦经过某个临界值，扭矩就会快速下降。同时，频率与电机转速成正相关，即电机输出扭矩随脉冲频率增大而下降。值得注意的是，从此次试验也可得知，该驱动器的扭矩随脉冲频率增大而下降的速度较快，与国外较为成熟的企业依然存在差距。

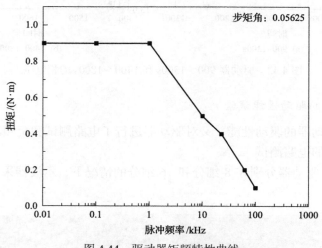

图 4.44　驱动器矩频特性曲线

5. 与市售步进驱动器的性能比较

目前国内市场上销售的步进驱动器有两种：一种是只具备定位和调速功能的国产通用型；另一种是国外进口型，且多从日本进口。在此将自主研发步进驱动器与市售国内外的步进驱动器做对比，同时，还与进口的伺服驱动器 ELMO 进行对比，其性能见表 4.6。

从表 4.6 可以看出，自主研发的驱动器在尺寸、质量及功能上，均具有较大优势，其中细分倍数最大可达 256。而且其他市售步进驱动器不具备通信功能，无法满足机器人机械臂自由度的控制要求。

与伺服驱动器相比，自主研发的驱动器紧凑程度与之相当，虽然在转速范围与稳定驱动范围上存在差距，但该差距与伺服系统、步进系统本身的差异性有关。在通信方式上，伺服驱动器搭载了通信速度更快的 EatherCAT 通信模式；同时还具有角度反馈，使电机的运转精度大大提高。相应地，伺服驱动器的售价最高。

研发驱动器的成本主要为硬件成本，平均每个驱动器总成本不超过 200 元。

表 4.6　自主研发步进驱动器与市售其他驱动器的性能比较

性能项目	驱动器种类			
	自主研发步进驱动器	国产步进驱动器	进口步进驱动器	进口伺服驱动器
厂家及牌号	自产	无锡	日本三洋	以色列 Elmo
型号	无	HST884	PMM-MD-23120-10	G-SOLWHI20/100E R
额定电压/V	24	24	24/36	48
均值电流/A	1.5	2	2	20
细分倍数	256	128	180	—
温度范围/℃	10～70	—	0～50	0～40
电机最高转速/(r/min)	600	≥1000	1800	7000
稳定驱动范围/(r/min)	50～500	50～600	50～800	0～7000
尺寸大小/mm	80×58×30	143×96×38	83×57×43	73×46×38
质量/g	90	540	600	106
通信方式	CAN 总线	无	—	EatherCAT 总线型
角度反馈	无	无	—	旋转变压器
价格/元	—	200	500～600	7400

注：表中"无"表示不具备该功能，"—"表示该数据未知。

从表 4.7 可以看出，无论工作还是非工作的情况下，伺服驱动器的抗辐照能力最弱，耐受总剂量仅为自主研发驱动器的 1/20，这是由驱动器本身高集成度所致。而步进驱动器中，自主研发驱动器的抗辐照能力为国产步进驱动器的 2 倍以上。由此可得，从芯片选型开始就围绕抗辐照的要求设计的驱动器，其抗辐照能力得到显著提升。

表 4.7　各驱动器抗辐照能力的对比

辐射条件		驱动器种类		
		自主研发步进驱动器	国产步进驱动器	Elmo 伺服驱动器
工作状态	剂量率/(rad/h)	4.9×10^5	—	5×10^3
	总剂量/rad	1.67×10^5	—	8.8×10^3
非工作状态	剂量率/(rad/h)	1.51×10^5	7×10^4	1.49×10^5
	总剂量/rad	$>1.51\times10^5$	$7\times10^4\sim10^5$	—

注：表中"—"表示该数据未知。

参 考 文 献

[1] 周如意. 迅速发展的"中场产业"——中国电子元器件行业发展现状与趋势[J]. 微型机与应用, 2006, 25(6): 34-37.

[2] 王根旺, 侯超剑, 龙昊天, 等. 二维半导体材料纳米电子器件和光电器件[J]. 物理化学学报, 2019, 35(12): 1319-1340.

[3] 王倩, 高能, 张天垚, 等. 氧化物功能薄膜器件的柔性化策略[J]. 材料导报, 2020, 34(1): 1014-1021.

[4] 严卓. 电子元器件设计的发展趋势分析[J]. 科学与财富, 2013, (4): 27.

[5] 张延. 电子元器件科技发展动向及新兴应用趋势[J]. 电子产品可靠性与环境试验, 2013, 31(z1): 349-353.

[6] Tavlet M, Ilie S. Behaviour of organic materials in radiation environment[C]. The Fifth European Conference on Radiation & Its Effects on Components and Systems, 1999: 210-215.

[7] 冯彦君, 华更新, 刘淑芬. 航天电子抗辐射研究综述[J]. 宇航学报, 2007, 28(5): 1071-1080.

[8] 陈法国, 朱万宁, 董强敏, 等. 遥控机器人的耐辐射设计和测试[J]. 核电子学与探测技术, 2016, 36(2): 121-124.

[9] 何君. 微电子器件的抗辐射加固技术[J]. 半导体情报, 2001, 38(2): 19-23,30.

[10] 刘昌明. 微电子器件抗辐射加固技术的发展研究及应用[J]. 中国科技投资, 2016, (22): 316.

[11] 丑武胜, 刘源, 杨光. 核辐射探测机器人故障容错控制方法研究[J]. 微计算机信息, 2010, 26(29): 1-3, 9.

[12] Hashimoto H, Yamamoto H. Brushless servo motor control using variable structure approach[J]. IEEE Transactions on Industry Applications, 1988, 24(1): 160-170.

[13] Maxon. Permanent magnet DC motor with coreless winding[R]. Sachseln: Maxon Academy, 2010.

[14] 刘瑶. 电动机的 DSC 控制[M]. 北京: 北京航空航天大学出版社, 2009.

[15] 赵显红, 孙立功. 一种数字式步进电动机闭环位置控制系统设计[J]. 微电机, 2008, 8: 90-92.

[16] 韩郑生. 抗辐射集成电路概论[M]. 北京: 清华大学出版社, 2011.

[17] 张晓霓. 核电救灾机器人耐辐射驱动器的研究[D]. 上海: 华东理工大学硕士学位论文, 2015.

[18] Houssay L P. Robotics and Radiation Hardening in the Nuclear Industry[D]. Gainesville: University of Florida PhD thesis, 2000.

[19] Holmes-Siedle A, Adams L. Handbook of Radiation Effects[M]. Second edition. Oxford: Oxford University Press, 2002.

[20] Bahadur H. Ion exchange and radiation response of H-related point defects in natural quartz crystals[J]. Journal of Materials Research, 1994, 9(7): 1789-1801.

[21] Onishi Y, Shiga T, Ohkawa Y, et al. Development of super 100-MGy radiation-durable motor and study of radiation resistance mechanism[J]. IEEE Transactions on Energy Conversion, 2005, 20(3): 693-699.

[22] Zhang T Y, Wang T, Zhao Q. γ ray irradiation test of motion control components of nuclear emergency rescue robot[C]. IEEE International Conference on Robotics and Biomimetics (ROBIO), Shenzhen, 2013: 2118-2123.

[23] Rajagopal K R, Krishnaswamy M, Singh B P, et al. High resolution hybrid stepper motor with pole redundancy for space application[C]. The Sixth International Conference on Electrical Machines and Drives, Oxford, 1993: 505-510.

[24] Baumann R C. Radiation-induced soft errors in advanced semiconductor technologies[J]. IEEE Transactions on Device and Materials Reliability, 2005, 5(3): 305-316.

[25] Featherby M, Strobel D J, Layton P J, et al. Methods and compositions for ionizing radiation shielding: US, US6583432 B2[P]. 2003.

[26] Craft A E, King J C. Radiation shielding options for a nuclear reactor power system landed on the lunar surface[J]. Nuclear Technology, 2010, 172(3): 255-272.

[27] 马国红, 杜保舟, 江芙蓉, 等. 基于 DSC 焊接机器人控制器的设计[J]. 热加工工艺, 2012, 15: 188-191.

[28] Li A Z, Xu L J. Stepping motor control system based on EPM240T100 and TB6560[J]. Journal of Mechanical & Electrical Engineering, 2014, 31(5): 671-675.

[29] 王凯. 一种基于 80V 级 BCD 工艺的 H 桥功率驱动电路的设计与实现[D]. 成都: 电子科技大学博士学位论文, 2010.

[30] 赵源, 徐立新, 赵琦, 等. 抗辐射模拟 CMOS 集成电路研究与设计[J]. 中国空间科学技术, 2013, (3): 72-76.

[31] Dodd P E, Shaneyfelt M R, Schwank J R, et al. Current and future challenges in radiation effects on CMOS electronics[J]. IEEE Transactions on Nuclear Science. 2010, 57(4): 1747-1763.

[32] 罗俊, 秦国林, 邢宗锋, 等. 双极型集成电路可靠性技术[J]. 微电子学, 2010, 40(5): 747-753.

[33] Jung H G, Hwang J Y, Yoon P J, et al. Resistance estimation of a PWM-driven solenoid[J]. International Journal of Automotive Technology, 2007, 8(2): 249-258.

[34] Blanchard H, Montmollin F D, Hubin J, et al. Highly sensitive Hall sensor in CMOS technology[J]. Sensors & Actuators A: Physical, 2000, 82(1-3): 144-148.

[35] Li L, Chen Y, Zhou H, et al. The application of hall sensors ACS712 in the protection circuit of controller for humanoid robots[C]. International Conference on Computer Application and System Modeling, Taiyuan, 2010: V12101-V12103.

[36] 杨春杰. CAN 总线技术[M]. 北京: 北京航空航天大学出版社, 2010.

[37] Yu J, Sun G, Gao B, et al. Design of CAN-bus communication for four-legged hydraulic robot driver[J]. Journal of Harbin University of Science & Technology, 2013, 18(2): 77-80.

[38] 鲍官军, 计时鸣, 张利, 等. CAN 总线技术、系统实现及发展趋势[J]. 浙江工业大学学报, 2003, (1): 60-63, 68.

[39] 孙勇俊, 鲁统利, 张建武. 基于 CAN 总线的 AMT 通信模块设计[J]. 微计算机信息, 2007, (11): 284-286.

[40] 林渭勋. 现代电力电子电路[M]. 杭州: 浙江大学出版社, 2002.

[41] 国防科学技术工业委员会. GJB/Z27—1992 电子设备可靠性热设计手册[S]. 北京: 国防科工委军标出版发行部, 1992.

[42] 陈学军. 步进电机细分驱动控制系统的研究与实现[J]. 电机与控制应用, 2006, (6): 48-50.

[43] Li Y, Ang K H, Chong G C Y. PID control system analysis and design[J]. IEEE Control Systems, 2006, 26(1): 32-41.

[44] Kim W, Choi I, Chung C C. Microstepping with PI feedback and feedforward for permanent magnet stepper motors[C]. ICROS-SICE International Joint Conference, Fukuoka, 2009: 603-607.

[45] 王希涛. 基于耐辐射 FPGA 的核应急机器人控制系统设计[J]. 机电工程技术, 2012, (5): 26-30.

第 5 章 核电救灾机器人用相变储能材料

1973 年能源危机以来，热能的储存对满足能源需求起着至关重要的作用，利用相变材料进行热能存储成为一个重要研究领域。相变材料是一种随着温度的变化而改变相态并提供相变潜热的一种物质，因具有高潜热、高导热和极低的体积膨胀的特点而广泛应用在许多领域。例如，在电脑、数码相机和重电路芯片等电子设备运行过程中产生大量的热量，如果这种热量处理不当，很可能会缩短电子设备的使用寿命。相变材料以共晶、有机和无机等形式存在，以良好的耐腐蚀性、热稳定性、化学稳定性和较低的成本而广泛应用于电子产品的冷却方面。近年来，相变储能材料的研究展现出从无机到有机、从单一成分到复合材料、从宏观封装到微纳米胶囊化的趋势，而现在储能材料的应用场景从太阳能利用逐渐扩展至工业余热、废热回收，以及建筑保温和热防护管理等[1,2]。

5.1 基于相变传热的热控技术

5.1.1 相变材料及其表征

物质从一种状态转变到另一种状态的过程称为相变。通常相变材料的类型、内部结构等因素影响其相变过程的相关参数。

1. 相变材料的分类与选择

相变材料 (phase change material, PCM) 是一种潜热存储材料，具有高的熔解热，和显热存储材料相比还具有较高的热能存储密度。在相变过程中，相变材料会通过吸收或释放热量来保持自身在一个恒定的温度，这也是其应用的主要机理。对于热能存储器件的储热量可以由式 (5.1)、式 (5.2) 求得[3]：

$$Q=\int_{T_i}^{T_m} mc_p \mathrm{d}T + m\alpha_m \Delta h_m + \int_{T_m}^{T_f} mc_p \mathrm{d}T \tag{5.1}$$

$$Q=m[c_{sp}(T_m - T_i) + \alpha_m \Delta h_m + c_{lp}(T_f - T_m)] \tag{5.2}$$

式中，Q 为储热量；c_p 为比热容；T_i、T_m、T_f 分别为起始温度、熔化温度和终止温度；Δh_m 为相变前后热焓值的变化；α_m 为相变率；c_{sp} 为固相比热容；c_{lp} 为液相比热容。

　　相变材料按照相变形式可以分为固-固相变材料、固-液相变材料、液-气相变材料和固-气相变材料，相变潜热依次增大。其中固-气和液-气由于相变过程中会释放大量气体，体积变化大，尽管两者的相变潜热很大，但在实际应用中受到一定限制。对于固-固和固-液相变材料体积变化率就明显小很多，一般在10%左右，即使它们的潜热要稍小一点，在实际应用中仍具有一定的实用价值和经济性。固-固相变材料的相变过程是从一种晶型转变为另一种晶型，是可以替代固-液相变材料的一个选择。一般来说，相变材料发生固-固相变释放的热量要比固-液相变释放得少，然而，利用固-固相变材料可以防止材料在应用过程中的泄漏问题，这是固-液相变材料在实际应用中常遇到的技术问题。Pielichowska 等[4]给出了几种类型相变材料的详细分类，如图 5.1 所示。

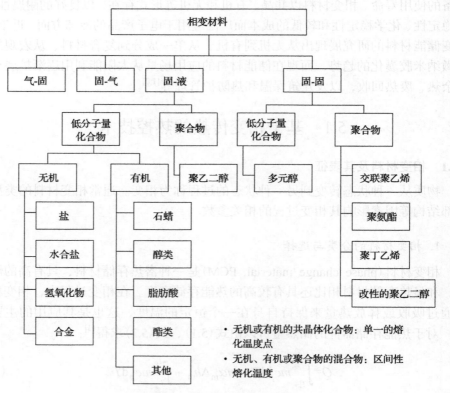

图 5.1　相变材料的分类[4]

　　有机相变材料的优势在于没有腐蚀性，过冷度低或无过冷度，化学稳定性和热稳定性出色。但是与无机相变材料相比，相变焓值较低，导热系数低（0.15～0.35W/(m·K)）是有机相变材料的主要缺点，有些材料还具有可燃性。无机相变材料最大的优点是具有较高的相变潜热，缺点是过冷现象显著，具有腐蚀和相分离现象，热稳定性不如有机相变材料好。在对众多有机相变材料的研究结果对比后发现，石蜡类相变材料被认为是最有前景的潜热储能材料[3]。

除上述分类方式外，按照相变材料的相变温度范围可以将其分为三类：①低温相变材料，相变温度低于 15℃，常用于空调和食品工业；②中温相变材料，相变温度为 15～90℃，主要用于太阳能储热、医用、纺织、电子、建筑等领域；③高温相变材料，相变温度高于 90℃，可应用在航空航天和工业领域。

依据材料的熔化、凝固温度和潜热值，有很多有机和无机材料可以用于相变储热。即使有的材料的熔化或凝固温度满足需要的温度范围，由于没有一个材料可以满足所需热能存储的所有性能指标，也就意味着没有对某个储能器件来说存在最胜任的相变材料。所选用的材料都需要在热物理性能或者其他方面进行改进以适应具体条件。一般来说，选用储能相变材料需要首先考虑合适的相变温度和较大的相变潜热，其次是导热系数、价格以及化学稳定性。在考虑主要性能方面的同时需要注意选用材料的毒性、安全性、腐蚀性等特性。

2. 相变材料的表征

相变材料的热物理性能影响其实际应用中的作用。一般对相变材料需要了解的热物理性能包括相变温度和相变潜热。除此之外有时候可能还需要对形貌、化学稳定性、比热容、导热系数等信息有所了解。通常采用电子显微镜和颗粒尺寸分布[5]来表征形貌，运用傅里叶变换红外光谱来测试化学稳定性[6]。

针对相变材料最常见的测试方法是差示扫描量热法 (differential scanning calorimentry, DSC)[7]和差热分析法 (differential thermal analysis, DTA)[8]，通过测试可以得到材料的潜热值、比热容和相变温度。张寅平等[9,10]提出了一种参比温度曲线法，可以通过样品试验测试得出时间-温度曲线，同时测量计算出多组材料的凝固点、比热容、潜热、导热系数和热扩散系数。随后不久，Hong 等[11]和 Peck 等[12]对该方法又做了改进，方便了测试过程。

电子显微镜、傅里叶红外光谱、DSC、DTA 以及热线法已广泛应用于测量纯相变材料和复合相变材料的热物理性能。为了确保测量的精确和不确定度的最小化，有必要在测试前对仪器进行校准。这也有助于得到更准确的数据而避免重复试验。

5.1.2　有机相变材料导热增强

有机相变材料具有高的能量密度，而熔化和凝固速率较低，限制了其在实际潜热储能装置中的应用。有机相变材料的导热系数一般只有 0.1～0.3W/(m·K)[13]，这也是有机相变材料的主要不足。可以通过引入高导热系数的材料来提高相变材料的热导率。通常导热增强的方式有：将金属结构放入相变材料中；将相变材料注入到高导热系数的多孔径材料(如泡沫金属铜等);在相变材料中分散高导热系数的微米或纳米颗粒。下面将分别介绍这几种导热增强方式的研究进展。

将金属结构置于相变材料中增强传热的方法最主要的研究方向是在翅片型散热片内填装相变材料[14-16],除此之外也有将金属环[17]、金属球[18,19]、金属网[20]或者其他形状块体[21]添加在相变材料中的研究。Hosseinizadeh 等[14]通过试验和数值模拟的方式对比了在散热片中有无相变材料的传热效果,并分别考察了输入功率、散热片翅片数量、翅片高度和翅片厚度对传热的影响。结果表明,随着翅片数量和高度的增加,传热增强效果显著,而翅片厚度的增加只会带来传热略微的增强,但存在一个厚度最优值,即大于最优值的厚度传热将不再增强。通过模拟还了解到在实验初期相变材料内热传导是主要的传热方式,在相变材料熔化阶段,自然对流则扮演了重要角色。Baby 等[15]则将重点放在输入功率的考察上,对填充相变材料的散热片施加不同大小的恒定功率(5~10W)及间歇式输入功率,试验发现,相变材料能有效降低温度峰值,并且更适用于对间歇发热的器件热保护。Ettouney 等[19]研究了在空气流中球形容器中添加相变材料和金属珠子的传热效果,并考察了珠子尺寸与数量对传热的影响。随着珠子数量和尺寸的增加,可以减少相变材料 15%的熔化、凝固时间,造成这个现象的原因一方面是金属珠子的加入提高了整体系统的导热系数,另一方面是由于珠子取代了部分相变材料,而珠子的显热低于相变材料的潜热。此外,还得到了小尺寸球形容器会限制传热增强效果的结论。图 5.2 给出了球形容器的结构图。

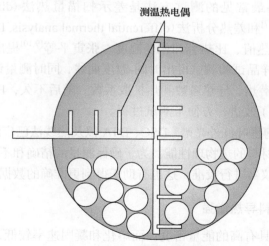

测温热电偶

图 5.2　球形容器结构图[19]

将高导热性的颗粒分散在相变材料中可以有效提高传热效率。由于纳米尺度粒子能克服添加粒子与基体材料的不相容性,其较大的比表面积可以充分与基体有效接触，因此可以显著增大基体相变材料的导热系数。常见的被添加到相变材料内的纳米颗粒一般有纳米石墨烯[22]、碳纳米管[23]、金属纳米颗粒[24]以及金属氧化物纳米颗粒[25]等。Yavari 等[22]研究了石墨烯的添加对相变材料十八烷醇导热系数的增强现象，发现当石墨烯添加量为 4%时，合成的复合相变材料的导热系数增长了将近 2.5 倍，而潜热只降低了近 15%，该数据比之前其他人研究的纳米粒子添加强化传热都有效。这种能在显著增强复合材料导热系数的同时不损耗太多潜热的结果在实际应用中是十分关键的。但是，石墨烯复合的相变材料的制备工艺比较复杂，需要热处理、干燥、混合、研磨等机械和化学处理过程，而金属颗粒的掺杂就没有那么多复杂过程。Zeng 等[24]将超高比表面积的铜纳米线随机分散在相变材料十四醇中，复合相变材料的相变焓值随着纳米线的增加而呈线性下降趋势。他们发现，当铜纳米线体积分数为 11.9%时，复合相变材料的焓值为 86.95J/g，导热系数增加到 2.86W/(m·K)，是纯十四醇导热系数的 9 倍；导热系数的增长在体积分数为 1.5%处出现拐点，超过拐点后，导热系数随添加量迅速上升。Zeng 等[23]将不同质量分数多壁碳纳米管添加到十二醇中，考察了复合相变材料在底部加热的垂直圆筒腔体内的熔化速率，他们意外发现加入碳纳米管后，复合相变材料的熔化速度反而降低，液体黏度明显上升。分析结果可知，这是熔化过程中自然对流的降级的影响超过了导热增强效果，因此熔化速率的变化取决于导热增强和自然对流弱化的共同影响。在对纳米颗粒添加引起传热强化的研究中，还有结果发现碳纳米管[21]、纳米四氧化三铁[26]、纳米二氧化硅[27]及纳米三氧化二铁颗粒[28]的添加不但可以增大复合相变材料的导热系数，还出现了潜热增强的效果。这可能是因为纳米材料高的比表面积引起分子间相互作用增强以及颗粒表面缺陷导致颗粒表面和相变材料额外的作用的存在。

　多孔结构可以使用以金属为基体的泡沫金属，如泡沫铝[29]、泡沫铜[30]等，也可以是像石墨烯[31]这种自然可用的多孔材料。对于这些多孔介质一般关心的是本体的导热系数以及材料的孔隙率。低的孔隙率会导致较高的热导率，理论上可以增强传热性能。然而，低的孔隙率也会抑制液体相变材料的自然对流，这对传热是不利的，所以多孔材料的选用一般会有一个优化值。Zhou 等[29]研究了有机相变材料和无机相变材料在泡沫金属铜和膨胀石墨两种多孔材料内的传热性能。多孔材料的添加能有效提高相变材料的传热效率，尤其是泡沫金属铜在相变材料熔化时，可以提高两倍的传热速率。对于给定体积的储热系统，由于膨胀石墨有较低的密度，膨胀石墨内注入相变材料的储热能力不如泡沫金属铜，但其在高温下具有更好的耐久性。Sari 等[31]在膨胀石墨中注入正二十二烷，分别考察了质量分数为 2%、4%、7%、10%的复合相变材料的导热性能。通过瞬态热线法测试可知，随着质量分数增加，导热系数逐渐递增，并发现由于毛细作用和表面张力作用，

10%的复合相变材料在相变材料熔化时不发生泄漏，无需额外封装，在应用方面最为理想。

5.1.3 相变材料的封装技术

　　相变材料的应用必然离不开封装技术。大体上可以将相变材料的封装分为宏观封装和微观封装。宏观封装主要指机械封装，涉及相变材料容器的选择与密封，在材料选择上需要与相变材料有较好的相容性、良好的传热特性、易加工性以及优良的密封性等，例如，石蜡类相变材料和铝有较好相容性，而与铜或镍则不相容[32]。类似地，铝和铜与一些水和盐也不相容，这在实际应用中是必须给予考虑的。这里主要针对微观封装阐述研究现状。微观封装即从合成角度考虑封装问题，研究方向主要包含定形相变材料（form-stable PCM）合成和胶囊相变材料（encapsulated PCMs）的合成两方面。

　　相变材料胶囊化技术可使相变材料具有更大的传热面积，降低与外界环境接触反应的危险，还可控制相变发生时的体积变化。制作方法分为化学方法（凝聚法、界面法等）和机械方法（喷雾干燥方法等）[33]。微胶囊化比普通胶囊化相变材料具有更好的物化性能，它是将相变材料包裹在直径为 $1\sim1000\mu m$ 范围内的外壳内，微胶囊化相变材料已经用在无碳复印纸、功能性纺织品、黏合剂、化妆品、药物、太阳能装置、先进建筑材料等领域[34-36]。对胶囊化相变材料的研究主要集中在制备和表征方面。Hawlader 等[34]分别用复凝聚法和喷雾干燥法合成并表征了胶囊化的石蜡相变材料，并考察了包覆率和潜热等参数。通过扫描电子显微镜（scanning electron microscope, SEM）观察颗粒形貌、尺寸和分布情况，SEM 表征结果如图 5.3 所示。结果表明，凝聚法的最优均质化时间为 10min，交联剂用量为 6～8mL。两种方法合成的复合相变材料的潜热均为 145～240J/g。产物在太阳能储能应用中具

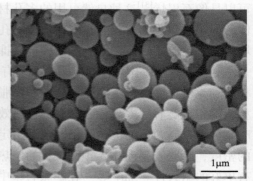

(a) 喷雾干燥法　　　　　　　　　　　　　　　(b) 复凝聚法

图 5.3　喷雾干燥法和复凝聚法制备的胶囊化相变材料 SEM 表征[34]

有很大潜力。Karkri 等[37]制备了以石蜡为核、三聚氰胺甲醛树脂为壳的球状胶囊相变材料，平均直径为 15μm，壳厚 1.5μm，而后将胶囊相变材料与高密度聚乙烯混合，发现混合后的材料热导率和热扩散率随微胶囊添加量的增加而下降，但是潜热和显热呈上升趋势。

胶囊化技术的应用限制主要是制备费用较高，且易出现泄漏问题。定形相变材料的出现弥补了胶囊化的不足[38]。石蜡、脂肪酸、聚乙二醇被广泛用于定形相变材料的基体材料，而高密度聚乙烯(high density polyethylene, HDPE)、苯乙烯-丁二烯-苯乙烯(styrene butadiene styrene, SBS)、三嵌段共聚物、丙烯酸树脂、聚氯乙烯、聚乙烯醇、聚氨酯等常被用作支撑材料[39]。Pielichowska 等[4]将支撑材料分为两大类，分别是聚合物类和膨胀石墨类，这是被认为研究最多的两大类材料。除此之外，还有二氧化硅、膨胀黏土、硅藻土、膨胀珍珠岩等无机多孔材料[40-42]。Wang 等[40]合成了以聚乙二醇为相变材料、二氧化硅为支撑材料的复合定形相变材料，通过将聚乙二醇溶于水中再添加不同质量分数的二氧化硅，从而获得了定形相变材料，实验结果表明，当聚乙二醇达到 85%时，可以保证其熔化后不从支撑材料中泄漏；二氧化硅形成的多孔网络结构也使得复合相变材料的导热系数得到提升。

5.1.4　相变储能材料的应用

由于相变材料本身具有较高的储热能力以及研究人员对其不断进行改性研究，其各方面性能都在不断提升。全球节约能源、绿色环保的工业发展趋势，促使相变储能材料在当今工业化舞台崭露头角。在建筑领域，相变储能系统能够满足空间加热和房屋热控的效果，同时节省电力耗费[7,36]。在太阳能储存领域，相变材料可以将白天的太阳能热量存储下来，用于夜间保温[43]。在智能纺织品领域，早在 20 世纪 80 年代，美国航天局将微胶囊化的相变材料与纤维复合，用于提高宇航服的温度控制能力[4]。在生物材料与医学方面，为了利于治疗，相变材料可以用来维持烧伤或者冻伤病者的肌肤温度在一个理想的范围内[44]。相变材料在电子器件热防护领域也得到了广泛研究，Tan 等[45]针对手机散热提出了相变材料热防护方案及相关分析。同样在汽车领域，相变储能系统被用于预热催化转换器、发动机冷却等方面[46]。此外，相变材料还被用于电池的温度控制[47]、食品保温[48]等方面。

5.2　基于相变储能材料的热防护系统设计

以项目组研制的六足机器人(图 5.4 (a))所配置的伺服电机驱动器为例，研究电子器件发热特性[49]。该六足机器人每条腿上配置三台伺服电机，全身共计装备

18 台电机，每台电机由一个驱动器驱动，特殊的结构设计可以使其承重超过
400kg，最大速度 1.5km/h。为了考察伺服电机及其驱动器的热特性，首先试验考
察了六足机器人无负载情况下的工作情况。选取一个驱动器和电机作为测试对象，
采用热电阻片(PT100)进行温度采集。在驱动器上的温度采集点选在驱动器发热
面端，为了减少热阻，在安装表面与发热端涂有一定量的导热硅脂。插入 PT100
后，用螺栓紧固驱动器四周以压紧 PT100，具体位置如图 5.4(b)所示。因为电机
尺寸较大，为了考察电机表面的温度均匀性，如图 5.4(c)所示，在电机上分布了
两个温度测试点，用聚酰亚胺胶带固定热电阻。所有测得的数据通过 Agilent
34970A 数据采集单元最终传至电脑显示并保存。

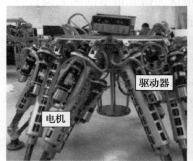

　　(a) 电机与驱动器位置展示　　　　　(b) 驱动器测试点位置　　　　　(c) 电机测试点位置

图 5.4　六足机器人测试点布置图

　　　六足机器人无负载情况行走 90min 内电机和驱动器发热情况的温度-时间曲
线如图 5.5 所示。由图看出，在机器人行走时，驱动器的发热面温度要明显高于
电机温度；90min 时，驱动器温度达 44.1℃，同一电机上两个测试点温度分别为
35.2℃和 33.1℃；驱动器在 18min 达到 40℃后温度基本保持稳定，而电机的温度
经过前 8min 的驱动器调试时间后持续上升，两个测试点的温差在 90min 达最大，
为 2.1℃。这里需要说明的是，由于安装壳体造成的热阻存在，试验所得的驱动器
和电机表面温度要低于两者内部的发热器件实际温度。由结果可知，驱动器和电
机的发热情况有所不同，驱动器可以迅速达到或接近平衡温度，而电机温度是持
续增长，但 90min 内驱动器的温度要明显高于电机外壳温度，90min 时温差为 10℃
左右，驱动器的发热情况相比之下要更加严重些，温升为 21.6℃。

　　　通过机器人无负载试验发现，驱动器的发热情况较明显。针对驱动器的温度
特性，试验又考察了六足机器人带负载情况行走时驱动器的温升情况。图 5.6(a)
显示了机器人负载时的照片，图 5.6(b)是机器人添加不同负载后，驱动器的温度-
时间曲线。试验分别考察了 266kg 和 456kg 负载下的驱动器发热情况，六足机器
人首先承重 266kg 行走了 95min，在 48min 时有个短暂的停歇，发现驱动器在前

25min 温度迅速上升到 45.1℃，然后上升速度明显减慢。当机器人停止走动后，7min 内温度从 48.6℃降至 42.4℃。55min 后重新启动，发现驱动器温度重新迅速上升。在 80min 时，温度达到 51.5℃。95min 后添加负载到 456kg，原本已经稳定的温度趋势再次开始上升，持续运行 20min 后考虑驱动器的安全而停止试验，这时驱动器温度为 55.4℃。综上所述，负载越大，驱动器发热量越大。该试验是在常温 25℃开放环境下实施的，对于核事故环境，如果面对更高的室温以及为了防护外界干扰的密闭环境，可以预料到的是，驱动器的散热能力会更差。因此，作为机器人运动系统的核心部件，十分有必要以驱动器为研究对象展开热防护策略的研究。

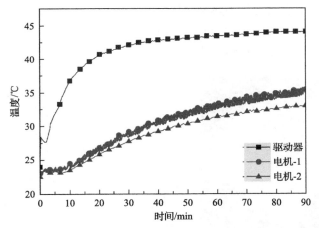

图 5.5　无负载六足机器人电机和驱动器的温度-时间曲线

(a) 试验照片

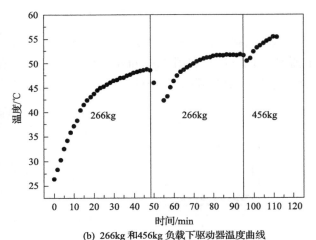

(b) 266kg 和456kg 负载下驱动器温度曲线

图 5.6　机器人负载试验

5.2.1　单驱动器热防护系统

　　为了模拟驱动器表面发热情况，设计了单个驱动器的模拟发热装置(图 5.7)。从图 5.7(a)中看出，模拟发热装置的外部尺寸为 110mm×110mm×40.5mm，主要由铜块、聚酰亚胺加热薄膜和高密度硅酸铝棉绝热材料组成，外部用铝合金外壳包裹。铜的导热系数高，因此选择铜块作为均热块。当铜块下表面受到加热时，整体温度会迅速上升，并保持较低的温差范围，这使得上表面形成均匀的温度场，可以模拟驱动器发热表面。铜块侧面开有直径为 4mm，深度 30mm 孔洞，用来插入相同尺寸圆柱形 PT100 热电阻，从而获得表面温度数据。为了减少加热片的热量损失，铜块其他表面均与绝热材料接触。铜块尺寸为 50mm×50mm×10mm，聚酰亚胺加热薄膜表面尺寸为 40mm×40mm，厚度 0.2mm。绝热材料上的开槽是为了方便加热片与温度传感器导线的导出。

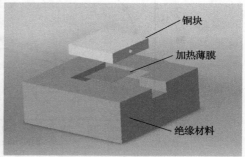

(a) 装置外形与尺寸(单位：mm)　　　　　　　(b) 装置解剖图

图 5.7　模拟驱动器发热装置

　　试验直接对模拟驱动器发热面进行热防护考察。图 5.8 是单个驱动器热防护试验流程图。试验利用 Agilent 6613C(安捷伦科技有限公司，中国)提供直流电源给聚酰亚胺加热薄膜，PT100 测得的温度数据最终传递到电脑后显示并保存。

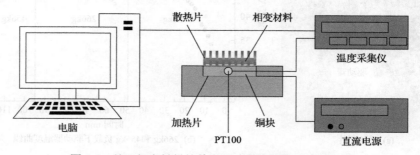

图 5.8　基于相变材料的单个驱动器热防护试验流程图

5.2.2　双驱动器热防护系统

　　双驱动器热防护试验采用陶瓷加热片模拟驱动器发热表面，加热片表面尺寸为 40mm×40mm，电阻均为 23Ω。为了节省安装空间，将两个加热片通过导热硅脂与胶带的双重作用背对背安装在基于相变材料的矩形散热器中，然后将矩形散热器通过插槽的形式插入支撑架内，如图 5.9(b) 所示。矩形散热器和支撑架均由铝合金制成。导热硅脂用来减小加热片和散热器之间的接触热阻。试验系统示意图如图 5.9(a) 所示，将加热片及热防护系统放置在双层绝热盒子中，图中标记出了试验需要测量的温度测试点位置。值得注意的是，试验表明上方加热片的温度要略高于下方加热片温度(理由将在模拟和试验部分解释)，记录上方加热片的温度数据更有意义，如果没有特别说明，模拟加热片的温度数据均采用上表面加热

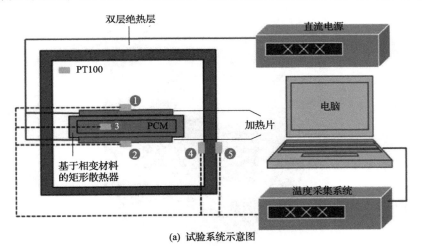

(a) 试验系统示意图

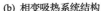

(b) 相变吸热系统结构

(c) 高温试验中支撑架图片

图 5.9　双驱动器热防护试验

①散热器上表面加热片温度；②散热器下表面加热片温度；③基于相变材料的散热器中间位置温度；
④绝热层内表面温度；⑤环境温度

片的温度。图 5.9(c)显示的是用于高温试验的支撑架,其内部为空心结构,用于填装相变材料,从而具有更高的储能能力。

　　考虑到核电救灾机器人面临如高温、高湿以及粉尘等复杂环境,将电子器件安装在封闭系统能够有效地防止蒸汽和粉尘与器件的接触,在一定程度上隔绝了外部高温环境。但与此同时,密闭空间会使得内部器件产生的热量累积而反过来影响自身,有效的吸热储能设计可以解决此问题。试验设计了内部尺寸为 150mm×150mm×100mm 大小的封闭空间。隔热外壁采用双层绝热结构,内层用电木绝热材料,一方面起到隔热作用,另一方面起支撑结构的作用。在电木层外部再包裹一层二氧化硅气凝胶层加强隔热。为了消减外部热辐射和防止气凝胶掉渣现象,在隔热层的最外层包裹了铝箔胶带,盒子侧面开有导线孔,隔热盒外形如图 5.10 所示。

图 5.10　隔热盒外形

5.2.3　多驱动器热防护系统

　　电子器件工作时产生的热量和较高的环境温度都会引起电子元器件的工作参数发生变化,这就会产生热扰动。抑制由温度产生的热扰动的方法一般有热隔离或热屏蔽、元器件的降额使用以及有效的通风与散热。关于核电救灾机器人电子器件的热防护,一个六足机器人身上不算为了完成任务而安装的其他电子器件,单就完成机构运动的电机驱动器就有 18 台,这对热防护系统的集成性提出巨大挑战。为了能够节省空间以及工作的便捷性,热控制系统的模块化和集成化是十分必要的。多驱动器的热防护方案可以有效地为其他类型机器人电子器件的热防护提出通用性参考。

先以六驱动器为例，热防护系统设计主要是采取隔热和吸热双重防护的思路。隔热层一方面可以隔绝潮湿空气与粉尘，另一方面可以减小高温环境对电子器件的冲击。相变材料热防护系统采用插槽方式连接里外双层结构，方便取用和更换材料。系统包含双层隔热层和相变材料存储盒两部分。双层隔热层由内层的酚醛塑料板（10mm）和外层的二氧化硅气凝胶毡（6mm）组成，内部隔热层起支撑和隔热作用，外部隔热毡起增强绝热的作用。相变材料存储盒外形与组成如图 5.11 所示，其主要由铝合金制作而成，用来填充相变材料和安装电子器件。

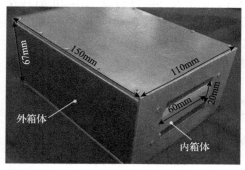

(a) 外形

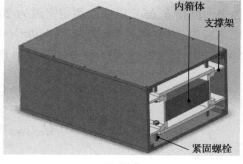

(b) 组成

图 5.11　相变材料存储盒外形与组成

该存储盒主要由外箱体和内箱体构成，外箱体的外层通过螺丝钉连接，外部上面板开有相变材料灌入口，前后两面均使用同形状的铝合金盖板，通过高温胶与本体固定，侧面和上下两面采用机械密封与绝缘橡胶密封防止相变材料熔化后的泄漏，相变材料外箱体的内层分别采用翅片形式和长螺栓支撑形式形成外箱体内相变材料的储存空间，翅片和长螺栓的引入既可以形成需要的空间，也可以强化相变材料内部的传热效果，此外，长螺栓还起到机械螺纹连接作用。相变材料内箱体是薄壁矩形空壳，通过插槽的方式与相变材料外箱体连接，连接处使用导热硅脂减小空气层的热阻，上下外表面直接与电子器件发热表面贴合，采用导热硅脂固定器件并减小器件和表面的接触热阻。

该系统的工作原理是利用相变材料储能和双层隔热防护板双重作用实施对处于高温、高湿、粉尘和射线辐射恶劣环境下电子器件的热防护，多个电子器件并排安装在相变材料内箱体的上下表面，器件工作时产生的热量通过内箱体表面的铝合金迅速传导给内部的相变材料以及外箱体内表面，起初的大部分热量以相变潜热的形式储存于内盒的相变材料中，同时还有部分热量存储在外箱体的相变材料中，这使得器件温度保持在相变温度范围内。当整个箱体处于高温环境下时，双层隔热外壳可以一定程度抵挡外界热量的进入，但是随着时间推移，难免会有热量进入。此时，热量会直接与相变材料外箱体的外表面直接接触，通过铝合金外壳传递给相变材料，从而转变为相变潜热的形式，因此外箱体的作用是弥补相变材料内箱体储热能力和阻止并吸收外界环境穿过隔热层的热量，达到控制密闭空间内器件发热表面温度的目的。

相变材料存储盒的尺寸是根据所需要的相变材料质量设计得来的。在相变材料质量的设计计算中做出如下假设：相变材料内部和铝合金材料温度在温度较高时分布基本均匀；空气质量可忽略不计；外界环境对隔热层内部的影响可以忽略。

计算中单个发热器件的发热功率为 2.8W，6 个发热器件持续工作 2h 后其发热表面维持在 65℃以内。假定室温为 20℃时，选用的相变材料的潜热为 200J/g，比热容为 2J/(g·K)，密度为 780kg/m³；铝合金的比热容为 0.896J/(g·K)，质量为 500g。由式(5.3)～式(5.6)可计算得到 PCM 的质量：

$$P \times t \times 6 = Q_{\text{PCM-潜热}} + Q_{\text{PCM-显热}} + Q_{\text{Al-显热}} + Q_{\text{air-显热}} \tag{5.3}$$

$$Q_{\text{PCM-潜热}} = m_{\text{PCM}} \times \Delta L \tag{5.4}$$

$$Q_{\text{PCM-显热}} = c_{p\text{-PCM}} m_{\text{PCM}} \times \Delta T \tag{5.5}$$

$$Q_{\text{Al-显热}} = c_{p\text{-Al}} m_{\text{Al}} \times \Delta T \tag{5.6}$$

式中，P 为单个器件发热功率；t 为工作时间；$Q_{\text{PCM-潜热}}$ 为系统通过相变材料潜热吸收的热量；$Q_{\text{PCM-显热}}$ 为系统通过相变材料的显热吸收的热量；$Q_{\text{Al-显热}}$ 为系统通过铝合金材料吸收的显热；m_{PCM} 为相变材料的质量；m_{Al} 为铝合金的质量；ΔL 为相变材料的潜热；ΔT 为材料的温度变化值；$c_{p\text{-PCM}}$ 为相变材料的比热容；$c_{p\text{-Al}}$ 为铝合金材料的比热容。

由于空气质量可以忽略不计，在此忽略空气显热在热防护中的作用，即 $Q_{\text{air-显热}} = 0$。通过计算得到相变材料的质量 $m_{\text{PCM}} = 347.6\text{g}$，所需体积 $V_{\text{PCM}} = 445.6\text{cm}^3$，最终根据相变材料的体积确定箱体的设计尺寸。

六驱动器热防护实验中选择陶瓷加热片作为模拟驱动器发热器件，其单个的尺寸大小为 40mm×40mm×2mm。加热片通过导热硅脂被对称粘贴在相变材料内部箱体的上下表面，并通过导热胶带再次固定。实验中采用 6 个热电阻温度传感器(PT100)分别检测 6 个发热表面的实时温度。热防护系统的试验流程如图 5.12 所示。高温实验环境由基于油浴加热的自制恒温箱体提供，可以模拟从室温到 200℃的环境温度。加热功率采用 APS3005D 直流电源输入，温度采集单元为安捷伦的 34970A 数据采集仪。

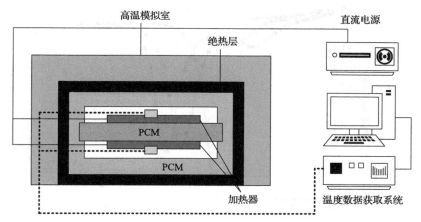

图 5.12　系统试验流程图

5.3　相变储能材料性能测试

5.3.1　相变温度与潜热

相变温度是物质从一种状态转化为另一种状态的温度，物质在此温度时会发生聚集态的变化，这种变化是一种物理变化而非化学变化。当固-液相变材料温度升高到相变温度时，会发生熔化，这是结晶粒子从有序排列变为无序排列并呈现出流动特性的过程，是由于粒子的热运动克服了晶体内部的分子间作用力而产生的。影响物质相变温度的粒子间主要作用力为范德瓦耳斯作用力。相变潜热是指单位质量的物质在等温等压情况下，从一个相变化到另一个相吸收或放出的热量，它的大小代表物质的吸热或放热能力的强弱。

相变材料储能系统中，相变材料的选择至关重要。相变材料的吸热能力很大程度上决定了相变系统的热控能力。而相变材料的相变温度决定了储能系统发挥作用的温度范围。为了考察不同相变温度对相变材料热防护系统温控效果的影响，实验选用了三种石蜡类的商业相变材料，代号分别为 44#、55#和 60#。三种相变材料的熔化温度和吸热能力可以用 DSC 测试得到，Diamond DS 型号 DSC 的测试结果如图 5.13 所示，其中测试条件为空气氛围，测试范围为室温到 100℃，扫描速率 10℃/min。通过结果可知，商业相变材料均有 200J/g 左右可观的相变潜热。60#和 55#均显示出了固-固和固-液两个相变峰，而由于材料的差异性，44#只有固-液相变峰。44#、55#和 60#的相变温度分别为 49.2℃、59.7℃和 63.8℃，从小到大依次排列，相对应的相变潜热为 221.1J/g、187.8J/g 和 181.3J/g。三种石蜡类相变材料的其他性能可以见表 5.1。

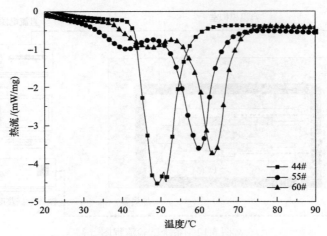

图 5.13　三种相变材料 DSC 曲线比较

表 5.1　实验用三种相变材料性能列表

材料	ρ/(kg/m³)	c_p/(J/(kg·K))	λ/(W/(m·K))	T_m/℃	焓值/(J/kg)
44#	780(s),760(l)	2000	0.2	51.3	221100
55#	880(s),770(l)	2000	0.2	59.7	187800
60#	900(s),780(l)	2400	0.2	63.8	181300

5.3.2　γ 射线辐射测试

为了考察石蜡类有机相变材料在核环境下的稳定性,以石蜡类相变材料为例,测试了材料 44#、55#和 60#在 γ 射线辐射 2h 后的物理性能变化情况。使用 ^{60}Co 放射源进行辐照后,测得样品接受的辐射剂量为 7.5×10^5rad,这个剂量对核电救灾机器人来说,属于较高的剂量承受范围。图 5.14(a)为 ^{60}Co 放射源试验台,图 5.14(b)~(d)分别为材料 44#、55#和 60#经辐照前后使用 PyrisDiamo 型号的 DSC 测试曲线结果对比,测试条件为空气氛围,测试范围为室温到 100℃,扫描速率为 10℃/min。从图 5.14(b)可知,44#经辐照前后的相变峰略微右移 0.57℃,分别为 49.62℃和 50.19℃,相变潜热分别为 241.94kJ/kg 和 242.72kJ/kg,基本保持不变。对于 55#,辐照前后的固-液相变峰值为 58.40℃和 60.53℃;潜热值为 164.27kJ/kg 和 160.24kJ/kg。发现相变温度有略微的红移,但是潜热值仍保持基本不变。60#经过辐照前后的相关参数为 60.78℃和 62.47℃以及 164.04kJ/kg 和 167.57kJ/kg。通过对比以 44#、55#和 60#为例的石蜡类相变材料在 γ 射线环境辐照后的相变温度和潜热变化情况,发现辐照后相变温度均有 0.5~2℃的红移,但是相变起始温度和相变潜热会保持基本不变,后两个数值直接影响着相变材料的实际应用表现,因此可以认为在 γ 射线下辐照 2h,总剂量 7.5×10^5rad 的条件下,对石蜡的储热应用基本没有影响。

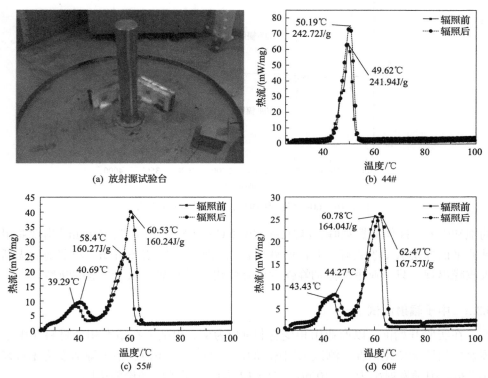

(a) 放射源试验台　　　　　　　　　　(b) 44#

(c) 55#　　　　　　　　　　(d) 60#

图 5.14　^{60}Co 放射源试验台和 44#、55#、60#材料经辐照前后的 DSC 曲线对比

图 5.15 和图 5.16 是相变材料 44#和 60#在 ^{60}Co 放射源辐射场下放置 2h 后与未辐照过的样品的傅里叶红外光谱对比图。从图中可以看出，$2848\sim2957\mathrm{cm}^{-1}$ 内

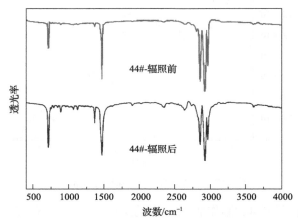

图 5.15　44#经过辐照前后的傅里叶红外光谱图

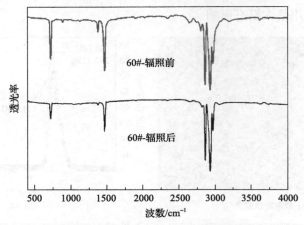

图 5.16　60#经过辐照前后的傅里叶红外光谱图

的饱和碳 C—H 伸缩振动峰，$1471cm^{-1}$ 出现 C—H 弯曲振动峰，$716cm^{-1}$ 出现亚甲基非平面摇摆振动吸收峰。对比两种材料在辐照前后的谱图可知，辐照前后无新吸收峰出现，只是亚甲基振动峰强度略有变化，说明基本无化学键的断裂。

5.3.3　中子辐射测试

在实验开始前，以商业用相变材料 44# 为例，测试了石蜡类相变材料在中子辐射后的性能变化情况。测试采用镅-铍中子源（^{241}Am-Be），中子源活度为 1.11×10^{10}Bq，中子发射率为 7×10^{5}n/s。图 5.17 为该中子源的理论能谱图。

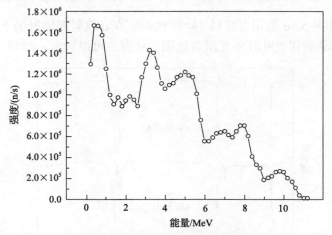

图 5.17　^{241}Am-Be 中子源理论能谱图

实际测试中将材料 44# 制作成 1cm 厚的矩形结构，测试原理如图 5.18 所示，中子源发射的中子穿过样品材料后，被采集器所收集并统计，信号依次通过计数管、前置放大器、主放大器、单道脉冲幅度分析器以及定标器最终显示结果。300s 的中子辐射测试表明，该商用石蜡类相变材料的中子透射率为 71.22%，中子辐射前后的相变材料的 DSC 曲线如图 5.19 所示，测试条件为空气氛围，测试范围为室温到 100℃，扫描速率 10℃/min。同等测试条件下的结果表明，相变材料在辐照前的相变峰位置为 49.01℃，熔化潜热为 241.3J/g；辐照后的曲线整体面积略有提高，材料的熔化潜热为 247.6J/g，提高了 2.6%，这个增长值相对测试样品大的相变潜热值可以忽略不计，相变峰值位置基本不变，为 49.08℃。因此可以认为短时间的中子辐射对石蜡类相变材料的储能特性没有明显的影响。

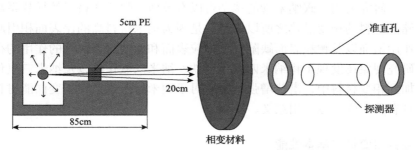

图 5.18　中子透射率测试实验原理图

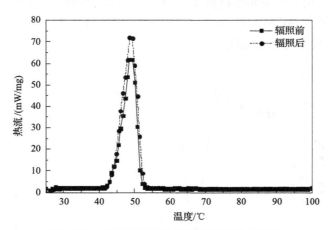

图 5.19　中子辐射前后 44#的 DSC 曲线对比

5.4　相变材料改性

石蜡类相变材料因在吸热和放热过程中具有温度较稳定、固态时成型性较好，一般不容易出现相分离和过冷现象，材料的腐蚀性较小、毒性小以及价格低廉等优点而受到关注。但在实际应用中，大多数有机相变材料本身导热系数低，导致采用相变材料进行储能的系统在吸/放热的过程中换热效率低，不能够快速地储存和释放热量。因此，通常会采取将金属结构放入相变材料中，将相变材料注入高导热系数的多孔径材料（如泡沫金属铜等），或在相变材料中分散高导热系数的微米或纳米颗粒等方法来强化相变材料的传热性能。

　　纳米颗粒的掺杂不同于毫米/微米级结构的颗粒，纳米颗粒尺度较小，在液体介质中的布朗运动能抵御重力引起的聚沉，从而可以长时间稳定。此外，纳米粒子较大的比表面积可以增大与基体间的有效接触，显著提高基体的导热系数。碳纳米管有导热系数高、比表面积大以及质量轻等物化优点，成为纳米材料研究的热点之一。研究表明，碳纳米管的掺杂可以有效地增强相变材料的导热系数，复合相变储能材料的相变潜热之所以增强，是因为纳米材料高的比表面积引起分子间相互作用增强以及颗粒表面缺陷导致颗粒表面和相变材料额外的作用的存在，同样的研究现象还发现于将纳米四氧化三铁、纳米二氧化硅以及纳米三氧化二铁颗粒添加到相变材料中，潜热增强的研究对于纳米粒子掺杂在相变储能材料中的热物性具有重要的实际应用意义。

5.4.1　复合相变材料基本性能

　　试验采用商用石蜡类相变材料 44#，使用 Dianond DS 差示扫描量热仪测得其 DSC 曲线（如图 5.20 所示），由图看出其熔化温度峰值为 48.9℃，相变潜热为 247.1J/g，具有较窄的相变温度区间。

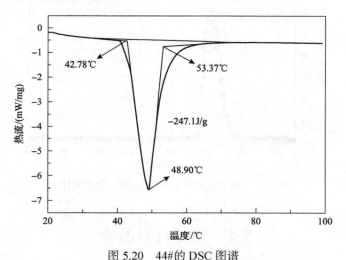

图 5.20　44#的 DSC 图谱

　　试验采用的碳纳米管为多壁碳纳米管（multi-walled carbon nanotubes, MWCNTs），其微观形貌通过 SEM 获得，如图 5.21 所示。图中可见 MWCNTs 的平均直径在 25nm 左右，长度为 500nm～30μm。

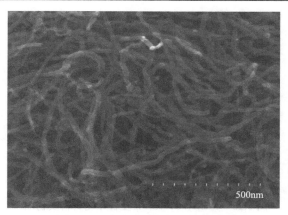

图 5.21　多壁碳纳米管的 SEM 图

　　分散剂的作用是通过一定的电荷排斥原理或高分子位阻效应让纳米颗粒能够更好地悬浮在相变材料之间，实验选用油酸(CP)作为 MWCNTs 在 44#中的分散剂。图 5.22 是油酸分子的结构式。油酸分子链较长，包覆纳米粒子的吸附层较厚，导致排斥力较大，在一定程度上可以抵消范德瓦耳斯力的相互作用，并且油酸尾端带有羧基，具有较强的亲水亲油性，其在石蜡基 44#相变材料中可以充分地伸展形成较大的空间位阻，从而使纳米粒子在 44#中的分散稳定性得到增强。

图 5.22　分散剂油酸的分子结构式

5.4.2　复合相变材料制备

　　试验采用物理和化学方法相结合的两步法制备了 MWCNTs 复合的 44#相变材料，首先把填装有固态相变材料的烧杯置于恒温水槽中熔化处理，待相变材料全部熔化后，再将纳米粒子直接添加到液态相变材料中，搅拌均匀；随后添加分散剂，利用超声振荡仪对混合物进行振荡处理，制备出纳米粒子质量分数为 0.1%、0.2%、0.5%、1%、2%、5%的 MWCNTs/44#悬浮液，最后在室温条件下静置冷却，形成固体样品。试验中采用的超声振荡仪为上海宁商超声仪器有限公司生产的 SY-200，恒温环境由宁波新芝生物科技股份有限公司的 SC-20 数控恒温水浴槽提供。

　　以质量分数为 1%的 MWCNTs/44#复合相变材料为例，通过前期试验考察，确定分散剂为油酸，分散剂与 MWCNTs 的质量比为 1∶1，超声振荡时间为 30min。制备好的 1%的 MWCNTs/石蜡基复合相变材料样品如图 5.23 所示，从图中可以看出合成的复合相变材料颜色均匀，具有良好的分散性。

图 5.23　　1%MWCNTs/44#复合相变材料实物图

5.4.3　稳定性研究

分散稳定性差的悬浮液大多呈团粒式的絮凝，会迅速沉降，而且沉降物与上部清液将形成清晰的界面，会很快达到沉降平衡；而分散稳定性好的悬浮液沉降速度比较慢，分散体系中的颗粒由上而下为逐渐增浓的弥散分布，无明显的沉积物。因此，沉降法可以真实地反映纳米粒子在液态介质中的分散稳定性，而且操作简便。以 1%的 MWCNTs/44#复合相变材料为样品，将制备好的液态复合相变材料倒入 50mL 烧杯中，并静置于 70℃恒温水浴中，在 30min、60min、90min 和 240min 时将烧杯提出水浴并拍摄照片，采取最直观的重力沉降法观测复合相变材料中 MWCNTs 的沉降情况。

图 5.24 显示 4h 内，在 4 个时间（30min、60min、90min、240min）内质量分数为 1%的 MWCNTs/44#复合相变材料的重力沉降观测图。发现 4h 内 MWCNTs 在相变材料 44#中的分散性能一直保持良好，底部基本无沉降物，且颜色均一，没有发生分层现象。这是由于相变体系是高度分散的体系，分散相的颗粒小、质量轻，强烈的布朗运动加上分散剂的作用阻止 MWCNTs 颗粒由重力的作用而引起的沉降。因此，MWCNTs/44#复合相变体系在动力学上是相对稳定的。

(a) 30min　　　　　　　　　　　　　(b) 60min

(c) 90min　　　　　　　　　　(d) 240min

图 5.24　不同时间(30min、60min、90min、240min)重力沉降观测图

掺杂纳米颗粒的复合相变材料经过反复熔化-凝固热循环过程之后，复合相变材料达到规定温度所需要的时间的变化代表了相变材料的循环稳定性，达到规定温度的时间变长，说明复合相变材料的有效导热系数降低，体现出纳米粒子有所沉降，也表明循环稳定性降低。如果多次热循环后温度-时间曲线仍能保持较好重合度，则证明合成的复合相变材料具有较好的循环稳定性。热循环试验过程为先将固态复合相变材料加入烧杯中，置于 65℃恒温水浴中，通过热电偶记录烧杯中心相变材料区域温度，通过几次循环后的温度-时间曲线评估样品的循环稳定性。

试验针对质量分数为 1%的 MWCNTs/44#复合相变材料，将 K 型针状热电偶插入装有相变材料的烧杯中心位置，考察加热循环过程中的温度-时间曲线，通过曲线得到热循环稳定性的结论。图 5.25 是质量分数为 1%的 MWCNTs/44#复合相变材料经历 4 次热循环的加热过程中温度-时间曲线对比。从图中可以看出，随着循环次数的增加，在相同时间内温度上升的速度有所减慢。达到 60℃的时间从长

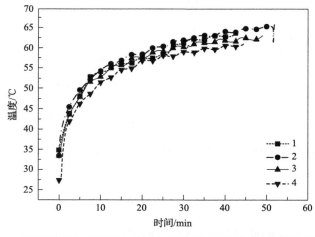

图 5.25　1%MWCNTs/44#复合相变材料 4 次热循环加热的温度-时间曲线

到短按照循环次数排序是 4＜3＜2＜1。由于是在相同条件下（65℃恒温水浴）加热，结果体现了复合相变材料随着循环次数的增加，导热系数略有降低，因此热量传到相变材料中心位置的时间也被延缓，温度上升速度被拖延，这些都是由于 MWCNTs 的沉降导致高导热性粒子分布不均。但总体来说 4 条温度曲线的重合度较高，合成的复合相变材料在多次热循环后，纳米粒子沉降使材料导热系数在一定程度上有所降低，4 次循环后 40min 时的温度值相差在 5℃以内，还是具有较好的循环稳定性。

5.4.4　质量分数对相变材料改性的影响

试验通过两步法合成了纳米粒子质量分数为 0.1%、0.2%、0.5%、1%、2%、5% 的 MWCNTs/44# 复合相变材料。不同质量分数 MWCNTs/44# 复合相变材料的 DSC 曲线如图 5.26 所示。从图中可知，质量分数为 0%、0.1%、0.2%、0.5%、1%、2%、5% 的复合相变材料的相变潜热值依次为 247.1J/g、257.7J/g、247.6J/g、246.4J/g、233.9J/g、230.3J/g、222.1J/g，当质量分数为 0.1% 时，相变潜热值最大，比纯 44# 相变材料的潜热值增加了 4.29%，然后随着质量分数的增加，潜热值开始逐渐减小，5% 时减小量最大，较 44# 相变材料潜热值减小了 10.12%。

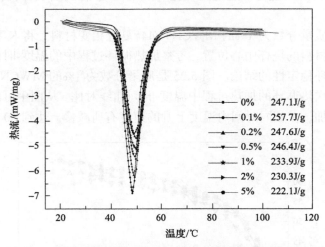

图 5.26　不同质量分数 MWCNTs/44# 复合相变材料的 DSC 曲线图

从质量分数的角度出发，MWCNTs/44# 复合相变材料的理论潜热值大小 ΔL 可以由式（5.7）得到：

$$\Delta L = (1 - m) \cdot \Delta L_0 \tag{5.7}$$

式中，m 为 MWCNTs 的质量分数；ΔL_0 为质量分数为 0% 的复合相变材料的潜热。

由式 (5.7) 可以计算得到质量分数为 0%、0.1%、0.2%、0.5%、1%、2%、5% 的复合相变材料的相变潜热理论值分别为 247.1J/g、246.85J/g、246.61J/g、245.86J/g、244.63J/g、242.16J/g、234.75J/g，与质量分数的函数可以构成一条线性曲线，即随着质量分数的增加，理论潜热按一定比例线性减小。图 5.27 为不同 MWCNTs 质量分数复合相变材料潜热值的 DSC 实际测试结果与理论计算结果对比图。从图中可以看出，除了实际测量的质量分数为 0.1% 复合材料潜热值有突增现象外，理论值和测试值在质量分数小于 0.5% 时，具有较好的重合度。当 MWCNTs 质量分数大于 5% 时，实测与理论相变潜热值相差越来越大。产生上述结果的主要原因一方面是相变潜热是单位质量的吸热量，纳米粒子的添加减小了相变材料的含量，而纳米粒子在相应的温度区间并不会发生相变，不会产生相变热，所以单位质量的吸热量必然减小；另一方面，当 44# 相变材料和 MWCNTs 纳米粒子复合后，在纳米粒子的周围有一部分液态或固态的 44# 包裹在表面，使该膜层内两者的分子排列发生相应变化，其表面自由能状态也因此改变，而表面自由能在体系能量中占的比例很大，从而影响了体系的热性质，在一定程度上会降低相变潜热。

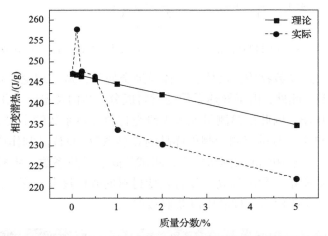

图 5.27　MWCNTs/44#复合相变材料的相变潜热值与质量分数关系图

为了证实 MWCNTs 质量分数为 0.1% 的相变材料的附近的潜热增强现象不是偶然，试验添加了质量分数为 0.05% 和 0.08% 的两个样品，通过两次测试 DSC 结果取平均值发现 0.05% 和 0.08% 的 MWCNTs/44# 复合相变材料的潜热值为 253.6J/g 和 250.7J/g，均高于纯 44# 相变材料 247.1J/g 的潜热值。纳米材料高的比表面积引起分子间相互作用增强以及颗粒表面缺陷导致颗粒表面和相变材料额外相互作用的存在是该现象存在的原因。

7 个不同 MWCNTs 质量分数的复合相变材料的相变峰值位置变化趋势随着

MWCNTs 质量分数的增加而略有增大，具体值的变化如图 5.28 所示，相变温度依次为 48.90℃、48.51℃、49.21℃、49.33℃、49.13℃、49.88℃、49.77℃，温度有逐渐增大的趋势。当质量分数大于 2%时，峰值偏移现象已经不明显。通过测试结果可以得到总体规律是，不同 MWCNTs 质量分数的复合相变材料的相变峰基本都在 49℃左右波动。

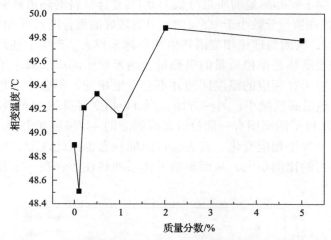

图 5.28　MWCNTs/44#复合相变材料的相变温度与 MWCNTs 质量分数关系图

　　迄今为止，除少数物质如液体、气体及纯金属外，从纯理论上很难预测各种材料的导热系数。此外，由于导热系数受材料成分、结构及温度变化的影响较大，理论模型难以胜任，因此试验测量就成为研究材料导热系数的主要方法。这里采用 Hot Disk 导热系数测试仪测量制得样品的导热系数。将样品制作成图 5.29 所示的直径 60mm、厚度 10mm 的圆饼状后，测试其固态导热系数。从图中可以看出，随着 MWCNTs 质量分数的提高，复合相变材料的颜色逐渐加深。液态导热系数的测试是将测试探头浸泡在样品中以获取数据。

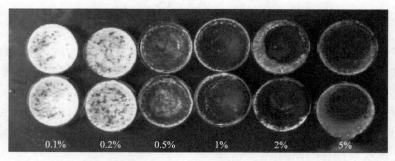

图 5.29　用于测试固体 MWCNTs/44#复合相变材料导热系数的样品图

　　不同 MWCNTs 质量分数的复合相变材料的固态导热系数是在室温下测得，结果如图 5.30 所示。从图中可知，未掺杂 MWCNTs 的相变材料导热系数最低，为 0.23W/(m·K)。随着 MWCNTs 质量的增加，导热系数也呈增长状态，当含量达到 2%时，导热系数达 0.372W/(m·K)，较纯相变材料增长了 61.7%，继续增加 MWCNTs 到 5%后，发现导热系数不再增长。这主要是由于相变材料与碳纳米管颗粒晶体结构的差异，使得复合材料内部产生缺陷散射与杂质散射，MWCNTs 掺杂得越多缺陷就越多。

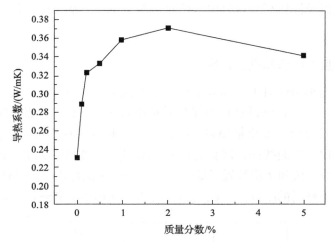

图 5.30　不同质量分数复合相变材料的固态导热系数变化曲线

　　在相变材料的应用中一般都需要其发生变温过程，因此考察不同温度下复合相变材料导热系数的变化规律具有重要意义。图 5.31 显示了掺杂质量分数为

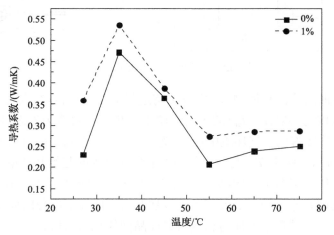

图 5.31　复合相变材料导热系数随温度变化曲线(0%和 1%)

0%和 1%的 MWCNTs 复合相变材料在不同温度(27℃、35℃、45℃、55℃、65℃、75℃)时导热系数的变化情况。从图中可以看出，掺杂 MWCNTs 与不掺杂 MWCNTs 导热系数随温度的变化趋势基本一致。同一温度下，掺杂了 1%MWCNTs 的复合相变材料比未掺杂 MWCNTs 的相变材料导热系数略高。相变材料的液态导热系数要低于固态时。当温度在 35℃和 45℃时相变材料出现导热系数增高的现象，最高值相对室温下导热系数分别增长了 104.8%和 49.0%。而这两个温度点恰是相变材料发生相变的范围，此时相变材料中固-液共存。除发生热传导外，固-液界面的移动以及液体相变材料内部的自然对流都会影响总体的传热，因此会出现突增的现象。

5.4.5　参比温度曲线法测量热物性

相变材料的热物性对于实际应用具有重要意义，热物性的测量方法也有很多种。差示扫描量热仪在测试过程中样品质量小(1～10mg)，不能反映测试材料的整体性能，而且分析仪器价格昂贵，操作复杂，相变过程不可见，张寅平等[9,10]提出了一种参比温度曲线法，试验装置示意图如图 5.32 所示，主要由试管、K 型热电偶、温度采集仪和水浴装置组成，该方法可以测试得出时间-温度曲线，同时测量计算出多组材料的凝固点、比热容、潜热、导热系数和热扩散系数。

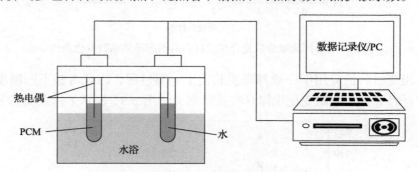

图 5.32　参比温度曲线法示意图[50]

参比温度曲线法的具体测试过程为：将适量的相变材料(熔点为 T_m)熔于试管中，并置于温度为 $T_0(T_0>T_m)$ 的水浴环境中，相变材料变为液态且温度达到 T_0 后，突然将试管暴露在空气环境中(室温为 T_∞)冷却，得到相变材料的典型降温曲线如图 5.33 所示。图中 T_{m1} 与 T_{m2} 分别表示相变过程的起始和结束温度，对应 t_1 和 t_2 时刻。T_b 代表室温 T_∞ 和相变结束后某一时间 t_3 的基准温度。A_1、A_2、A_3 分别代表降温曲线被 $t=t_1$、$t=t_2$、$t=t_3$ 三条直线切割后，曲线下部分的面积大小。

在相同大小的试管中添加与相变材料样品同体积的水后，进行相同的降温过程，得到水的降温曲线，如图 5.34 所示。图中 T_s 取 $(T_{m1}+T_{m2})/2$，A_1'、A_2' 分别代

表降温曲线被 $t=t_1$、$t=t_2$ 直线切割后，曲线下部分的面积大小。

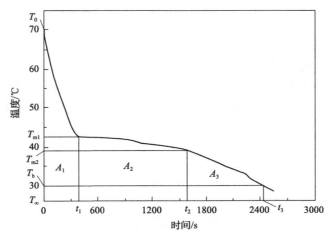

图 5.33　有机相变材料降温曲线

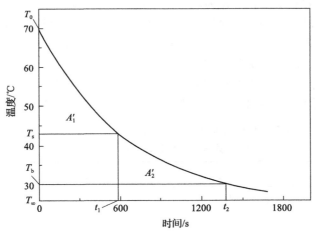

图 5.34　水的降温曲线

通过基本的理论计算可以得到相变材料固体比热（$c_{p,s}$）、液体比热（$c_{p,l}$）和熔化潜热（H_m），具体公式如式（5.8）～式（5.10）所示。

$$c_{p,s} = \left(\frac{m_w c_{p,w} + m_0 c_{p,0}}{m} \right) \times \left(\frac{A_3}{A_2'} \right) - \frac{m_0}{m} c_{p,0} \tag{5.8}$$

$$c_{p,l} = \left(\frac{m_w c_{p,w} + m_0 c_{p,0}}{m} \right) \times \left(\frac{A_1}{A_1'} \right) - \frac{m_0}{m} c_{p,0} \tag{5.9}$$

$$H_{\mathrm{m}} = \left(\frac{m_{\mathrm{w}} c_{p,\mathrm{w}} + m_0 c_{p,0}}{m} \right) \times \frac{A_2}{A_1'} \times \left(T_0 - T_{\mathrm{m,1}} \right) - \frac{m_0 c_{p,0} \left(T_{\mathrm{m1}} - T_{\mathrm{m2}} \right)}{m} \qquad (5.10)$$

式中，m_{w} 为水的质量；m 为相变材料的质量；m_0 为试管的质量；$c_{p,\mathrm{w}}$ 为水的比热容；$c_{p,0}$ 为试管的比热容。

从相变材料的冷却试验可以得到其固态导热系数，而熔化实验可以得到液态导热系数。假设熔化热和凝固热相同，通过计算得到固体 (k_{s}) 和液体 (k_{l}) 相变材料导热系数的计算如式 (5.11)、式 (5.12) 所示：

$$k_{\mathrm{s}} = \frac{\rho H_{\mathrm{m}} R^2}{4 t_{\mathrm{f}} \left(T_{\mathrm{m}} - T_{\infty} \right)} \qquad (5.11)$$

$$k_{\mathrm{l}} = \frac{\rho H_{\mathrm{m}} R^2}{4 t_{\mathrm{f}} \left(T_{\infty} - T_{\mathrm{m}} \right)} \qquad (5.12)$$

式中，ρ 为相变材料的密度；R 为试管的半径；t_{f} 为相变材料的凝固（熔化）时间。

设定水浴温度为 70℃，测得室温环境为 26℃，$c_{p,\mathrm{w}} = 4200\mathrm{J/(kg \cdot ℃)}$，试管比热容为 $c_{p,0} = 790\mathrm{J/(kg \cdot ℃)}$，相变温度为 $T_{\mathrm{m}} = (T_{\mathrm{m1}} + T_{\mathrm{m2}})/2$，试管的体积为 8mL，试管质量 $m_0 = 15\mathrm{g}$，去离子水的质量为 $m_{\mathrm{w}} = 8\mathrm{g}$，试管的半径 $R = 5\mathrm{mm}$。根据不同质量分数（0%、0.1%、0.2%、0.5%）的 MWCNTs 的复合相变材料降温曲线图，计算得到不同质量掺杂比例复合相变材料的相关热物理性能参数结果见表 5.2。

表 5.2　不同质量分数 MWCNTs（0%、0.1%、0.2%、0.5%）的复合
相变材料相关热物性参数计算结果

质量分数/%	$c_{p,\mathrm{l}}/(\mathrm{J/(g \cdot ℃)})$	$H_{\mathrm{m}}/(\mathrm{J/g})$	$k_{\mathrm{l}}/(\mathrm{W/(m \cdot ℃)})$
0	2.884	222.09	0.2040
0.1	2.642	299.99	0.2555
0.2	2.081	242.35	0.3928
0.5	2.741	189.40	0.4387

从表 5.2 可以看出，试验得到导热系数与实际情况基本一致，随着碳纳米管添加量的增加，液体导热系数逐渐增加，熔化试验得到的实验潜热值计算结果在质量分数为 0.1% 和 0.2% 时出现增强现象。

表 5.3 列出了 44# 相变材料各热物理性能参数的试验计算结果与仪器测试结果对比情况。发现参比温度曲线法得到的结果在规律上与 DSC 和 Hot Disk 测得的结果规律一致，但是数值上还是略有差异。从参比温度曲线法的原理可以看出，其计算参数的选择具有一定的主观性，对于相变起始与结束过程不明显的曲线，

时间的选择完全由测试人员确定。此外，参比温度曲线法由于假设试管内液体的温度是均匀的，且忽略了液态相变材料对流传热的影响使得计算误差较大。但是由于其需要的测试仪器简单，依然适用于一些未知相变材料的定性分析，以确定导热系数、相变潜热和相变温度大概范围。

表 5.3　44#相变材料热物性参数计算结果与仪器测试结果对比

名称	$c_{p,1}/(\text{J}/(\text{g}\cdot{}^{\circ}\text{C}))$	$H_m/(\text{J/g})$	$k_1/(\text{W}/(\text{m}\cdot{}^{\circ}\text{C}))$
计算结果	2.9	222.1	0.204
测试结果	2.0	247.1	0.240

参 考 文 献

[1] 苏建, 丛玉凤, 黄玮, 等. 增强相变材料传热性能的研究进展[J]. 现代化工, 2020, 40(3): 40-43.

[2] 张向倩. 相变储能材料的研究进展与应用[J]. 现代化工, 2019, 39(4): 67-70.

[3] Mondal S. Phase change materials for smart textiles—An overview[J]. Applied Thermal Engineering, 28(11-12): 1536-1550.

[4] Pielichowska K, Pielichowski K. Phase change materials for thermal energy storage[J]. Progress in Materials Science, 2014, 65: 67-123.

[5] Alkan C, Sari A, Karaipekli A, et al. Preparation, characterization, and thermal properties of microencapsulated phase change material for thermal energy storage[J]. Solar Energy Materials and Solar Cells, 2009, 93(1): 143-147.

[6] Konuklu Y, Unal M, Paksoy H O. Microencapsulation of caprylic acid with different wall materials as phase change material for thermal energy storage[J]. Solar Energy Materials and Solar Cells, 2014, 120: 536-542.

[7] Sari A. Composites of polyethylene glycol(PEG600)with gypsum and natural clay as new kinds of building PCMs for low temperature-thermal energy storage[J]. Energy and Buildings, 2014, 69: 184-192.

[8] Buddhi D, Sawhney R L, Sehgal P N. A simplification of the differential thermal analysis method to determine the latent heat of fusion of phase change materials[J]. Journal of Physics D: Applied Physics, 1987, 20: 1601-1605.

[9] 张寅平, 郑迎送, 葛新石. 多组相变材料多个热物性的同时测定性[J]. 科学通报, 1997, 42(14): 1559-1562.

[10] Zhang Y P, Jiang Y, Jiang Y. A simple method, the T-history method, of determining the heat offusion, specific heat and thermal conductivity of phase-change materials[J]. Measurement Science and Technology, 1999, 10: 201-205.

[11] Hong H, Kim S K, Kim Y S. Accuracy improvement of T-history method for measuring heat of fusion of various materials[J]. International Journal of Refrigeration, 2004, 27 (4): 360-366.

[12] Peck J H, Kim J J, Kang C, et al. A study of accurate latent heat measurement for a PCM with a low melting temperature using T-history method[J]. International Journal of Refrigeration, 2006, 29 (7): 1225-1232.

[13] Jegadheeswaran S, Pohekar S D. Performance enhancement in latent heat thermal storage system: A review[J]. Renewable and Sustainable Energy Reviews, 2009, 13 (9): 2225-2244.

[14] Hosseinizadeh S F, Tan F L, Moosania S M. Experimental and numerical studies on performance of PCM-based heat sink with different configurations of internal fins[J]. Applied Thermal Engineering, 2011, 31 (17-18): 3827-3838.

[15] Baby R, Balaji C. Thermal performance of a PCM heat sink under different heat loads: An experimental study[J]. International Journal of Thermal Sciences, 2014, 79: 240-249.

[16] Rathod M K, Banerjee J. Thermal performance enhancement of shell and tube latent heat storage unit using longitudinal fins[J]. Applied Thermal Engineering, 2015, 75: 1084-1092.

[17] Velraj R, Seeniraj R V, Hafner B, et al. Heat transfer enhancement in a latent heat storage system[J]. Solar Energy, 1999, 65 (3): 171-180.

[18] Ettouney H M, Alatiqi I, Al-Sahali M, et al. Heat transfer enhancement by metal screens and metal spheres in phase change energy storage systems[J]. Renewable Energy, 2004, 29 (6): 841-860.

[19] Ettouney H M, Alatiqi I, Al-Sahali M, et al. Heat transfer enhancement in energy storage in spherical capsules filled with paraffin wax and metal beads[J]. Energy Conversion and Management, 2006, 47 (6): 211-228.

[20] Cabeza L F, Mehling H, Hiebler S, et al. Heat transfer enhancement in water when used as PCM in thermal energy storage[J]. Applied Thermal Engineering, 2002, 22 (10): 1141-1151.

[21] Shaikh S, Lafdi K, Hallinan K. Carbon nanoadditives to enhance latent energy storage of phase change materials[J]. Journal of Applied Physics, 2008, 103 (9): 094302.

[22] Yavari F, Raeisi H, Pashayi K A, et al. Enhanced thermal conductivity in a nanostructured phase change composite due to low concentration graphene additives[J]. The Journal of Physical Chemistry, 2011, 115 (17): 8753-8758.

[23] Zeng Y, Fan L W, Xiao Y Q, et al. An experimental investigation of melting of nanoparticle-enhancedphase change materials (NePCMs) in a bottom-heated vertical cylindrical cavity[J]. International Journal of Heat and Mass Transfer, 2013, 66: 111-117.

[24] Zeng J L, Zhu F R, Yu S B, et al. Effects of copper nano wires on the properties of an organic phase change material[J]. Solar Energy Materials and Solar Cells, 2012, 105: 174-178.

[25] Ho C, Gao J. Preparation and thermophysical properties of nanoparticle-in-paraffin emulsion as phase change material[J]. International Communications in Heat and Mass Transfer, 2009, 36(5): 467-470.

[26] Sahan N, Paksoy H O. Thermal enhancement of paraffin as a phase change material with nanomagnetite[J]. Solar Energy Materials and Solar Cells, 2014, 126: 56-61.

[27] Cai Y, Ke H, Dong J, et al. Effects of nano-SiO$_2$ on morphology, thermal energy storage, thermal stability, and combustion properties of electrospun lauric acid/PET ultrafine composite fibers as form - stable phase change materials[J]. Applied Energy, 2011, 88(6): 2106-2112.

[28] Paksoy H, Sahan N. Thermally enhanced paraffin for solar applications[J]. Energy Procedia, 2012, 30: 350-352.

[29] Zhou D, Zhao C. Experimental investigations on heat transfer in phase change materials(PCMs) embedded in porous materials[J]. Applied Thermal Engineering, 2011, 31(5): 970-977.

[30] Chen J, Yang D, Jiang J, et al. Research progress of phase change materials (PCMs) embedded with metal foam(a review)[J]. Procedia Materials Science, 2014, 4: 389-394.

[31] Sari A, Karaipekli A. Thermal conductivity and latent heat thermal energy storage characteristics of paraffin/expanded graphite composite as phase change material[J]. Applied Thermal Engineering, 2007, 27(8-9): 1271-1277.

[32] Fugai J, Kanou M, Kodama Y, Miyatake O. Thermal conductivity enhancement of energy storage media using carbon fibers[J]. Energy Conversion and Management, 2000, 41(14): 1543-1556.

[33] Farid M M, Khudhair A M, Razack K S A, et al. A review on phase change energy storage: Materials and applications[J]. Energy Conversion and Management, 2004, 45(9-10): 1597-1615.

[34] Hawlader M N A, Uddin M S, Khin M M. Microencapsulated PCM thermal-energy storage system[J]. Applied Energy, 2003, 74(1-2): 195-202.

[35] Ozonur Y, Mazman M, Paksoy H O, et al. Microencapsulation of coco fatty acid mixture for thermal energy storage with phase change material[J]. International Journal of Energy Research, 2006, 30(10): 741-749.

[36] Lee S H, Yoon S J, Kim Y G, et al. Development of building materials by using micro-encapsulated phase change material[J]. Korean Journal of Chemical Engineering, 2007, 24: 332-335.

[37] Karkri M, Lachheb M, Nogellova Z, et al. Thermal properties of phase-change materials based on high-density polyethylene filled with micro-encapsulated paraffin wax for thermal energy storage[J]. Energy and Buildings, 2015, 88: 144-152.

[38] Kaygusuz K, Sari A. High density polyethylene/paraffin composites as form-stable phase change material for thermal energy storage[J]. Energy Sources, Part A: Recovery, Utilization, and Environmental Effects, 2007, 29(3): 261-270.

[39] Kenisarin M M, Kenisarina K M. Form-stable phase change materials for thermal energy storage[J]. Renewable and Sustainable Energy Reviews, 2012, 16(4): 1999-2040.

[40] Wang W, Yang X, Fang Y, et al. Preparation and performance of form-stable polyethylene glycol/silicon dioxide composites as solid-liquid phase change materials[J]. Applied Energy, 2009, 86(2): 170-174.

[41] Tang B, Qiu M, Zhang S. Thermal conductivity enhancement of PEG/SiO$_2$ composite PCM by in situ Cu doping[J]. Solar Energy Materials and Solar Cells, 2012, 105: 242-248.

[42] Zhang D, Zhou J, WuK, et al. Granular phase changing composites for thermal energy storage[J]. Solar Energy, 2005, 78(3): 471-480.

[43] Kurklu A, Ozmerzi A, Bilgin S. Thermal performance of a water-phase change material solar collector[J]. Renewable Energy, 2002, 26(3): 391-399.

[44] Zhang X. Smart Fibres, Fabrics and Clothing[M]. Cambridge: Woodhead Publishing Ltd and CRC Press, 2001.

[45] Tan F L, Fok S C. Numerical investigation of phase change material-based heat storage unit on cooling of mobile phone[J]. Heat Transfer Engineering, 2012, 33(6): 494-504.

[46] Kim K, Choi K, Kim Y. Feasibility study on a novel cooling technique using a phase change material in an automotive engine[J]. Energy, 2010, 35(1): 478-484.

[47] Ling Z, Zhang Z, Shi G, et al. Review on thermal management systems using phase change materials for electronic components, Li-ion batteries and photovoltaic modules[J]. Renewable and Sustainable Energy Reviews, 2014, 31: 427-438.

[48] Johnston J H, Grindrod J E, Dodds M, et al. Composite nano-structured calcium silicate phase change materials for thermal buffering in food packaging[J]. Current Applied Physics, 2008, 8(3-4): 508-511.

[49] 韩延龙. 基于相变材料的核救灾机器人电子器件热防护研究[D]. 上海: 华东理工大学博士学位论文, 2016.

第6章 核电救灾机器人的热防护管理

对于核电救灾机器人，除辐射环境的影响外，高温是电子器件面临的最大威胁。核燃料的反应伴随大量热量产生，核电站内冷却水回路至关重要。一旦发生核事故，连接反应容器与蒸发器的一回路冷却水和蒸发器与汽轮机组成的二回路冷却水都将有受到损坏的危险，有的事故发生恰恰是这两个回路发生故障引起的。这会使核岛及周围温度无法控制，引起环境温度升高，并对救灾机器人的电子器件耐温提出更高的要求。此外，核电站的爆炸也会形成高温环境，这种高温环境往往还伴随着高湿度的恶劣条件。

机器人的任务是从核电站事故外围进入现场区域开展作业的，因此会经历从室温环境到高温环境的过程，尤其在恶劣的现场环境中，机器人无法像在普通环境下一样长时间工作。一般救灾机器人是需要在规定时间内完成指定任务，研究人员的目标是一方面使机器人能尽量灵巧快速地完成任务，提高任务完成效率；另一方面，希望其能尽量延长保持正常工作状态的时间。因此，在电子器件热防护的研究中需要考虑常温与高温环境下的温度控制效果，以使器件在最佳工作温度范围内保持尽量长的工作时间，延长机器人的工作寿命。

6.1 热防护管理的基本要求

电子设备已经渗透到现代生活的方方面面，从婴儿的玩具到大功率计算机的应用。感知和控制系统中电子器件的可靠性是系统可靠性的关键。电子器件需要电流的导通来完成其工作，由于电流通过电阻会伴随发热现象，因而存在过热的潜在风险。为了满足各种应用的需求，电子系统越来越向小型化、集成化方向发展，导致单位体积的电子元器件的产热量急剧增加。如今，发热量的数量级已经可以与核反应堆和太阳表面的发热量相提并论，除非有优良的热设计与热控制，否则电子器件高的产热率带来的较高工作温度会对其自身安全与可靠性产生威胁。

自1959年起，集成电路技术的发展为电子器件小型化趋势提供了重要支持。从此，二极管、晶体管、电阻器和电容器都可以安装在一个芯片上，单个芯片上电子元器件的数量每年稳步增长，如图6.1所示[1]。电子器件持续小型化，在20世纪60年代达到单个芯片上拥有50～1000个元器件，可以称为中规模集成化

（medium-scale integration, MSI）；到 20 世纪 70 年代单个芯片上可以安装 1000～100000 个元器件，称为大规模集成化（large-scale integration, LSI）；20 世纪 80 年代已经达到超大规模集成化（very large-scale integration, VLSI），每个芯片上数量达到 100000～10000000 个。如今在一个 3cm×3cm 的芯片上拥有上百万个器件已经不足为奇，如此多数量级的器件增长，使得散热问题逐渐成为电子器件设计必须考虑的问题之一。

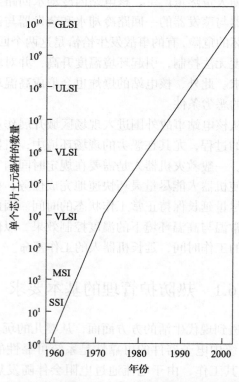

图 6.1　封装在单个芯片上元器件的数量随年份变化曲线图[2]

1965 年，Gordon Moore 预测了类似的趋势，即微处理器的晶体管数量每 18个月到 2 年时间翻一倍，这就是著名的摩尔定律。图 6.2（a）展示了 1965 年摩尔先生的手稿图，该图表明他所预测的集成电路组件的密度以每年翻倍的数量增长的轨迹；图 6.2（b）通过数据显示过去 40 年里微处理器中的晶体管密度呈指数增长[3]。从摩尔最初的预测发表时期晶体管数量小于 100，到如今的微处理器生产包括超过十亿个晶体管。IC Insights 公司的 2020 年版 *The McClean Report* 中指出，在过去的 50 年内 DRAM、闪存、微处理器和图形处理器如何跟踪摩尔预测的曲线[4]，如图 6.3 所示。

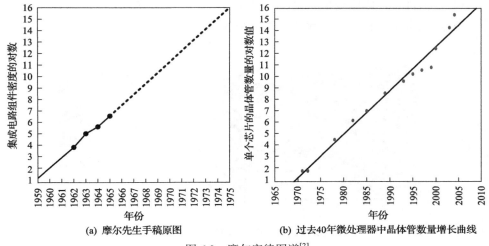

(a) 摩尔先生手稿原图　　　　　　　　(b) 过去40年微处理器中晶体管数量增长曲线

图 6.2　摩尔定律图谱[2]

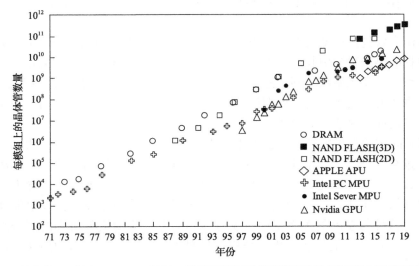

图 6.3　过去的 50 年内 DRAM、闪存、微处理器和图形处理器如何跟踪摩尔预测的曲线[3]

如果电子设备产生的热量不能及时有效扩散出去，会导致器件自身温度上升，当温度达到某个上限后，会出现如图 6.4 所示的器件烧毁或着火的情况[5]；即便不发生上述情况，高温也会导致设备失效。高温对电子器件的影响主要可以分为以下几类。

（1）加速氧化等化学反应，使表面防护层老化。

（2）增强水的穿透能力和水汽的破坏作用。

（3）使有些物质软化、熔化，从而产生损坏结构的机械应力。

(4)使器件发生膨胀变形，导致机械应力增大，结构破坏。

(5)加快电子迁移现象，导致电路短路或断路。

R19烧毁处

图 6.4　设备由于过热而烧毁的实例[5]

文献[6]将微电子设备与温度相关的失效分为机械失效、腐蚀失效和电气失效。

机械失效包括过度变形、屈服、裂隙、断裂或者两片材料结合处的分离，主要由材料的热胀冷缩引起。该失效方式容易发生在微电子器件的封装部分。由于结合材料的热膨胀系数不同，温度随时间变化和空间温度梯度会导致相关的机械行为。腐蚀失效是指材料与周围环境间的化学反应，对器件来说，容易发生金属与键合点腐蚀和封装中应力腐蚀。电气失效指影响器件性能的失效，这种失效方式可能是间歇的、可恢复的，也可能是持续的、永久的。常见的电气失效有热逸溃、电过载、离子污染和电子迁移。温度上升导致原子振动加速，并远离理想点阵位置，增加了被电子轰击的危险；另外，高强度电流增加了传导电子的数量，也就增加了轰击原子的概率。所以电子迁移故障通常在高强度电流和高温时发生。器件与温度的关系是通过温度应力对器件主要失效机理的影响来评定的，主要失效机理是封装形式、结构、材料以及加速环境应力和加速工作应力的函数[7]。

温度失效是大多数电子元器件最严重的危害，因为高温会导致元器件失效，尽管大部分温度失效没有突然失效那么快，需要经过逐渐的劣化过程。每个元器件失效前的平均时间是其所承受的应力水平、热经历与化学结构综合因素的统计函数。单个元器件的失效会导致整个设备失效，典型元器件失效率在相当大的程度上是随温度变化的。表 6.1 列出了几种典型器件失效率随温度变化情况[8]，从表中可以看出碳膜合成电阻器在 25℃和 100℃情况下失效率之比达到 22：1。文献[9]提到当环境温度高于 70～80℃时，每增加 2℃，其可靠性下降 10%。超过 55%的电子设备的失效形式是由温度过高引起的。将器件的失效率随温度的变化作成曲线，可以表示成图 6.5[4]。由图可以很明显地看出，电子器件的失效率随器件工作温度的增加呈指数增长趋势。如此看来，电子器件的散热越好，工作温度保持越低，就具有越高的工作稳定性和较好的工作状态。

表 6.1　几种典型器件失效率随温度变化情况表[8]

元器件种类	基本失效率/(失效数/10⁶h)		Δ T/℃	高低温失效率之比
	低温	高温		
PNP 硅晶体管	0.0096 (25℃)	0.063 (130℃)	105	7:1
NPN 硅晶体管	0.0064 (25℃)	0.033 (130℃)	105	5:1
玻璃电容器	0.001 (25℃)	0.047 (120℃)	95	47:1
变压器与线圈 M1L-T-27Q 级	0.0008 (25℃)	0.0267 (85℃)	60	33:1
碳膜合成电阻器	0.0003 (25℃)	0.0065 (100℃)	75	22:1

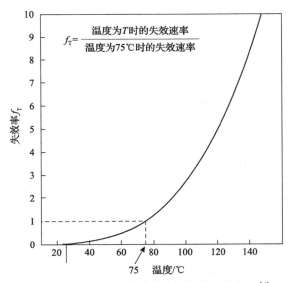

图 6.5　双极电子器件失效率随温度变化曲线[4]

　　过高温度对电子器件工作性能的影响不可忽视，因此电子厂商通常会规定器件工作的最高允许温度，如果高于此温度，器件就不能保证预期性能和寿命。例如，生产厂一般将硅半导体器件的最高结温规定为 200℃，但是，为了达到所要求的设备可靠性，必须将结温限制在 150℃，甚至 125℃。除系统可靠性要求外，为了给分析误差留余量，允许不均匀加热而不至于器件突然失效以及允许系统经受电瞬变过程，降低最高结温也是可取的措施。

6.2　热防护管理方式

6.2.1　常用冷却方式

1. 空气冷却

由于空气的稳定性好、取用便捷并且廉价，空气冷却技术被人们广泛使用。在能满足需要的前提下，空气冷却是首选的冷却措施，且由于空气冷却的便捷性，也常常与其他冷却方式并用来对电子器件进行热防护。

空气冷却一般分为自然对流冷却和强制对流冷却。自然对流冷却主要依赖流体密度变化，需要的驱动力不大，这使得气体的路径容易受阻而降低流体流量和冷却速率[10]。因此在不同形状的散热器表面的自然对流研究得到广泛关注。如今发光二极管[5,11-13](light-emitting diode, LED)广泛应用的背后是其大量芯片的过热问题研究。Park 等[14]依照 LED 散热外壳形状展开研究，在传统的 LED 灯外围加装套筒散热片，并讨论了不同尺寸、高度、材料、翅片形状对散热效果的影响，发现套筒散热片可以增加空气的流量，与传统 LED 封装比较，热性能提高 43%。根据强制对流冷却的特点，一般用于提高其对流换热的措施有：增大散热面积或者通过添加紊流器、静电作用等来提高对流传热系数[15,16]。Mohamed[17]考察了方形模块矩阵散热片在不同矩阵数量、高度参数、温度、气流速度下的传热效果，试验得出随着模块温度的升高以及模块与通道高度比的增加，传热系数均会增加，但空气流速的变化对传热效果影响更大。此外，还得出平均 Nusselt 数的试验表达式 $0.11Re^{0.77}Pr^{0.32}$ 与 $0.84Re^{0.58}Pr^{0.25}\alpha^{0.47}$（$\alpha$ 为模块与通道高度比）与试验结果误差分别为 ±15% 和 ±18%，均比其他文献报道的结果相关性好。Kim 等[18]在一定风速下测定了金属泡沫铝散热片（图 6.6(a)）的传热性能，并用 Nusselt 数与热阻评估热特性。试验发现，由于散热片中空气流动相对强烈，低孔隙密度的泡沫铝可显著降低散热片热阻。相同尺寸条件下，泡沫铝散热片比传统平板散热片性能提高 28% 以上，而质量却为后者的 25%。Al-Damook 等[19]研究了针状翅片上穿孔后的传热和压力降性能变化规律，散热片原型如图 6.6(b)所示。通过考察单个针状翅片上穿孔数量和位置得到 Nusselt 数随穿孔数量增加单调递增的规律。当每个针上有 5 个穿孔时，Nusselt 数比不穿孔时增大 11%，这不仅由表面积的增加所导致，还由于在穿孔附近可以形成局部的空气射流，增大了对流换热系数。西安交通大学的李斌等[20]运用翅片开缝等设计思想，对电子器件空气冷却平板散热器中的翅片进行改进，发现翅片开缝、分段和在保持金属总体积分数不变的情况下，减小翅片中心线的间距可以提高散热片的散热性能。强迫对流冷却研究除上述所说的对散热片的工作外，还有对风扇尺寸[21]和叶片结构[22]方面的研究。综上所述，国内外关于强迫空气冷却的研究多集中于散热片结构和增强对流换热方面。

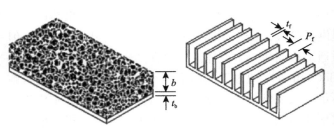

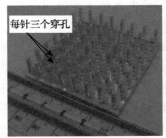

每针三个穿孔

(a) 泡沫金属铝散热片与传统平板散热片　　　　(b) 穿孔的针状翅片散热片

图 6.6　不同结构散热片[18,19]

空气冷却方法中的射流冲击冷却被认为是传统冷却方式的一次革命性改进[23]，该冷却方法能够大幅度提高空气对流换热系数，在局部产生极高的对流换热效果，这也是前面提到的穿孔针状散热片传热性能提高的原因之一。

2. 液体冷却

强迫风冷提高传热的方法主要是提高风扇转速、优化叶片以及散热片的结构，但这些都不能无限地增大散热效率[24]，而且增加风扇的功率会提高噪声。统计发现，空气流速每提高 50%，噪声会增加 10dB。液体冷却[25]可以达到强迫风冷达不到的传热效果，冷却方式一般分为直接冷却和间接冷却，直接液体冷却包括浸渍式[26]、喷射式[27]和喷雾式[28]等方法，但存在的热滞后引起的热激波现象以及系统维护的不方便等间接液体冷却所没有的问题，因此间接液体冷却的研究和应用范围[29-31]相对更加广泛。

在众多液体冷却中，微通道冷却和喷射冷却得到较多的研究关注。微通道冷却装置的槽道尺寸一般为几十到几百微米，它的结构特点使之拥有高的换热系数和小的体积，利于批量生产降低成本。当流体经过通道时会大大增加换热面积，迅速发展成为核态沸腾的不稳定状态[32]；同时微通道内流体分子滑移现象的存在减少了冷板上的流体阻力，大幅度提高了散热能力。Tuckerman 等[33]于 1981 年提出的微通道热沉的设计理念开创了电子器件散热领域的新时代。为了改进和优化微槽道冷却性能，Hasan[34]针对微针状翅片散热器，分别考察了两种纳米流（纳米金刚石-水和纳米 Al_2O_3-水）和三种不同断面的针状翅片结合的传热性能。试验结果表明，纳米 Al_2O_3-水纳米流体的传热效果比纳米金刚石-水纳米流体传热效果好。对比三种不同的截面形状的针状翅片散热器（图 6.7(a)）后，发现圆柱形针状散热效果最好；同时还发现翅片错列排布比正列排布能得到更好的散热结果。Hetsroni 等[35]利用平行三角形微槽道作为换热界面解决了通道冷却系统中沿微通道温升较大的问题；此外，选用沸点较低的液体工质与水进行对比，发现选用沸点较低的液体工质可以降低槽道表面温差达 15℃。Naphon 等[36]以去离子水为工质，研究了铜和铝两种材料、三种不同通道宽度的六个矩形翅片散热器的散热性能，试验结果为水冷系统设计提供了参考，虽然热电冷却对 CPU 有明显降温作用，但是其能耗较大。为了避免微通道截面积小，液体流经会伴随较大温升而引起的热应力过高现象，Vafai 等[37]和 Chen 等[38]通过双层槽道和不规则树形微通道网措施优化弥补了单层微槽道的不足。从文献综述可以看出，对微槽道的研究主要为了解决优化系统尺寸、换热效率和能耗温度，而这些主要集中在工质选择、槽道结构以及泵结构等方面。

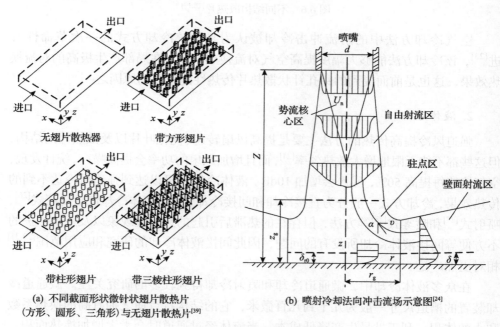

(a) 不同截面形状微针状翅片散热片
（方形、圆形、三角形）与无翅片散热片[39]

(b) 喷射冷却法向冲击流场示意图[24]

图 6.7　液体冷却研究方向

　　20 世纪末，日本富士通首先在其计算机产品上采用单束圆形水射流冷却方式，并取得良好效果[24]。至此之后，这种技术逐渐成为电子设备冷却研究的热门。理论上，射流技术优于传统的液体冷却技术，但是由于喷射冷却机理较为复杂，液体的喷射性能难以预测，大部分研究只给出了影响喷射冷却性能的参数，通过试验研究了解喷射冷却的特性。液体射流冷却的主要优点是，拥有高热流通量散热量以及较低的且相对均匀的表面温度，单喷嘴即可对较大区域提供冷却，其研究主要集中在喷射速度、喷嘴形状和位置、冷却剂选择以及微结构表面状态等方面[28,40,41]。Martin[27]综合前人成果把射流冷却的流场划分为三个区域：自由射流区、驻点区和壁面射流区，如图 6.7(b)所示。Visaria 等[28]设计了一套用于优化喷射冷却系统的装置,考察了水、FC-72、FC-77、FC-87 和 PF-5052 五种工作介质的冷却情况，并且通过改变喷嘴类型、喷射方向和流速等参数得到一系列数据，提出了评估射流冷却影响的理论框架，为后期研究提供可靠的理论基础。

3. 热电制冷

热电制冷技术需要外界提供电源,利用热电材料的 Peltier 效应(原理见图 6.8)实现高低温差，是一种典型的主动冷却技术，其优点在于不需要制冷剂和机械部件、轻便无噪声、能实现精确的温度控制。一般热电制冷器封装在电子设备机壳壁内，用于精确控制电子设备内部的温度，如从陀螺仪和加速度计的元件带走热量，冷却航空航天器上的电子系统，使其温度低于环境温度[17]。但是该方式的制冷效率低、制冷温度与环境有关，其本身还是需要散热来制造温差，所以在实际应用上有一定的局限性。

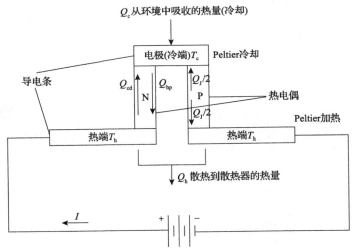

图 6.8　热电制冷原理图[39]

为了能够满足严格的温控要求，并在发热功率较大的场合应用，国内外除了针对热电制冷的理论和试验研究[39,42-44]外，还常常将热电制冷与热管[10]、水冷[45]、风冷[46]等技术结合。Huang 等[45]和 Chang 等[46]对热电-风冷和热电-水冷系统做了相关研究，开发了可以预测热电与风冷、水冷技术结合后装置的热性能模拟网络模型，并且对热电系统最佳工作电流等参数做了相关的探索。结果表明，该模型预测的结果和实验数据较为一致。

4. 热管技术

热管技术的发展可以追溯到 20 世纪 80 年代。热管是一种柔性系统，能够方便地在热交换器件上实现换热，按照使用温度范围不同可以分为低温热管（0～122K）、中温热管（122～628K）和高温热管（>628K）。其主要优点是具有比金属还要优良的导热性能，且等温性好，便于在狭窄空间内传递热量，可以在失重条件下工作以及无运动部件等。热管的热阻只有 0.01～0.03K/W，可以获得极大的热通量，达 1000W/cm^2[47]。由于电子器件向小型化、集成化发展，热管技术的发展也在往小型化、微型化方向靠近，这使小型化、微型化热管得到大量研究[48,49]；此外，环路热管、脉动热管和吸附式热管作为新一代热管技术也被广泛研究[50]。

微型热管的水力直径为 10～500μm，而小型热管的水力直径一般为 2～4mm，由于如此微小的尺寸，使之具备了极高的传热系数和单位流量的表面换热量。微型热管除了应用在电脑冷却方面，还用在植入式神经刺激器、传感器、电子手表、有源转发器、温度报警系统等[47]。Namba 等[49]提出热管失效的主要原因在于其未蒸发的残留液体量和毛细芯界面的不稳定性。针对微型热管的不足，多数研究都集中在毛细管的传输能力[51,52]。由于回路热管的温度二极管性能和抗失重性能，使热管技术除在电子器件冷却方面得到广泛应用外，在航天领域也发挥重大作用[53,54]。图 6.9 显示了回路热管用于冷却一款火星登陆器（NETLANDER）的电子器件组件的安装实体照片[55]。

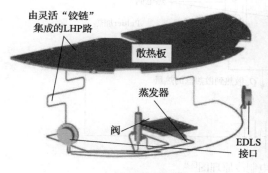
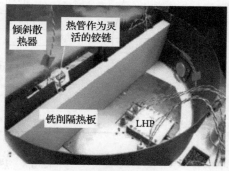

(a) 回路热管系统图　　　　　　　　　　　(b) 回路热管安装图

图 6.9　NETLANDER 火星登陆器上回路热管技术[55]

6.2.2　热防护方式的选择

对电子器件的热防护，其实是器件表面的传热强化过程，通过热传导、热对流和热辐射三种典型传热机理的结合，优化结构，最终使器件达到需要的安全温度范围。冷却方法的选择应该和电子线路的模拟实验研究同时进行，保证器件既能满足电气性能的要求，又能满足热可靠性的指标。选择冷却方式时，应该考虑如下因素：设备的热流密度、体积功率密度、总功耗、表面积、体积、工作环境（温度、湿度、气压、粉尘等）、热沉及其他特殊条件等[56]。

热防护方法按冷却剂和被冷却元器件的配置关系一般分为直接冷却和间接冷却[57-59]，从冷却方式上看，可以分为被动冷却与主动冷却。被动冷却使元器件温度始终高于环境温度，除非采取相应的隔热措施；主动冷却一般都包括获得较低温度的制冷器件，从而使元器件温度低于环境温度水平。虽然后者更有利于器件的温度控制，但主动器件的引入会降低系统可靠性能，并且增加耗能。按照传热机理，可以将冷却方式分为自然冷却（包括导热、自然对流和辐射换热）、强迫冷却（包括强迫风冷和强迫液体冷却等）、相变冷却（包括固液相变冷却和蒸发冷却等）、热电制冷、热管传热等。每一个类别由于所用介质、热沉等的不同，会构成不同的散热方式，但是原理基本一致。

图 6.10 给出了温升为 40℃时，各种冷却方法的热流密度和体积功率密度。从图中可以看出，自然冷却的热控能力最差，最大热流密度只能达到 0.08W/cm²；

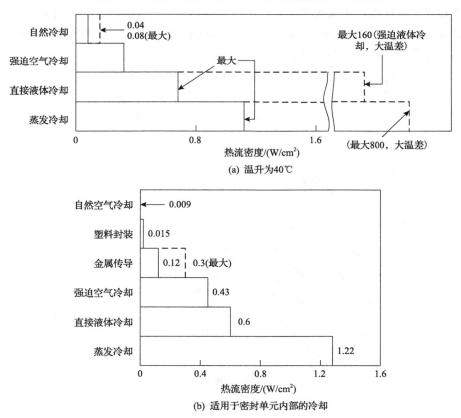

(a) 温升为 40℃

(b) 适用于密封单元内部的冷却

图 6.10　各种冷却方法的比较[60]

大温差下的强迫液体冷却的冷却能力要高于直接液体冷却；蒸发冷却相比其他方式对器件的冷却更有效，在密封单元内部的冷却能力也显示出相同的规律。

对冷却方式的选择还可以参照温升与各种冷却方法及热流密度的关系，如图 6.11 所示。当一个电子器件的额定功率给定时，热流密度由额定功率除以器件暴露的表面积决定，可以从图 6.11 中通过选定合适的冷却方案最终确定热防护方案。除此之外，器件内部的散热方法应该使发热部位与被冷却表面或散热器之间有一条低热阻的传热路径。冷却方法应尽量简单，冷却系统重量要轻，同时可靠性和维修性好，成本低。大多数小型电子元器件最好采用自然冷却方法，自然对流冷却表面的最大热流密度为 $0.039W/cm^2$，有些高温元器件的热流密度可高达 $0.078W/cm^2$；强迫空气冷却是一种较好的冷却方法，若器件之间的空间有利于空气流动或有足够空间安装散热器，则可以采用强迫空气冷却，迫使冷却空气流过器件发热部位；直接液体冷却适用于体积功耗密度很高的元器件或设备，其可分为直接浸没冷却和直接强迫冷却；直接沸腾冷却适用于体积功率密度更高的设备和元器件，其热阻值每平方厘米只有 $0.006℃/W$；热电制冷是一种产生负热阻的制冷技术，其优点是不需要外界动力，可靠性好，缺点是其使用依赖于环境温度，且效率较低；热管的传热效率很高，其传热性能比相同的金属导热要高几十倍，应用时主要的问题是如何减小热管两端接触界面的热阻。

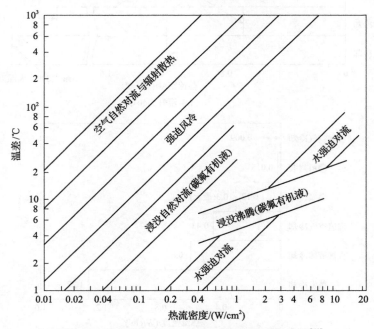

图 6.11　温差与各种冷却方法及热流密度的关系[61]

6.3 常温环境热防护

核电救灾机器人在执行任务时，要从人类能够承受的常温环境进行投放，然后自行进入核心任务区域完成任务。为了使其在进入核心区域以前保持良好的工作状态，就要想办法让机器人所携带电子器件在常温情况保持在最佳工作温度范围以内。考虑到核电救灾情况下恶劣的工作环境，选择相变材料被动储能的方式对电子器件进行热保护，用来防止防护器件的冷却系统在射线、湿度、温度、粉尘等恶劣条件下过早失效。对于核电救灾机器人，常温环境下电子器件的良好热防护是其进入更恶劣的环境下执行任务的前提[62]。

相变材料在实际应用中最主要的缺点是导热系数低，在基于相变材料的散热器中添加翅片可以一定程度提高整体导热性能；热管由于有非常高的导热系数也用于导热增强研究中。此外，为了强化石蜡类相变材料的导热，碳纳米管、碳纳米纤维、膨胀石墨、泡沫金属等高导热性材料用于与其复合形成导热增强的复合相变材料，用在相变储能系统中。高导热系数的导热增强颗粒随着熔化-凝固过程的反复进行，都会存在沉降析出现象，导致导热性能下降，而作为多孔材料的泡沫金属材料与相变材料复合后并不会出现这种情况。由于铜金属的高导热性和铝、镍金属拥有较高导热性与较小密度的特点，铜泡沫金属、铝泡沫金属以及镍泡沫金属被研究得比较多。

6.3.1 单个驱动器常温环境热防护

为了能够理想地模拟驱动器发热表面，分别考察了 1.06W、1.88W、3.00W 和 4.20W 加热功率下的平衡温度情况，试验结果如图 6.12 所示。可知，模拟驱动器

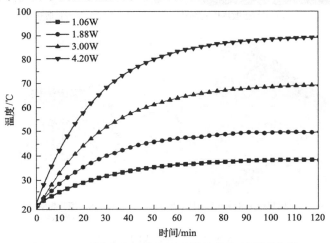

图 6.12 不同功率下模拟驱动器发热表面温度曲线

发热的表面平衡温度随着输入功率的增加而增加。表面温度在 40min 后上升变缓，2h 后，1.06W、1.88W、3.00W 和 4.20W 的输入功率分别对应 39.0℃、50.7℃、70.2℃和 89.9℃的平衡温度。3.00W 时的平衡温度比实际驱动器发热温度略高，由于其比较接近真实发热情况，而且对较高实际温度的研究也有利于驱动器温升较大情况下的热防护问题解决。因此，后续的试验默认 3.00W 为模拟驱动器发热面的输入功率。

6.3.2　散热形式考察

为了对比相变材料在热防护过程中的作用与效果，考察了不同形式的散热片对模拟发热面的冷却效果。图 6.13 显示了不同类型的散热片，其中图(a)为平板散热片对模拟驱动器发热表面的散热试验图，图(c)和(d)分别为没有填装相变材料的无翅片散热器和平行板散热器。所有散热片的外形尺寸一致，底面与铜块表面大小一样，为 50mm×50mm，翅片高度为 10mm。为了减小散热片与发热面的接触热阻，试验中在两个表面间涂有导热硅脂。

(a) 平行板散热片试验图　　　　　　(b) 平行板散热片

(c) 用于填装相变材料的无翅片散热片　　(d) 用于填装相变材料的平行板散热片

图 6.13　不同形式的散热片

在 20℃常温环境下，试验考察了无翅片散热片+PCM、平行板散热片和平行板散热片+PCM 三种形式的散热效果。需要说明的是，两种添加相变材料的方式均添加了相同质量的相变材料。图 6.14 是 2h 内三种方式散热形式对发热表面的热影响曲线。可以看出，三种散热方式的热防护效果都比较显著。没有任何热防护措施的情况下，发热表面在 120min 后达到 70.2℃，而在无翅片散热片+PCM、平行板散热片以及平行板散热片+PCM 三种形式下，2h 后温度最终分别达到59.0℃、56.0℃和 53.1℃，平行板散热片+PCM 得到的散热效果最好。在平行板散热片中添加相变材料后，可以得到更低的温度，说明相变材料能够在一定程度上降低平衡温度。由于发热面的温度均低于相变材料的固-液相变温度，在试验时间内，相变材料的固-固相变潜热与显热发挥作用，吸收了部分热量，使得其散热结果好于不加相变材料。然而，当添加相变材料的散热片中没有翅片时，结果却不如平行板散热片的散热效果，这是因为相变材料的低导热系数会影响自身导热，翅片的加入可以强化导热，促使相变材料在能力范围内迅速吸热。

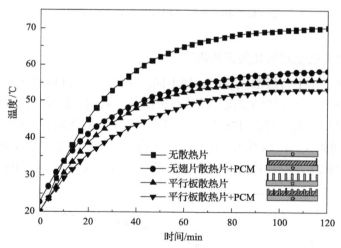

图 6.14　常温情况不同散热形式下发热面的温度曲线

此外，还试验研究了在较高的环境温度 40℃下的几种散热形式的效果，测试结果如图 6.15 所示。图 6.15(a)展示的是自行设计的用于高温试验的箱体，其原理是采用底部和周围油浴加热的方式和反馈电路来实现箱体内保持恒定温度的条件。该试验首先将试验装置放置于箱体内，然后待箱体温度稳定在 40℃后，启动加热片，开始记录数据，记录结果如图 6.15(b)所示。从 6.15(b)可以看出，仍然是装有相变材料的平行板散热片热防护效果最好，120min 后温度达 75.0℃。与常温实验现象不同的是，无翅片散热片+PCM 的形式散热效果好于平行板散热片，这是由于较高环境温度下，相变材料快速熔化后，其内部的自然对流起到强化导热的作用。

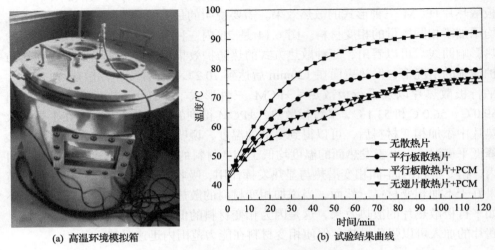

(a) 高温环境模拟箱   (b) 试验结果曲线

图 6.15   40℃环境不同散热形式试验结果

6.3.3 相变材料质量对散热效果的影响

试验考察了在平行板散热器中添加不同质量的相变材料对散热效果的影响，考虑了屏蔽外界复杂环境的状况，设计在密闭盒子内完成试验。图 6.16(a) 显示了散热片中添加 0g、7g、12g、17g 和 22g 相变材料后，被热防护的模拟驱动器发热面的温度-时间曲线。可以看出，在密闭盒子内，模拟驱动器单独发热的平衡温度为 79.9℃，要比在开放环境时高一些；在只有散热片的情况下，即相变材料质量

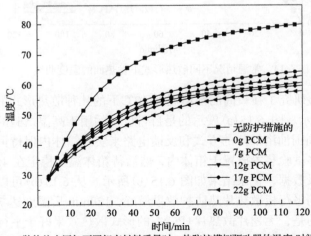

(a) 散热片中添加不同相变材料质量时，热防护模拟驱动器的温度-时间曲线

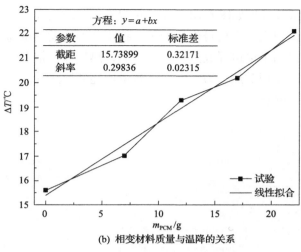

(b) 相变材料质量与温降的关系

图 6.16　不同相变材料质量研究结果

为 0g 时，模拟驱动器的温度可以降到 64.3℃，温降为 15.6℃。相变材料的加入可以进一步降低模拟驱动器发热表面的温度。当只加入 7g 相变材料时，在 120min 后温降达到 17℃；添加 22g 相变材料时达到最大温降 22.1℃。图 6.16（b）为温降与相变材料质量关系曲线。从图中可知，散热片内添加的相变材料质量与温降基本呈线性增长关系，其中截距为 15.4℃，斜率为 0.3℃/min。由于散热片内部体积因素的限制，该基于相变材料的散热器可获得的最大温降为 22.1℃。

6.3.4　热管对散热效果的影响

热管是依靠自身内部工作液体相变来实现将热量从热源部位带到冷源的传热元件。热管一般划分为蒸发段、绝热段和冷凝段三部分，其内壁上设有与内壁形状一致的毛细管心，液相工质充满整个管心。当工质在蒸发段受热后开始蒸发，蒸汽带着汽化潜热被传送到另一端冷凝，并放出汽化潜热，然后靠毛细泵力的作用使冷凝液体回流到蒸发段来完成一个循环，利用这种办法把热能高效地从一端传递到另一端。热管具有导热系数高、结构简单、工作可靠、温度均匀等特点，因此在电子器件散热中广泛采用。

试验采用的热管为普通市售的铜热管（图 6.17（a）），截面积为 3mm×6mm。为了将散热器配合使用热管，采用 6061 铝合金加工出如图 6.17（b）所示的散热片，该散热片共有 7 个翅片，翅片厚度为 2mm。

在添加相变材料到散热片之前，首先考察两种热管与散热片的结合形式，即热管在散热片下方和热管穿过散热片，试验中金属的结合部位均使用导热硅脂来减小接触热阻。试验效果如图 6.18 所示。可以看出，散热片下方放置了不少铝合金块，这是用来模拟机器人机身作为冷源，将驱动器的发热量通过热管传递到热管冷端，然后通过两个渠道释放热量：一方面，热量通过铝合金机身传递开后，通过自身大的比表面积散热；另一方面，热量传递到散热片表面，同样通过空气自然对流冷却方式散热。

(a) 热管　　　　　　　　　　　　　(b) 散热片

图 6.17　试验用的热管与散热片

(a) 在散热片下方

(b) 在散热片中

图 6.18　热管与散热片结合的两种形式

　　试验以发热表面的温度作为参考标准，两种不同结合形式的试验结果如图 6.19 所示。结果表明，两种形式的散热效果均比较明显，20min 后温度趋于稳定，120min 后分别达到 44.8℃ 和 42.8℃，比没有散热措施的情况下降低了 25.5℃ 和 27.5℃。热平衡温度甚至低于散热片+PCM 的散热方式。而热管在散热片下的结合形式传热效果优于穿过散热片的方式，这是因为前一种方式的传热接触面积更大。

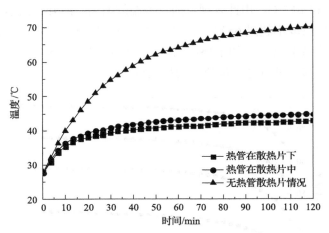

图 6.19　两种热管与散热片结合方式下发热表面的温度对比

上述试验确定了热管通过连接均热块的方式置于散热片下方会使模拟驱动器发热表面得到更好的散热效果。试验分别选用 15cm、18cm 和 22cm 长的铜热管，通过试验确定最优的热管长度参数。试验结果如图 6.20 所示。从图中可知，22cm 的热管效果最好，15cm 和 18cm 热管得到的温度曲线基本重合。较长的热管自身散热面积大，在自然对流换热方面占有一定优势，因此得到较优的结果。

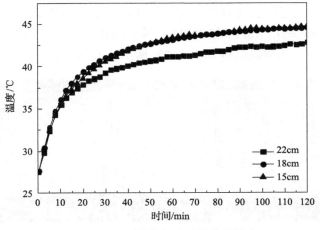

图 6.20　不同热管长度对散热的影响

　　基于热管的散热器能够在常温下表现出优秀的热防护能力，试验又测试了其在 27℃、42℃、52℃和 62℃环境下的散热性能，试验结果曲线如图 6.21 所示。发现在四种环境温度下，热管仍然能够在 20min 左右达到平衡温度，120min 后的平衡温度分别为 44.7℃、58.0℃、67.6℃和 77.6℃。对应的温升分别为 17.1℃、16.2℃、15.1℃和 14.7℃，由此发现，随着室温的增高，温升依次递减。一般电子器件的最佳工作温度不超过 65℃[63]，因此可以简单地推测，热管散热器的最佳使用环境温度不能高于 50℃，如果环境温度过高或者器件发热功率更大，就需要采取其他的有效措施，进行进一步的热防护设计。

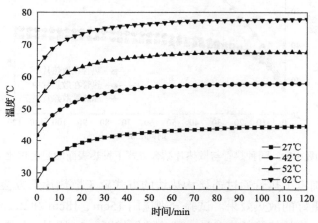

图 6.21　基于热管的散热器在不同环境温度散热温度曲线

6.3.5　泡沫金属增强传热研究

　　试验考察了铜泡沫金属对双驱动器相变热控系统的传热增强效果。分别将5PPI（pores per inches）、10PPI 和 20PPI 三种不同孔径泡沫金属铜添加到相变材料散热器中，三种泡沫金属结构如图 6.22 所示，泡沫金属外部尺寸为 55mm×

图 6.22　填装了三种不同孔径铜泡沫金属的相变材料散热器的内部图

45mm×10mm。孔隙率可以通过 $1-V_{Cu}/V_{total}$ 计算得出。计算得到三种不同 PPI 的泡沫金属孔隙率分别为 97.5%、97.3%和 96.7%，均具有较高且相似的孔隙率，因此试验中可忽略孔隙率因素对结果的影响。

　　三种填装了不同结构泡沫金属的相变材料热防护系统的实验结果如图 6.23 所示。从图中可以看出，泡沫金属的孔径越大热防护效果越好。基于三种不同孔径泡沫金属的散热器，相变材料的相变起始温度发生时间基本一致，在 10.5min 左右，相变发生时间分别约为 51min、45min 和 42min，含有 5PPI 的泡沫金属的系统在 50℃左右拥有最长的温控时间。如果以 65℃为驱动器的最佳工作温度上限，那么 5PPI 的泡沫金属拥有最优的温控时间，可以在 2h 内使两个驱动器温度控制在最优工作温度范围内，其他两个孔径的泡沫金属铜效果略差，只能控制器件在最优工作温度范围内 113.2min 和 88.8min。

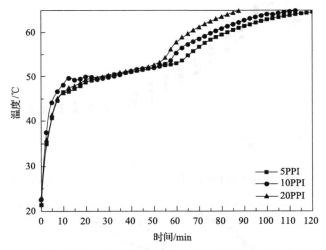

图 6.23　添加不同结构泡沫金属的相变材料散热器热防护效果对比图

　　当加热片温度达到 65℃时，停止对加热片输入功率，让其自然冷却，得到添加三种孔径的泡沫金属的降温试验结果如图 6.24 所示。结果发现，20PPI 的冷却曲线在前 18min 内的冷却速度最快，而 5PPI 的冷却速度最慢。填装泡沫金属铜的相变材料散热器拥有较高的有效导热系数，这使得热量能够更快地在相变材料中传递，从而被吸收。

　　图 6.25 对比了三种不同结构散热器热控过程的温度-时间曲线。其中，泡沫金属选用的是 20PPI 的泡沫金属铜。从图中可知，只添加相变材料的散热器（case B）可以给驱动器带来最长的最佳工作时间，即 116min；在添加了相变材料的散热器中再次添加泡沫金属后（case C），反而加快了温度升高速率，最佳工作时间只有

89min；不添加相变材料的散热器（case A）表现出最差的热防护性能，在 53min 便超过了最佳工作温度范围。虽然泡沫金属的添加可以显著增强系统传热，但并没有起到延长驱动器工作时间的效果。这是由于对于密闭空间内的相变吸热储能问题，提高系统有效导热系数可以提高热量的传导速率，但在如此小尺寸的系统中，热量的传递速率因素相比热量吸收量的因素对热控效果的影响可以忽略，相变材料的质量对热控效果起到更明显的作用，增加泡沫金属来提高导热系数，却占据了相变材料的填充空间，减小了系统吸热量，因此不能得到理想的热控效果；而且，从质量方面考虑，泡沫金属的增加还会额外给系统增加重量。

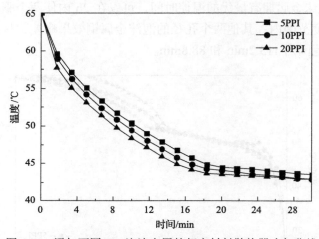

图 6.24 添加不同 PPI 泡沫金属的相变材料散热器冷却曲线

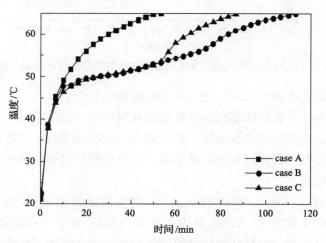

图 6.25 三种不同结构散热器热控过程的温度-时间曲线

6.4　高温环境热防护

核电救灾机器人的任务是从核电站事故外围逐渐进入现场区域完成指定任务，经历从室温到高温的过程。如果核事故较为严重，核心区域的环境温度将显著高于常温，这对电子器件的长时间正常工作是非常大的考验，因此这里以高温环境的热防护作为研究重点开展试验研究。

在核电站中存在高温、高压、高湿、高辐射等潜在威胁，而隔离罩可以避免来自压力、湿度、辐射(尤其是 α、β 射线)以及各种坠物的影响。

6.4.1　双驱动器高温环境热防护

高温试验装置与常温试验系统不同之处在于支撑架的设计，高温试验中，将支撑架做成图 6.26(b)所示的空心结构，前后左右四个方向均留有 6mm 的空隙以填充更多的相变材料对模拟驱动器发热装置进行热防护，图 6.26(a)为支架的外形。

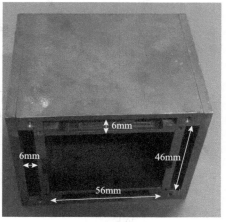

(a) 外形　　　　　　　　　　　　　(b) 内部结构

图 6.26　高温实验支撑架外形和内部结构图

高温试验环境的模拟依靠自行设计的油浴温控箱，箱体可以满足其内部温度从室温逐渐变化到需要的高温(<200℃)环境，正好模拟了救灾机器人从事故发生地点的外部环境逐渐进入需要完成任务的核心区域所经历的温度过程。

试验首先检测了常温中普通支撑架下的热防护效果，采用 10mm 厚的相变材料散热器，相变材料质量为 6g。在加热片和隔热层内外壁上贴附有 3 个温度传感器，分别代表加热片、隔热层内部和环境温度。试验结果如图 6.27(a)所示。可以看出，环境温度在 50min 内迅速从室温上升到 92℃，然后缓慢增加到 100℃后趋于平稳。由于相变材料的存在，加热片在 40～50℃出现温度平稳的平台，在 48min 后，加热片温度再次升高，并呈线性上升趋势，相变材料相变过程完成，并在 120min 后达到 105℃，高于环境温度。隔热层内部的温度在 20min 后上升加速，在 120min 时达到 93℃。图 6.27(b)为隔热层内外温差随时间的变化曲线，从图中可知，温差呈现先增大再减小的规律，在 45min 时达到最大的 42℃。在环境温度达到 90℃前内外温差逐渐增大，然后开始逐渐减小，在 120min 时，隔热层的内外温差只有 11℃。如果以 65℃为驱动器最佳工作温度上限，该系统可以让两个驱动器在最佳温度范围内工作 64min，这个时间段机器人才刚进入高温区域 10min，还不能满足在高温区域工作一段时间的要求。

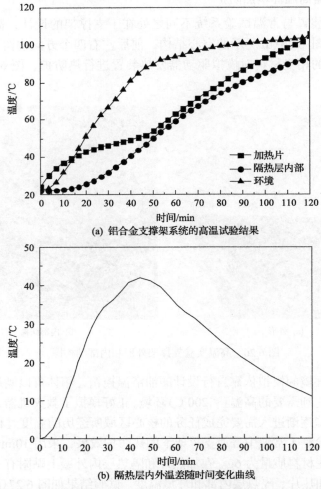

(a) 铝合金支撑架系统的高温试验结果

(b) 隔热层内外温差随时间变化曲线

图 6.27　铝合金支撑架系统的高温试验结果和隔热层内外温差随时间的变化曲线

通过试验考察了基于相变材料夹层支撑架的热防护系统在模拟驱动器发热的加热片工作与不工作情况下的热控结果，夹层中共添加相变材料 65g。图 6.28 显示了加热片不工作情况下，外界高温环境对其温度的影响。监测系统的温度可知，随着外界温度环境逐渐上升，隔热层内壁的温度也直线上升，在 120min 后达到 78℃，而加热片的温度从室温到 42℃用了 75min；然后温度基本保持不变，由于相变吸热作用，在 110min 以后温度再次爬升，120min 后加热片温度只有 53℃。

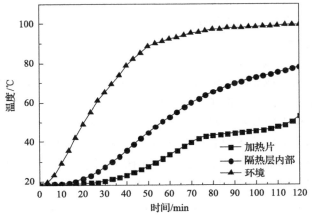

图 6.28　基于相变材料夹层的支撑架热防护系统高温试验结果（加热片不工作）

图 6.29 显示了加热片模拟驱动器正常工作情况下在高温环境的试验结果：在 44～90min，相变材料吸热作用使加热片的温度曲线在此阶段出现平稳状态；90min 后温度开始迅速上升，并在 120min 时达到 81℃，该系统可以使双驱动在安全温度限制内正常工作 98min。对比外部支撑架只用普通铝合金的系统发现，

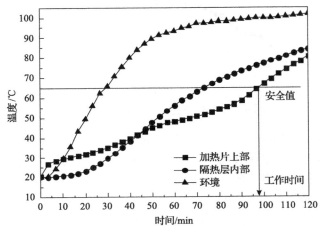

图 6.29　基于相变材料夹层的支撑架热防护系统高温实验结果（加热片工作）

外层相变材料可以有效延长两个驱动器的最佳工作时间 34min，占普通铝合金支撑架热防护系统的温控时间的 54%。

6.4.2　六驱动器高温环境热防护

六驱动器的试验设计目的是为更多的驱动器或电子器件数量的集成式热防护提供参考。通过考察热防护系统的温度分布情况、功率影响以及不同环境温度，确定相变材料在六驱动器热防护系统中的作用与地位。

在 100℃的环境温度下试验测试了绝热层内壁与相变材料箱体外侧间隙（测试点 7）的温度变化情况，测试点位置与温度记录结果如图 6.30 所示，6 个加热片分别对应图中的序号 1～6。从图中可以发现，高温环境下加热片的温度分布与常温情况相比更加均匀，180min 内的温差均在 1℃以内。相比加热片的温度，绝热层内壁的温度在前 65min 始终低于加热片发热表面温度，这是由于在试验初期加热片发出的热量主要去向是相变材料箱体的铝合金外壳导热与其内部的相变材料吸热，大部分的热量被内箱体中的相变材料所吸收，热量还来不及传递到相变材料箱体的外侧。随着热量的进一步累积，外箱体的相变材料开始发挥作用，最终在180min 时加热片和测试点 7 的温度达到 66℃。

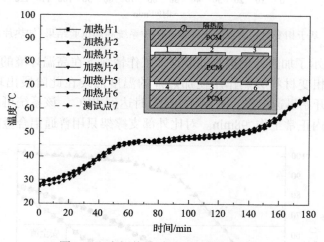

图 6.30　密闭热控系统的温度分布情况

试验还考察了 180min 内，双层隔热外壳的隔热效果。分别在隔热层的内外表面粘贴热电阻温度传感器（PT100），测试在 100℃环境温度下，对比有无内部相变材料系统条件下隔热材料的热量阻挡情况。测试结果如图 6.31 所示，其中隔热层外壁的温度变化情况与环境温度变化情况一致。

从图 6.31 可以看出，前 18min 环境温度较低，对隔热层内部影响不大，因此隔热层内部温度在系统有无相变材料的情况下，温度变化基本一致。18min 以后，环境温度继续升高,对密闭箱体内的影响也逐渐增大,两种情况的内壁温差持续增大。在没有相变材料热防护系统的情况下,隔热层内壁温度最终增长到 105℃,接近环境温度。对于有相变材料的热防护系统,由于隔热层内壁与相变材料系统外壁贴合,相变材料的存在,不但能够吸收内部热源产生的热量,还能吸收外部环境渗透进密闭箱体的热量,使得隔热层内壁温度变化平缓很多,尤其出现了从 56min 到 145min 由相变过程引起的温度基本保持不变的现象。最终在 180min 后,隔热层内壁温度达到 65℃。

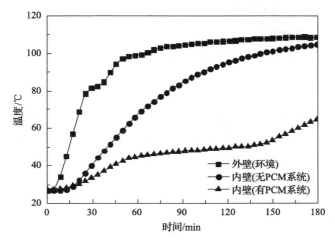

图 6.31 有无相变材料系统情况下,隔热层隔热效果试验温度曲线

通过以上试验可以发现,在 100℃环境下,酚醛塑料板和二氧化硅气凝胶毡组成的双层隔热系统阻挡环境热量进入的能力还是有限,只起到了延缓热量进入的作用。

通过改变输入功率考察了不同表面发热值情况下填装有44#的密闭热防护系统所能保证电子器件的最佳工作时长。图 6.32 显示了 100℃环境下,不同输入总功率(6.3W、12.6W、17.5W、27.3W)条件下加热片表面的温度变化情况比较。由于加热片直接贴附在相变材料箱体上,其表面温度可以直接反映临近相变材料的温度以及封装的相变材料的相变过程。从图中可以看出,四条温度曲线在一开始迅速上升,之后均迎来了相变材料的熔化阶段,即温度平缓阶段,并且功率越大相变发生的时间越靠前,相变时间越短。当设定 60℃为器件最佳工作温度上限时,发现随着功率的增加,到达温度上限的时间也被缩短。试验采用的 44#材料的相变温度其实在 42.8℃,但从图 6.32 中发现,四个输入功率条件下温度趋于平缓的起始温度分别为 46.0℃、49.3℃、50.0℃和 56.1℃。四个温度值均滞后于 42.8℃,而且功率越高滞后时间越长,这是由功率增大使加热片表面热量累积,不能迅速传导和被吸收所造成的。

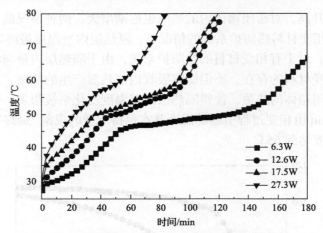

图 6.32　不同输入功率下加热片温度变化对比图

图 6.33 总结了加热片不同输入功率时，发热表面达到设定的最高温度限时间以及相变材料熔化时间的对比图。由图可知，密闭温控系统在 6.3W、12.6W、17.5W 和 27.3W 总发热功率下可以保证 6 个器件在最佳工作温度范围内分布持续工作164.3min、97.3min、92.7min 以及 53.9min；在四个功率下，同样质量的相变材料发生相变的时间分别为 86.6min、47.2min、51.9min 和 18.6min。由此可见，最佳工作时长和相变时长均随输入功率增加而呈下降趋势。

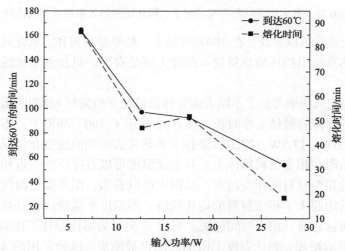

图 6.33　不同输入功率与发热表面达到 60℃ 所需时间和相变材料熔化时间的对比图

为了考察对环境的依赖性，将基于相变材料的 6 驱动器密闭热控装置置于不同的环境温度（室温 27℃、50℃、100℃）进行测试。试验中环境温度的变化情况模拟了核电救灾机器人实际任务中可能面对的情况，即机器人从外部安全区域，人类可以承受的室温环境启动，逐渐步入任务地点以完成任务，因此环境温度从室温逐渐上升至考察温度，然后保持不变。不同的试验环境温度变化曲线如图 6.34 所示，对于考察环境为 50℃ 的情况，环境温度在 18min 时达到 50℃，然后伴随着微小波动而保持基本不变；对于 100℃ 的考察环境，环境温度从室温开始在 60min 内持续上升，并在 60min 时达到 100℃。

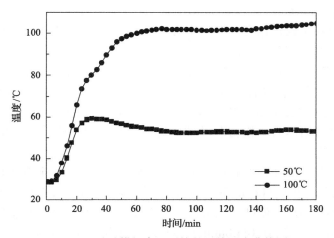

图 6.34　试验模拟高温环境的环境温度曲线图

在不同的温度环境下，分别试验考察了外 60#内 44#相变材料的热防护系统和内外均为 44#相变材料的热防护系统的温度控制效果。为了使数据简单可分析，每个试验只提取温度最高的加热片的温度数据作为对比，并设定更加保险的 60℃ 为考察控制的上限值，即最佳工作温度的上限。图 6.35 显示了外 60#内 44#系统

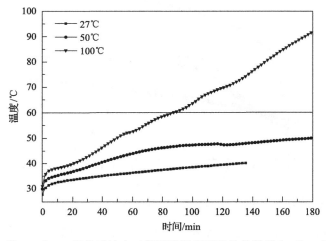

图 6.35　外 60#内 44#温控系统在三种环境温度下的热控结果（27℃，50℃，100℃）

在三种环境温度下的热控结果，发现考察的环境温度为 50℃时，加热片在 3h 达到 50.1℃，与设定的 60℃ 上限值相差 9.9℃，可以认为环境温度低于 50℃时，该系统可以保证 6 个驱动器保持最佳工作温度 3h 以上。当环境温度为 100℃时，发热表面在 87.1min 时达到 60℃，并且整个过程中相变材料吸热过程不明显，只在 5～27min 时发现较为平缓的温度台阶，可以看出环境温度对密闭空间内的模拟驱动器具有较大的影响。

图 6.36 显示了内外相变材料箱体均为 44#的热控系统在不同环境温度下的温控结果，除此之外还显示了在室温 27℃的密闭空间内，相同加热功率下，没有相变材料系统的模拟驱动器发热曲线，即图中的"27℃-无防护"曲线。从图中可以看出，室温条件下，在没有相变材料箱体的密闭空间内，模拟驱动器启动后，温度迅速升高，并在 73.8min 时达到最佳工作范围上限的 60℃，此后温度继续攀升。当引入相变材料箱体后，模拟驱动器的温度增长明显减慢，在 180min 后达到 41.0℃，甚至没有达到 44# 的相变峰值温度 51.3℃。当试验的环境温度增加到 50℃时，模拟驱动器的温度在 69.8min 内达到 45.1℃，然后上升明显减慢，可以预计这段时间部分相变材料正在发生相变，加热片的温度最终在 180min 时达到 46.9℃。在 100℃的环境温度试验条件下，可以十分明显地看到相变发生的整个过程，从 57.2min（46.0℃）到 144.0min（52.3℃）的时间内，加热片温度保持基本不变，代表此时相变材料熔化储能的过程。值得一提的是，在如此高的环境温度下，内外均是 44#材料的热控系统可以使 6 个模拟驱动器保持最佳工作温度达 164.3min，相比常温下没有热防护发热情况的 73.8min，超过了一倍多的时间。

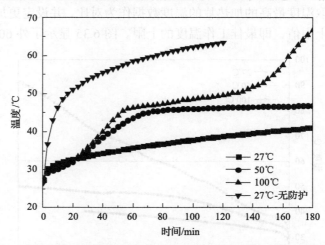

图 6.36　内外均为 44#相变材料的温控系统在三种环境温度下的热控结果

由上述分析可以看出，相比外 60#内 44#材料的热控系统，内外均为 44#的热控系统在高温条件能够保证 6 驱动器在最佳工作温度范围内工作更长时间，在常温条件也能使器件在较低的温度区域工作，因此内外均为 44#的相变材料热控制系统能更好地对驱动器在 100℃以下的环境温度范围进行温度控制。

经过 180min 的工作时间后，断开模拟驱动器的电源，考察了不同环境温度下内外均为 44#相变材料系统的自然冷却情况，结果如图 6.37 所示。在 50℃环境下，加热片的温度会先下降少许，然后保持 45.2℃不变；在常温环境下，经过 180min 的加热后，密闭系统依然有一定的温度恢复能力；对于 100℃的环境温度，加热片停止发热后，仍然以 0.22℃/min 的速率持续升温。由此看来，即使加热片不再产生热量，外界的环境温度依然会对其产生热作用，影响其表面温度变化。

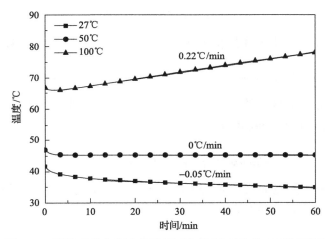

图 6.37　温控系统自然冷却的温度曲线（内外均为 44#的系统）

6.4.3　防护系统的热评估

设计了基于相变材料的 6 驱动器密闭热防护装置，包含隔热系统和相变材料系统。为了评估 180min 内，100℃试验环境温度下的密闭系统内热量变化趋势，将整个密闭装置视为一个系统，采用相关能量公式进行各部分能量估算。计算中涉及以下假设条件。

（1）相变材料内部和铝合金材料温度分布基本均匀。

（2）同一时间 6 个加热片间的温差忽略不计。

（3）由于空气质量的可忽略，空气的显热影响忽略不计。

（4）加热片全由陶瓷氧化铝构成。

考虑到相变材料的潜热储能和材料的显热储能，系统能量守恒方程可以写成式（6.1）：

$$Q_{\text{total}} = Q_{\text{storage}} + Q_{\text{residual}} = Q_{\text{outside}} + Q_{\text{generate}} \tag{6.1}$$

式中，$Q_{storage}$ 表示相变材料熔化过程中吸收的热量（$Q_{PCM-latent}$）和各种材料由于温度变化所吸收的显热能量（相变材料、铝合金和空气的显热储能分别表示为 $Q_{PCM-sensible}$、$Q_{Al-sensible}$、$Q_{air-sensible}$）；$Q_{residual}$ 表示加热片由于表面被吸收热量后的残余热量，它反映了加热片发热表面的实时温度；$Q_{outside}$ 表示通过隔热层从环境渗透进系统的热量；$Q_{generate}$ 表示加热片通过输出功率直接产生的热量。

$Q_{storage}$ 可以表示为式（6.2）：

$$Q_{storage} = Q_{PCM-latent} + Q_{PCM-sensible} + Q_{Al-sensible} + Q_{air-sensible} \tag{6.2}$$

$$Q_{PCM-latent} = m_{PCM} \times \Delta L \tag{6.3}$$

式中，m_{PCM} 表示系统中灌注的相变材料总质量；ΔL 代表相变材料的潜热。

$$Q_{materials-sensible} = c_{p-materials} \times m_{materials} \times \Delta T_{materials} \tag{6.4}$$

式中，$c_{p-materials}$ 表示材料的比热容；$m_{materials}$ 表示系统中采用相应材料的质量；$\Delta T_{materials}$ 表示在实验的 180min 内材料的温度变化值。

$$Q_{residual} = c_{p-heater} \times m_{heater} \times \Delta T_{heater} \tag{6.5}$$

式中，$c_{p-heater}$ 表示陶瓷加热片的比热容；m_{heater} 表示加热片的质量；ΔT_{heater} 表示 180min 内加热片的温度变化值。

$$Q_{generate} = P \times t \tag{6.6}$$

式中，P 表示加热片输入功率，这里 $P=6.3W$；t 是时间间隔，这里 $t=180min$。

系统内的总热量 Q_{total} 可以分为不同的几个部分，通过计算得到相应部分所占的百分比，结果如图 6.38 所示。由图可知，相变材料在热控制系统中扮演了十分

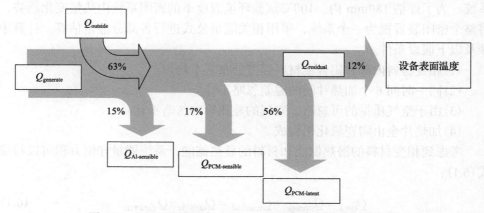

图 6.38　100℃环境温度、180min 内系统各部分能量分布图

重要的角色，它可以吸收 56%的总热量。在 180min 时，加热片表面温度达到 66.9℃，主要是占据总热量 12%的加热片残余热量所造成的。值得一提的是，通过计算发现，180min 内从环境进入密闭系统的热量占总热量的 63%，提高隔热层的绝热特性，热控系统的温控效果会更加突出。

6.5　相变材料热防护模拟

6.5.1　模型建立

以基于相变材料的矩形散热器为研究对象，在散热器内的空气和熔化的相变材料为层流，且不可压缩的假设下，建立了双驱动器热防护系统的非稳态模型。按照系统真实尺寸构建模型，模型的三维效果如图 6.39 所示，模型由铝合金、石蜡相变材料和空气三部分组成（三者的物性列在表 6.2 中），在模拟中考虑相变材料上面空气的存在。在 FLUENT 模拟固液熔化过程中采用了焓值-孔隙率（enthalpy-porosity）技术，VOF（volume-of-fluid）模型用来描述相变材料和空气系统的移动界面问题；同时还采用了 PISO 算法解决压力-速度耦合问题，模型中总网格数为 427255 个。

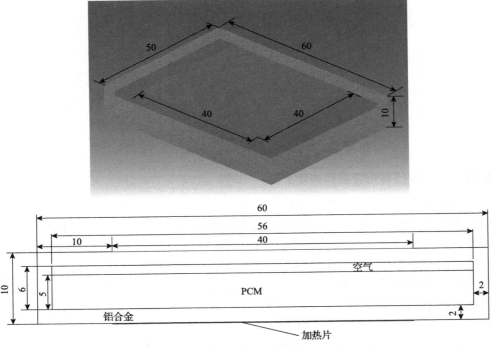

图 6.39　双驱动器热防护系统的三维模型图（单位：mm）

表 6.2　石蜡、铝合金和空气的物理性质

材料	$\rho /(\mathrm{kg/m^3})$	$c_p /(\mathrm{J/(kg\cdot K)})$	$\lambda /(\mathrm{W/(m\cdot K)})$	$T_m /℃$	$\Delta H /(\mathrm{J/kg})$
石蜡	$\dfrac{780}{0.001(T-337)+1}$	2400	0.2	58	140000
铝合金	2700	896	155	—	—
空气	$1.2\times10^{-5}T^2-0.01134T+3.498$	1006.43	0.0242	—	—

　　基于数值模拟可以更好地追踪相变熔化过程，理解基于相变材料系统的温控原理。双驱动器热防护系统在工作过程中的发热部位试验和模拟温度-时间曲线如图 6.40 所示。图中显示出试验和模拟结果有较好的匹配，在前 15min，温度迅速上升，到达 20～30min 时，上升缓慢，意味着相变过程的发生，当相变材料的吸收能力达到极限后，温度再次上升。

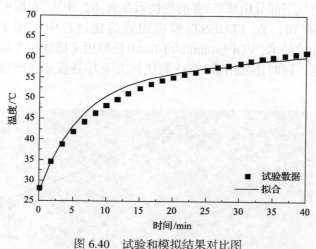

图 6.40　试验和模拟结果对比图

6.5.2　系统传热与相变材料熔化分析

　　图 6.41 展示了矩形散热器 Z 轴方向平面在 4 个时间点的温度分布情况。在 60s 时，由于金属导热系数较高，加热片的热量迅速沿铝合金外壳传递，其温度高于相变材料和空气的温度。此时，相变材料的低导热系数决定了其温度分布非常不均匀，同时上方空气层的存在使得热量不能很快传递到上部的相变材料，这导致相变材料区域的上部温度低于下部温度。随着时间的推移，散热器的整体温差变得越来越小，在 60s、600s、1000s 和 2000s 时，散热器的整体温差分别为 3.8℃、1.9℃、1.2℃ 和 0.9℃。从图 6.41(b)～(d) 可以看出，相变材料的低温区域起初向上方的两个角落蔓延，当到达 2000s 时相变材料完全熔化，此时散热器两边的温度要略微低于中心温度。

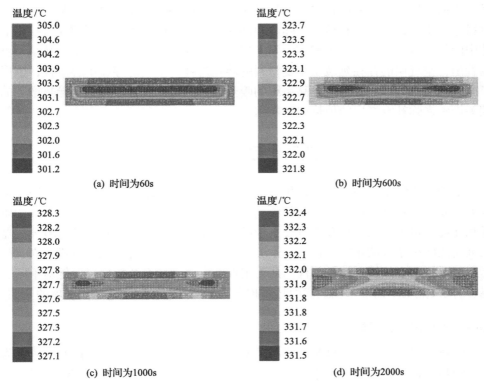

图 6.41　矩形散热器 Z 轴方向等温图

图 6.42 显示了相变材料区域的 Z 轴方向平面的不同时间段固液分布和温度分布情况。从固液演变情况可知，一方面，由于空气层的存在和相变材料低的导热性能使相变材料区域的底部较顶部温度高，相变材料的熔化从其底部开始发生；

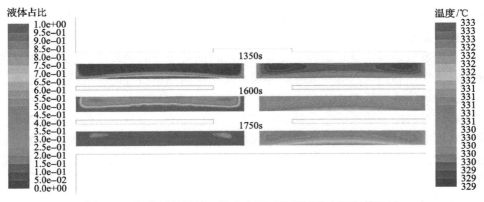

图 6.42　相变材料区域 Z 轴方向平面的固液分布图与等温图

另一方面，铝合金外壳的存在使热量迅速传递给两端的相变材料，使两端的相变材料也先于上部相变材料熔化。随着顶部加热片热量逐渐渗入上部相变材料，上部中间的相变材料开始发生相变，而上部分两侧的相变材料最后熔化。从结果可以看出，空气层的存在延缓了相变材料的熔化过程，空气的存在不容忽视，阻碍了有效的吸热过程。如果想提高系统的吸热效率，可以通过相变材料导热增强的相关措施来弥补空气层的传热抑制作用。

6.6 热防护系统适用性评估

由于实验室条件的局限性，热防护方案的试验阶段结果往往与实际应用存在较大差异。隔热材料性能、相变材料的热循环性能、系统的热控周期、系统的质量和能耗、机器人的工作环境以及系统的实际实施方案等因素对于核电救灾机器人被动热防护系统的正常工作起着十分重要的作用。正确合理地分析机器人实际运行工况，确定热控系统各部件的热稳定性，准确评估系统能耗以及针对不同工况、不同发热功率器件采用最优的热防护方案都是必须在实际应用前考虑的问题。

6.6.1 隔热层结构设计

隔热材料一般可按照材质、使用温度、形态或结构进行分类，按照材质分为有机绝热材料、无机绝热材料和金属绝热材料；按照使用温度分为高温绝热材料、中温绝热材料和低温绝热材料；按照形态可分为多孔态、纤维态、粉末态、层状态等。

在选择隔热材料与设计结构过程中，导热系数、温度和密度是最基本的性能参数。对于核环境下使用的材料，由于面临射线辐射和高的环境温度和湿度，耐辐射性能和吸湿性方面的要求也至关重要。在选择材料前，首先确定材料的极限使用工况为：100℃、空气湿度100%，并且伴有高剂量率的γ射线辐射。

1) 导热系数

导热系数是判定材料是否定义为隔热材料的最重要的物理量，它是材料热传导、对流换热和辐射的综合效应的体现，是衡量隔热材料性能优劣的主要指标。一般认为导热系数低于 0.3W/(m·K) 的材料适用于隔热应用。

隔热材料的导热系数会受到材料密度、环境温度、水分、结构等因素影响。实际使用中，材料受潮后气孔中的空气被水取代，导致其含湿量增大，导热系数也会增大；当温度升高时，气孔中的空气对流和辐射换热加剧，也会导致导热系数增大。

2) 使用温度

温度对隔热材料的传热影响较大，通常温度上升使得绝热材料的传热增强。

图 6.43 显示了温度对几种多孔材料导热系数的影响，图中横坐标为材料密度，纵坐标为温升 100℃时导热系数的增值，可以看出温度上升 100℃时，各隔热材料的导热系数呈 40%～80%的增值。

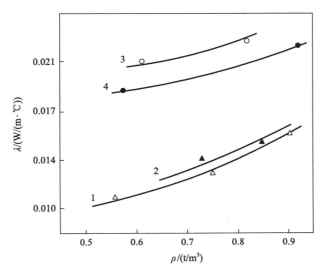

图 6.43　温度对多孔隔热材料导热系数的影响[64]

1、3 为不同孔隙的多孔泡沫混凝土；2、4 为不同孔隙的多孔硅藻土砖

一般隔热材料的导热系数与温度近似呈如下线性关系：

$$\lambda_1 = \lambda_0 + a(T_1 - T_0) \tag{6.7}$$

式中，λ_0 为温度 T_0 下的导热系数；λ_1 为温度 T_1 下的导热系数；a 为常数。

从式(6.7)可以看出，温差 $(T_1 - T_0)$ 越小，其估算值越准确。

针对核电救灾机器人的特殊工作环境，预设工作环境温度为室温到 100℃之间，因此要求隔热材料的耐受温度在 120℃以上。

3) 密度

同种隔热材料的密度差异会导致导热性能的不同，且密度对热传导、对流和辐射传热的影响各不相同。隔热材料中气相受密度影响较小，密度增大导致孔隙减小，辐射和对流传热效果下降，而固相的热传导得到增强。在这种综合作用下，导热系数随密度升高呈先下降后升高的趋势。图 6.44 显示当导热系数、对流换热系数和辐射换热系数之和最小时，材料具有最佳的绝热性能[65]。

4) 其他参数

抗辐射性：γ射线与物质相互作用时会通过光电效应、康普顿效应和正负电子对效应影响材料的属性。金属材料和石英、云母、玻璃、陶瓷等无机材料的抗辐射性能比较好，而有机材料在核辐射环境下十分容易受到损伤。材料辐射效应来自入射粒子与材料晶格原子的相互作用，有机材料会由于辐照裂解，引起变色、发脆、力学性能下降等效应，因此在材料选择时应尽量避免有机隔热材料。

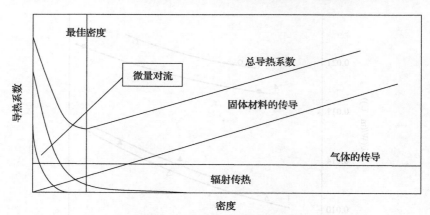

图 6.44　隔热材料密度与导热系数的关系图[65]

吸湿性：空气中水蒸气被隔热材料吸收的程度，称为吸湿性。隔热材料受潮后，导热系数会显著增大，当体积湿度由 0%增加到 15%时，玻璃棉的导热系数可增大一倍。由于预设事故环境为高湿度环境，因此在隔热结构设计时需要做好干燥和密封工作。

此处针对用于 6 驱动器热防护的双层隔热系统进行热量计算分析，用于指导类似情况下隔热系统的实验计算。核电救灾机器人的任务常常开始于相对安全的常温低辐射环境，从事故外围逐渐进入核心区域完成重要任务。因此其经历的温度环境会从常温逐渐上升到较高温度，如试验模拟的环境温度曲线 $T_{环境}$（图 6.45），

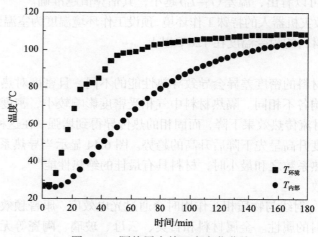

图 6.45　隔热层内外温度变化曲线

环境温度从室温 27℃经历 60min 左右时间达到 100℃，之后保持基本不变。隔热层的作用是延缓热量的进入，由于其隔热能力的限制，外部持续的高温环境会持续地向盒子内部输入热量，造成盒子内部温度逐渐攀升，实际温度变化如图 6.45中的 $T_{内部}$。

在对隔热问题进行计算前，首先建立图 6.46 所示的模型。根据双层隔热层的实际情况，隔热层由厚度为 δ_1 的酚醛塑料板(常温导热系数 λ_1=0.03W/(m·K))和 δ_2 的二氧化硅气凝胶毡(常温导热系数 λ_2=0.02W/(m·K))组成。为了方便计算，假设导热系数随温度变化基本不变。根据傅里叶定律，从环境流入隔热层的热流量可以用式(6.8)表示：

$$q=\frac{T_{环境}-T_{内部}}{\dfrac{\delta_1}{\lambda_1}+\dfrac{\delta_2}{\lambda_2}} \tag{6.8}$$

式中，q 为热流量(W/m^2)；$T_{环境}$ 为隔热层外部温度(℃)；$T_{内部}$ 为隔热层内壁温度(℃)；λ_x 为材料导热系数(W/(m·K))；δ_x 为材料厚度(m)。

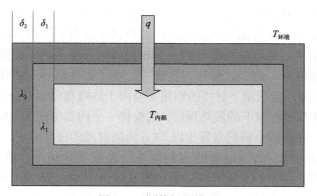

图 6.46　隔热问题模型

从式中可以看出，材料的 λ 和 δ 为常数，$T_{环境}-T_{内部}$ 随着时间变化而变化，并呈先增大后减小的趋势，最终减小到 0 时，说明盒子内外热平衡。

通过计算，可以得到图 6.47 所示的热流量随时间的变化曲线。在机器人进入高温环境过程的前 25min，热流量迅速增加，并达到最高的 70W/m^2，此时外界温度达 79.2℃。随后由于内外温差逐渐缩小，导致外界环境进入盒子的热量逐渐减小。从计算结果可以发现，如果在前期增大隔热层内外的温差，势必会使热流量峰值位置向坐标轴的右边移动，从而使盒子内部的安全温度时间增长。为了达到这个目的，除了选择导热系数较低的隔热材料外，还需要增强隔热系统的密闭性能，从而减少额外的热通路。

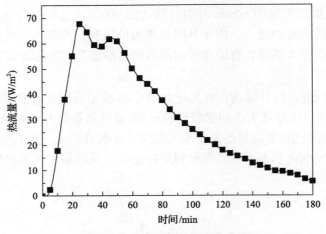

图 6.47　热流量随时间变化曲线

隔热层的安装需要考虑系统的整体结构因素。当环境中的 γ 射线入射粒子进入固体，会与点阵原子发生作用，并将部分能量传递给被撞击的原子，这类被入射粒子直接击中而受到反冲的原子称为初级碰撞原子（primary knock-on atom，PKA）。PKA 在级联碰撞中除产生离位原子和空位外，还有一部分能量以其他方式消散，如热振动。无规则的热振动以热的形式在受击原子周围的一个有限小体积内突然释放出来，从而使局部升到一个相当高的温度，然后按照宏观热力学的传导方式将热量散开，这个过程称为热峰[66]。电子器件需要安装在重金属屏蔽层内，该屏蔽盒子在一定剂量 γ 射线的辐照下会由于热峰现象而自身发热。为了研究重金属屏蔽层在辐照环境下的发热程度，实验将一个内部空间为 80mm×100mm×50mm，厚度为 5mm 的金属钨盒置于以 ^{60}Co 为辐射源的核环境下，如图 6.48(a)所示，测试 90min 内，离源最近的面的内外层温度变化情况。在辐照剂量率为6.8kGy/h 的辐照环境下，实际测试结果如图 6.48(b)所示。从图中可以看出，随着时间的推移，靠近钴源的盒子壁面温度逐渐上升，在 90min 内，从 21.2℃上升到27.5℃。

利用式(6.9)可以计算金属钨的产热量，其中 Q 为产热量(J)；c 为钨的比热容 $(c=0.13\mathrm{J}/(\mathrm{g}\cdot\mathrm{K}))$；$m$ 为钨盒子的质量 $(m=3754\mathrm{g})$；ΔT 为内外壁面温度平均值与环境温度的差(℃)：

$$Q=cm\Delta T \tag{6.9}$$

$$\Delta T = \frac{T_{内}+T_{外}}{2} - T_{环境} \tag{6.10}$$

不同时刻的温度变化值 ΔT 是在变化的，因此不同时间段内钨的产热是逐渐累

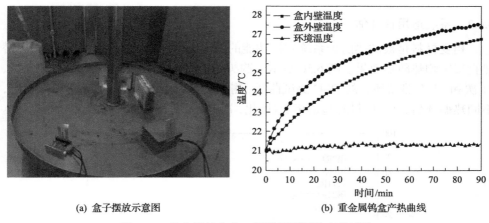

（a）盒子摆放示意图　　　　　　　　　（b）重金属钨盒产热曲线

图 6.48　重金属钨盒在 γ 射线辐照下的产热试验

加的。根据式（6.9）和式（6.10），得到 0min、30min、60min 和 90min 内的产热量分别为 0J、1781.3J、2513.3J 和 2903.7J，产热量和时间的关系图如图 6.49 所示，4 个时间段的热功率分别为 0W、0.99W、0.70W 和 0.54W。从结果可知，随着时间增加，产热量逐渐减小。如果假定重金属在同样辐照环境下的产热量一定，当环境温度从 21.2℃升到更高，重金属壁面的温度也将会上升到更高的温度。因此，辐照环境下重金属的产热量不容忽视，如果将隔热系统放置于重金属屏蔽层外，虽然能够降低屏蔽层的体积而减少重量，但是隔热层内部的产热势必会对电子器件带来一定的威胁。因此，建议将隔热系统安装在重金属屏蔽层内部，但隔热系统的内置会给外部屏蔽层带来额外重量，所以在设计隔热层时，有必要在达到实际应用需求的前提下，尽量缩小其厚度。

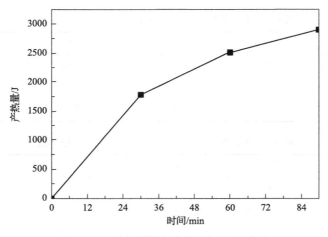

图 6.49　重金属钨盒产热量与时间关系

6.6.2　系统适用性评估

　　相变材料是被动热防护系统发挥功能的关键因素，其相变起始温度和相变潜热直接影响热防护效果。图 6.50 显示了购买的商用 44#相变材料经过 2 次、6 次、11 次和 21 次热循环后的 DSC 测试曲线，测试温升为 10℃/min。从图中可以看出，不同热循环后，44#材料的起始相变(熔化，凝固)温度和 DSC 曲线线型基本不变。

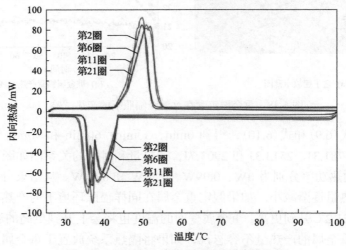

图 6.50　44#PCM 多次循环 DSC 曲线比较

　　不同热循环次数的相变材料吸热和放热过程参数见表 6.3 和表 6.4。从表中可知，相变材料热循环 21 次后，凝固起始温度和熔化起始温度均保持不变，为 43.5℃和 45.0℃左右，熔化开始温度要比凝固开始温度高 2℃左右，而相变潜热随着循

表 6.3　不同热循环次数的相变材料吸热过程参数

参数	第 2 圈	第 6 圈	第 11 圈	第 21 圈
熔化起始温度/℃	44.7	45.6	45.8	44.9
熔化峰值温度/℃	49.8	50.8	49.6	50.7
熔化潜热/(J/g)	203.6	233.4	244.2	250.4

表 6.4　不同热循环次数的相变材料放热过程参数

参数	第 2 圈	第 6 圈	第 11 圈	第 21 圈
凝固起始温度/℃	43.5	43.5	43.5	43.4
凝固峰值温度/℃	39.3 36.8	38.2 36.1	38.2 36.9	38.0 35.5
凝固潜热/(J/g)	195.1	225.9	239.9	245.9

环次数的增加，稍有增长。说明多次循环后，该相变材料的相变性能不会减小，热防护效果仍然会保持稳定的水平。

稳定的热性能是优异的相变材料应该具有的能力，相变材料 44#符合实际应用中所需要的热稳定性和高的相变潜热。

明确核电救灾机器人的任务工作时间，对机器人电子器件的热防护设计具有十分重要。同时，机器人各部件电子器件需要正常运行才能保证其预定工作时间。通信功能的实现是核灾变环境下机器人的重大挑战，因为反应堆四周有厚厚的混凝土墙及大量的金属，而且任务执行时往往需要 1～2km 的遥控距离，依赖无线传输是一个问题，因此核电救灾机器人一般都选用线缆的方式控制机器人。项目组设计的六足机器人最大行走速度可以达到 1.5km/h，假设将机器人从核岛外部 500m 的地方开始执行启动，需要穿行 500m 左右的常温区后进入核岛的高温区，也就是说要经历 20～30min 的时间机器人才能到达核岛执行任务。可以预知的是，随着机器人接近核岛，其身上的电子器件受到的辐照剂量增大，环境温度也会越来越高。研究表明 Elmo 驱动器在 50Gy/h 的 γ 射线辐照下，最多能工作 2h 左右[67]。Cho 等[68]对笔记本电脑的辐照测试显示在 150Gy/h 的剂量率下辐照超过 90min，笔记本电脑损坏。当福岛核事故发生之初，核岛内的辐照剂量会远远大于上述实验条件，因此许多救灾机器人工作不到半小时就会损坏。

良好的热防护设计需要电子器件在辐照环境下未损坏时，仍然能够正常工作。因此在设计之初，定义核电救灾机器人的工作时间在 2h 左右，而试验设计的 6 驱动器的热防护措施能够保证模拟驱动器在模拟高温环境工作长达 3h，这个结果符合对核电救灾机器人电子器件热防护的基本要求。

6.6.3　质量与价格估算

在对双驱动器和 6 个驱动器已有热防护经验的前提下，可以针对项目组设计的六足机器人上的 18 个电机驱动器，估算其被动热防护系统的质量。假设核电救灾机器人身上用于携带电子器件的身体尺寸为 850mm×400mm×250mm。热防护系统分为隔热系统和相变吸热系统。隔热系统选用 20mm 厚的二氧化硅气凝胶材料($0.2g/cm^3$)，采用直接包覆的方法安装在身体外部，可以计算质量约为 5.2kg。6 驱动器热防护试验表明，需要约 450g 相变材料以保证模拟驱动器温度保持在安全稳定范围内达到 3h。因此，可以大致估算 18 个驱动器需要相变材料约 1.5kg。相变材料质量加隔热系统质量总和约为 6.7kg。

根据市场行情，20mm 厚的二氧化硅气凝胶隔热毡价格为 300 元/m²，对于 850mm×400mm×250mm 的箱体，外部包裹一层隔热毡需要大概 2m² 的面积，花费 600 元。44#相变材料的价格为 280 元/kg，1.5kg 的价格为 420 元。综上所述，材料费共计 1020 元，加工费和铝合金支架费用约为 1000 元，则该热防护系统总费用合计约为 2020 元。

6.6.4　实际方案实施设计

对多驱动器热防护设计主要考虑的是核电救灾机器人外部环境的高温情况，因此提出隔绝外部环境的设计思路，依靠内部相变材料的吸热完成对发热部件的控制。通过对项目组六足机器人的实际热测试，提出了整机热防护对策。当固-液相变材料完全熔化后，内部系统的热量将单单依靠内部金属支架、液态相变材料的显热存储，温度会迅速累积，最终导致电子器件过热损坏，系统的热控时间只能控制在有限时长内。实际应用中需要器件有更多的工作时间，即低剂量率或较低温度环境时，依靠单纯的工作模式是无法满足实际应用需求的。因此，提出两种可以延长工作时间的策略，即反复式轨迹任务方案和利用单向传热原理的自适应环境方案，从机器人实际工作方案实施步骤方面提出相应的补充设计。

目前，核电救灾机器人(图 6.51(a))的设计考虑工况为常温环境，在现有的强制风冷散热条件下，试验考察了机器人体内各器件的发热情况，试图通过各部件的相对发热量比较来指导整机热防护方案。该机器人体内主要电子器件为：控制器 1 台、锂电池 2 台以及驱动器 18 台。在室温为 13℃ 的环境下进行电子器件的发热情况测试，具体测温点位置如图 6.51(b)所示。图中一共 8 个测温点，分别为驱动器散热片左 1、驱动器散热片右 1、驱动器散热片右 2、电池上面、电池间隙、

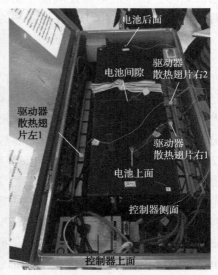

(a) 机器人外形　　　　(b) 电子器件发热实验中各温度测试点展示图

图 6.51　核电救灾机器人测温点布置图

电池后面、控制器上面和控制器侧面。需要说明的是，该器件箱体内已经安装有两个风冷系统，分别位于箱体底部平行于驱动器安装位置。

　　电子器件发热情况测试结果如图 6.52 所示。从图中可知，在 90min 内，驱动器发热量最大，而且由于驱动器与散热片之间热阻的存在，驱动器实际温度要大于测试的温度，三个驱动器散热器的温度存在一定差异，最大温差为 4.5℃。控制器表面的温度较低于驱动器。试验发现，由于该控制器内自带风冷设备，主要热量分布在风冷系统的出风口处。电池各表面一直保持在较低温度，其上表面温度最高，90min 内电池各表面间最大温差达 6.8℃。

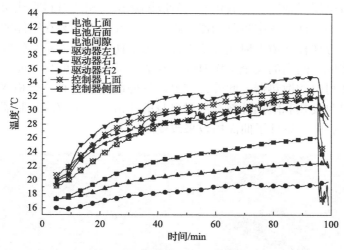

图 6.52　器件发热情况测试结果

　　图 6.53 是机器人行走 90min 后，身体内各器件的红外热像图。从图中可以明显地看出箱体内各部位的发热情况，其中靠近拍摄点的驱动器温度较高，尤其在靠近控制器端的驱动器温度最高。原因是箱体内左右两侧的风冷空气路径是从图中的远端将外界空气吸入后，吹向拍摄点方向，然后通过排风口排出。排

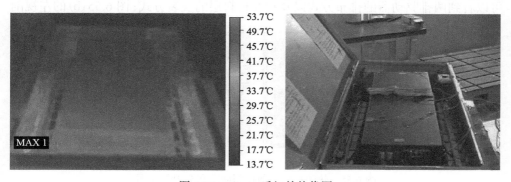

图 6.53　90min 后红外热像图

风口设计的不合理性以及控制器散热口处空间狭小，是温度分布不均的主要原因，通过对控制器散热口处的热路设计可以在一定程度上减缓热量的累积。总体来说，虽然机器人体内出现局部温度略高于其他部位温度的现象，其中靠近控制器端的温度明显较高，但是结果仍然满足各电子器件的正常工作需求，可以保证器件正常工作。

为了使现有机器人适应高温环境的工作任务，综合考虑各器件发热规律和空间排布等因素，对该款机器人的相关电子器件提出图6.54所示的整机热防护对策。根据多驱动器在高温环境下的热防护设计经验，将箱体设计为三层壁结构，从外到内分别为重金属屏蔽层、二氧化硅气凝胶隔热层和相变材料吸热层。与试验机器人不同的是该设计方案中将驱动器间距增加，并全部安装在箱体的一侧，以减小箱体空间，方便核环境下射线屏蔽设计。为了使各驱动器具有较好的温度均匀性，并提高密闭空间内的安全工作时间，在驱动器安装板的另一面，将散热片更换为基于相变材料的散热器。此外，在电池的外部也包裹有一层相变材料，其目的在于吸收自身发热和阻挡外部高温对自身的冲击。为了解决控制器散热口热空气对电池的热影响，设计了曲面挡板来改变热风方向。

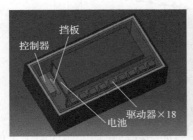 

(a) 整机热防护对策图示　　　　　　　　(b) 热防护设计上视图

图6.54　整机热防护对策及热防护设计上视图

图6.55显示了热防护设计方案的前视剖面图和左视剖面图，从图6.55(a)中可以看到两排驱动器的排布方式以及相变材料层的安装方式；图6.55(b)的左视剖

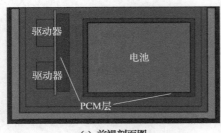 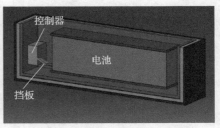

(a) 前视剖面图　　　　　　　　　　(b) 左视剖面图

图6.55　热防护设计前视剖面图和左视剖面图

面图中显示了曲面挡板的位置,其作用是改变控制器散热出风口的热空气流向,避免其对电池的热影响。

6.6.5 恢复性任务方案

在核电救灾机器人能够耐受当地辐照剂量并需要有更长工作时间的情况下,可以通过在机器人任务执行过程中引入外部冷却措施来延长电子器件正常工作时间。图 6.56 表示恢复性任务方案示意图,核电救灾机器人的工作区域分为 2 类,工作区域 1 为核岛外部环境,温度与常温接近,辐射剂量较低;工作区域 2 为核岛内部环境,冷却水回路损坏等因素导致核岛内部温度明显升高,最高可达 100℃以上,并且会伴有高辐射剂量的射线。

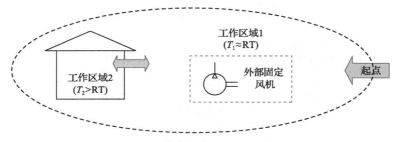

图 6.56 恢复性任务方案示意图

机器人的大部分工作时间会在工作区域 2,即较高温度环境。由于采用隔热和吸热相结合的热防护策略,当隔热层内相变材料完全熔化后,热量会在发热器件累积,极易导致器件损坏。当器件表面最高温度达到设定值后,机器人可以利用环境的特点,先返回低剂量常温的工作区域 1,并与预先放置的风机对接,利用外部协助进行相变系统的降温,此间机器人可以停止工作,减少热量产生。当器件上的检测点温度达到或低于室温时,停止冷却,机器人重启,再次进入核岛执行任务,具体流程如图 6.57 所示。该方案一方面降低了操作员接触受辐照机器人的风险,另一方面提出了可以无限延长机器人工作时间的对策。

图 6.58 显示出实验室模拟机器人实际工作环境温度变化的曲线,包括核岛内50℃和 100℃环境的情况。从图中可以看出,在机器人实际工作后的一段时间内,环境温度逐渐从室温上升到目标温度。由于机器人的电子器件处于密闭空间,这导致即使当救灾机器人所处环境温度较低时,机器人身体内部仍然会出现热量的累积,虽然依靠相变材料储能达到热控效果,但这显然会降低热防护方案的效率。如果机器人所在环境温度较低(图中阴影区域),机器人内部热量能有效传递到环境中,会大大提高换热效率,从而延长机器人电子器件的安全工作时间。

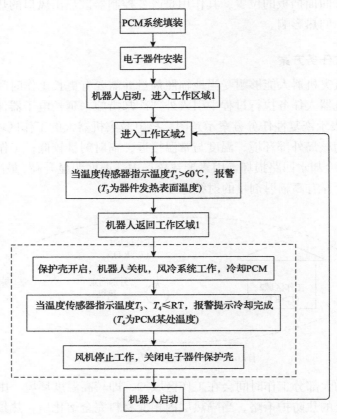

图 6.57 恢复性任务方案流程图

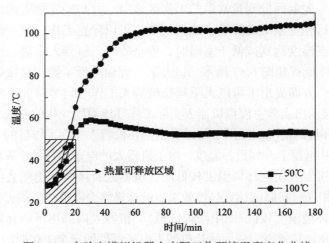

图 6.58 实验室模拟机器人实际工作环境温度变化曲线

　　由于核灾变现场较高的辐射剂量，核电救灾机器人电子器件必须用重金属屏蔽层屏蔽以防器件受到电离损伤。任何开孔都会削弱屏蔽层对 γ 射线的阻隔作用，加之隔热系统的结构不宜有活动件，电子控制机器人身体打开释放热量不易实现。采用热开关[69]或者环路热管(图 6.59)的单向传热技术可以解决上述问题。当外界温度低于内部器件发热温度时，器件发出的热量可以实时传导到外界环境；当外界温度逐渐升高到高于内部器件温度时，由于热量传递的单向性，环境热量无法传递到机器人身体中，这时器件热量的累积可以由相变储能材料吸收，达到温控效果，这也大大延缓了相变材料工作时间，从而延长电子器件的工作时间。

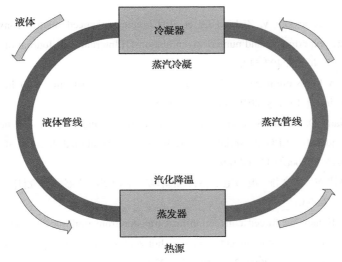

图 6.59　环路热管示意图

参 考 文 献

[1] Cengel Y A. Heat Transfer: A Practical Approach[M]. New York: McGraw-Hill, 2003.

[2] Janicki M, Napieralski A. Modelling electronic circuit radiation cooling using analytical thermal model[J]. Microelectronics Journal, 2000, 31(9-10): 781-785.

[3] Robison R A. Moore's law: Predictor and driver of the silicon era[J]. Word Neurosurgery, 2012, 78(5): 399-403.

[4] IC Insights Inc. The McClean Report. https://www.icinsights.com/services/mcclean-report/report-conten-ts/[2020-2-29].

[5] 王振, 刘坤, 鞠伟. 高压直流输电工程电触发换流阀TE板烧毁机理研究[J]. 中国电力, 2020, 53(5): 56-62.

[6] Ghernoug C, Djezzar M, Bouras A. The natural convection in annular space located between two horizontal eccentric cylinders: The Grashof number effect[J]. Energy Procedia, 2013, 36: 293-302.

[7] Lall P, Pecht M G, Hakim E B. 温度对微电子和系统可靠性的影响[J]. 北京: 国防工业出版社, 2008.

[8] 丁连芬. 电子设备可靠性热设计手册[M]. 北京: 电子工业出版社, 1989.

[9] 过增元. 当前国际传热界的热电—微电子器件的冷却[J]. 中国科学基金, 1988, (2): 20-25.

[10] 齐永强, 何雅玲, 张伟, 等. 电子设备热设计的初步研究[J]. 现代电子技术, 2003, (1): 73-79.

[11] Obayedullah M, Chowdhury M M K. MHD natural convection in a rectangular cavity having internal energy sources with non-uniformly heated bottom wall[J]. Procedia Engineering, 2013, 56: 76-81.

[12] Kazansky S, Dubovsky V, Ziskind G, et al. Chimney-enhanced natural convection from a vertical plate: experiments and numerical simulations[J].International Journal of Heat and Mass Transfer, 2002, 46(3): 497-512.

[13] Elshafei E A M. Natural convection heat transfer from a heat sink with hollow/perforated circular pin fins[J]. Energy, 2010, 35(7): 2870-2877.

[14] Park S J, Jang D, Lee K S. Thermal performance improvement of a radial heat sink with a hollow cylinder for LED downlight applications[J]. International Journal of Heat & Mass Transfer, 2015, 89(oct.): 1184-1189.

[15] 旷建军, 林周布, 张文雄. 电力电子器件强制风冷用新型散热器的研究[J]. 电力电子技术, 2002, 36(2): 72-73.

[16] Sultan G I. Enhancing forced convection heat transfer from multiple protruding heat sources simulating electronic components in a horizontal channel by passive cooling[J]. Microelectronics Journal, 2000, 31(9-10): 773-779.

[17] Mohamed M M. Air cooling characteristics of a uniform square modules array for electronic device heat sink[J]. Applied Thermal Engineering, 2006, 26(5-6): 486-493.

[18] Kim S Y, Paek J W, Kang B H. Thermal performance of aluminum-foam heat sinks by forced air cooling[J]. IEEE Transactions on Components and Packaging Technologies, 2003, 26(1): 262-267.

[19] Al-Damook A, Kapur N, Summers J L, Thompsona H M. An experimental and computational investigation of thermal air flows through perforated pin heat sinks[J]. Applied Thermal Engineering, 2015, 89: 365-376.

[20] 李斌, 陶文铨, 何雅玲. 电子器件空气强制对流冷却研究[J]. 西安交通大学学报, 2006, 40(11): 1241-1245.

[21] Stafford J, Walsh E, Egan V. A study on the flow field and local heat transfer performance due to geometric scaling of centrifugal fans[J]. International Journal of Heat and Fluid Flow, 2011, 32(6): 1160-1172.

[22] Staats W L, Brisson J G. Active heat transfer enhancement in air cooled heat sinks using integrated centrifugal fans[J]. International Journal of Heat and Mass Transfer, 2015, 82: 189-205.

[23] 平丽浩, 钱吉裕, 徐德好. 电子装备热控新技术综述（下）[J]. 电子机械工程, 2008, 24（2）: 1-9.

[24] 雷俊禧, 朱冬生, 王长宏, 等. 电子芯片液体冷却技术研究进展[J]. 科学技术与工程, 2008, 8（15）: 4258-4269.

[25] Lyon R H, Bergles A E.Noise and cooling in electronics packages[J]. IEEE Transactions on Components and Packaging Technologies, 2006, 2（3）: 535-542.

[26] Yokouchi K, Kamehara N, Niwa K. Immersion cooling for high-density packaging[J]. IEEE Transaction on Components, Hybrids and ManufacturingTechnology, 1987, 12（4）: 643-646.

[27] Martin H. Heat and mass transfer between impinging gas jets and solid surfaces[J]. Advances in Heat Transfer, 1993, 23: 123-126.

[28] Visaria M, Mudawar I. Application of two-phase spray cooling for thermal management of electronic devices[J]. IEEE Transactions on Components and Packing Technologies, 2009, 32（4）: 784-793.

[29] 吴忠杰, 张国庆. 混合动力车用镍氢电池的液体冷却系统[J]. 广东工业大学学报, 2008, 25（4）: 28-31.

[30] 黄文捷, 刘道锦. 液体冷却系统在特种直升机上的应用[J]. 直升机技术, 2008, （2）: 44-46.

[31] 曾平, 程光明, 刘九龙, 等. 集成式计算机芯片水冷系统的研究[J]. 西安交通大学学报. 2005, 39（11）: 1207-1210.

[32] Peng X, Wang B. Forced convection and flow boiling heat transfer for liquid flowing through micro-channels[J]. International Journal of Heat and Mass Transfer, 1993, （36）: 3421-3427.

[33] Tuckerman D B, Pease R F W. High-performance heat sinking for VLSI[J]. Electron Device Letter, 1981, 2（5）: 126-129.

[34] Hasan M I. Investigation of flow and heat transfer characteristics in micro pin fin heat sink with nanofluid[J]. Applied Thermal Engineering, 2014, 63（2）: 598-607.

[35] Hetsroni G, Mosyak A, Segal Z, et al. A uniform temperature heat sink for cooling of electronic devices[J]. International Journal of Heat and Mass Transfer, 2002, 45（16）: 3275-3286.

[36] Naphon P, Wirivasart S. Liquid cooling in the mini-rectangular fin heat sink with and without thermoelectric for CPU[J]. International Communications in Heat and Mass Transfer, 2009, 36（2）: 166-171.

[37] Vafai K, Zhu L. Analysis of two-layered micro-channel heat sink concept in electronic cooling[J]. International Journal of Heat and Mass Transfer, 1999, 42（12）: 2287-2297.

[38] Chen Y, Cheng P. Heat transfer and pressure drop in fractal tree-like micro-channel nets[J]. International Journal of Heat and Mass Transfer, 2002, 45（13）: 2643-2648.

[39] Emescu D, Virjoghe E O. A review on thermoelectric cooling parameters and performance[J]. Renewable and Sustainable Energy Reviews, 2014, 38: 903-916.

[40] Mudawar I, Valentine W S. Determination of the local quench curve for spray-cooled metallic surfaces[J]. Journal of Heat Treating, 1989, 7: 107-121.

[41] Rybicki J R, Mudawar I. Single-phase and two-phase coolingcharacteristics of upward-facing and downward-facing sprays[J]. International Journal of Heat and Mass Transfer, 2006, 49(1-2): 5-16.

[42] 腾明生, 秦清. 半导体制冷器在电子设备冷却系统中使用性能的优化及电算程序[J]. 电子机械工程, 1995, (6): 34-40.

[43] Lineykin S, Ben-Yaakov S. Modeling and analysis of thermoelectric modules[J]. IEEE Transactions on Industry Applications, 2007, 43(2): 505-512.

[44] Elsheikh M H, Shnawah D A, Sabri M F M, et al. A review on thermoelectric renewable energy: Principle parameters that affect their performance[J]. Renewable and Sustainable Energy Reviews, 2014, 30: 337-355.

[45] Huang H, Weng Y, Chang Y, et al. Thermoelectric water - cooling device applied to electronic equipment[J]. International Communications in Heat and Mass Transfer, 2010, 37(2): 140-146.

[46] Chang Y, Chang C, Ke M, et al. Thermoelectric air-cooling module for electronic devices[J]. Applied Thermal Engineering, 2009, 29(13): 2731-2737.

[47] Vasiliav L L. Micro and miniature heat pipes—Electronic component coolers[J]. Applied Thermal Engineering, 2008, 28(4): 266-273.

[48] Chan C W, Siqueiros E, Ling-Chin J, et al. Heat utilizationtechnologies: Acritical review of heat pipes[J]. Renewable and Sustainable Energy Reviews, 2015, 50: 615-627.

[49] Namba K, Niekawa J, Kimura Y, et al. Heat-pipes for electronic devices and evaluation of their thermal performance[J]. IEEE Transactions on Components and Packaging Technologies, 2000, 23(1): 91-94.

[50] Vasiliav L L. Heat pipes in modern heat exchangers[J]. Applied Thermal Engineering, 2005, 25(1): 1-19.

[51] Jiao A, Riegler R, Ma H. Groove geometry effects on thin film evaporation and heat transport capability in grooved heat pipe[C]. The 13th International Heat Pipe Conference, Shanghai, 2004: 44-51.

[52] Lallemand M, Lefevre F. Micro/mini heat pipes for the cooling of electronic devices[C]. The 13th International Heat Pipe Conference, Shanghai, 2004: 12-23.

[53] Goncharov K, Golovin O, Orlov A. Lavochkin and TAIS experience in field of loop heat pipes development and application in spacecraft[C]. International Workshop on Two-Phase Thermal Control Technology, Noordwijk, 2000.

[54] Maydanik Y F. Loop heat pipes[J]. Applied Thermal Engineering, 2005, 25(5-6): 635-657.

[55] Romberg O, Bodendieck F, Block J, et al. NETLANDER thermal control[J]. Acta Astronautica, 2006, 59(8-11): 946-955.

[56] Yang Y, Wang Y. Numerical simulation of three-dimensional transient cooling application on a portable electronic device using phase change material[J]. International Journal of Thermal Sciences, 2012, 51: 155-162.

[57] Boukhanouf R, Haddad A. A CFD analysis of an electronics cooling enclosure for application in telecommunication systems[J]. Applied Thermal Engineering, 2010, 30(16): 2426-2434.

[58] Ozturk E, Tari I. CFD modeling of forced cooling of computer chassis[J]. Engineering Applications of Computational Fluid Mechanics, 2007, 1(4): 304-313.

[59] Li J, Kleinstreuer C. Thermal performance of nanofluid flow in microchannels[J]. International Journal of Heat and Fluid Flow, 2008, 29(4): 1221-1232.

[60] Baby R, Balaji C. Thermal optimization of PCM based pin fin heat sinks: An experimental study[J]. Applied Thermal Engineering, 2013, 54(1): 65-77.

[61] Sharma A, Tyagi V V, Chen C T, et al. Review on thermal energy storage with phase change materials and applications[J]. Renewable and Sustainable Energy Reviews, 2009, 13(2): 318-345.

[62] 韩延龙. 基于相变材料的核救灾机器人电子器件热防护研究[D]. 上海: 华东理工大学博士学位论文, 2016.

[63] 曹涛, 孙大庆, 杨墨, 等. 变电站智能巡检机器人散热系统分析[J]. 机械设计与制造, 2012, (9): 161-163.

[64] 徐烈, 方荣生, 马庆芳. 绝热技术[M]. 北京: 国防工业出版社, 1990.

[65] 常儇宇, 张金花, 王小安, 等. 常见保温材料密度与导热系数关系的研究[J]. 工程质量A版, 2009, 27(2): 66-70.

[66] 郁金南. 材料辐照效应[M]. 北京: 化学工业出版社, 2007.

[67] Zhang T Y, Wang T M, Zhao Q T. γ ray irradiation test of motion control components of nuclear emergency rescue robot[C]. IEEE International Conference on Robotics and Biomimetics, Shenzhen, 2013: 2118-2123.

[68] Cho J W, Jeong K M. A performance evaluation of notebook PC under a high dose - rate gamma ray irradiation test[J]. Science and Technology of Nuclear Installations, 2014, 1: 214-216.

[69] 郭亮, 张旭升, 黄勇, 等. 空间热开关在航天器热控制中的应用与发展[J]. 光学精密工程, 2015, 23(1): 216-229.

[54] Maydanik Y F. Loop heat pipe[J]. Applied Thermal Engineering, 2005, 25(5): 635-657.
[55] Romberg C, Bodendieck F, Prock J, et al. NETF-KNDPR thermal control[J]. Acta Astronautica, 2000, 56(5): 649-658.
[56] Vasiliev ...
... porphobic electronic device using phase change material[J]. international Journal of Heat ...
...
Applications of Computational Fluid Mechanics, 2017, 11(2): 301-313.
[59] [1]... Kleinstreuer C. Thermal performance of nanofluid flow in microchannels[J]. International Journal of Heat and Mass ...
[60] Babu R, Balaji C. Thermal optimization of PCM based pin fin heat sinks: An experimental study[J]. Applied Thermal Engineering, 2018, 21(1): 65-77.
...
[66] ...
[62] Zhang Y M, Wang Y X, Zhao Q J, X-ray irradiation test of motion control component of nuclear emergency ... coefficient ion Robustics and Biomimetics (ROBIO), IEEE, Shenzhen, 2013: 773.
[58] Cho Y M, Jeong S Y. A performance evaluation of nuclear 13... under a high dose gamma ray irradiation test[J]. Science and Technology of Nuclear Installations, 2014, 1: 34-155.
[59] ... 2015, 35(3): 316-320.

第 7 章　核电救灾机器人防护和自清洁

核事故工况下核电站内部的剂量率可高达 10kGy，高温高湿环境，硼酸溶液，并且伴有大量的放射性沉降物。核电救灾机器人在进行作业时，复杂的物化环境给救灾作业造成很大困难。功能涂层能够对核电救灾机器人进行有效防护，起到减少机器人被放射性物质黏附、降低化学介质腐蚀、延长使用寿命等重要作用。

7.1　辐射环境分析

7.1.1　放射性核素种类

核动力堆运行期间，放射性核素是由核燃料裂变以及结构材料、腐蚀产物和冷却水中杂质中子活化而产生的。虽然大多数裂变产物留在燃料元件内，但部分放射性物质可能最终会释放到环境中，排放出含放射性核素的放射性液体废物[1]。在压水堆排放总放射性物质中，放射性核素 ^{137}Cs 和 ^{134}Cs 合计占 30%，在轻水堆废液废物中，^{131}I 和 ^{133}I 占放射性物质总量的 10%～40%，^{58}Co 和 ^{60}Co 约占 15%。

事故情况下，更是会产生大量放射性粉尘。例如，1979 年，美国三里岛核电厂堆芯严重损坏，放射性裂变物质大量从燃料中释放出来，释放到环境中的放射性物质总量约为 9.25×10^{16}Bq，大多数为短寿命的惰性气体，其中约 60% 是 ^{137}Xe，^{131}I 仅为 5.55×10^{11}Bq[2]。但也有些物质的半衰期可长达数十年。1986 年，切尔诺贝利核电站发生的核事故，产生大量的放射性核素 ^{131}I 和 ^{137}Cs，释放的放射性物质总量达到了 5.55×10^{23}Bq[3]。核污染物种类及其半衰期见表 7.1。

表 7.1　核污染物种类及其半衰期[1]

污染物	半衰期	污染物	半衰期
^{85}K	10.8a	^{56}Mn	2.6h
^{90}Sr	28a	^{51}Cr	27d
^{95}Zr	55.5d	^{59}Fe	44.5d
^{131}I	8.05d	^{60}Co	5.27a
^{133}Xe	5.3d	^{65}Ni	2.56h
^{135}Xe	9.1h	^{64}Cu	12.7h
^{137}Cs	30a	^{58}Co	70d
^{144}Ce	285d		

注：a 表示年；d 表示天；h 表示小时。

7.1.2　腐蚀环境

压水堆核电站通常有三个回路，裂变释放出的热量由一回路传递给二回路，产生的蒸汽推动汽轮机发电。三回路是将蒸汽冷凝，在二回路中循环使用。我国的核电站主要建在海边，大多以海水作为循环冷却水。因此，三回路中主要为海水、土壤和大气。海水是一种复杂的天然平衡体系，具有含盐量高、导电的特征，海水表层的 O_2 和 CO_2 溶于海水的量接近饱和，pH 达到 8.2 左右，形成腐蚀的电解液[4]。

另外，硼酸是核电站一回路冷却剂中的化学物质。硼酸本是一种弱酸，对一回路中不锈钢设备的腐蚀性很小。硼酸对设备的腐蚀主要是在事故发生时，硼酸发生泄漏，水分蒸发，浓缩结晶。由于硼酸在 95℃ 下的饱和溶液中，pH 小于 3，酸性很强，腐蚀性大。1987 年，美国 Turkey Point 核电站在压力容器顶盖处发现大量的硼酸结晶，这种结晶是由于接口处发生泄漏形成的。2002 年，美国 Davis-Besse 核电站核反应堆的冷却塔顶部发生了硼酸腐蚀，导致钢板腐蚀变薄，塔顶钢板的承受压力增大。一旦发生破裂，冷却塔内部的放射性高温水会造成污染事故。这种硼酸的腐蚀环境对于核电站材料的使用寿命具有重要影响。

7.1.3　温度与湿度

在堆芯核裂变过程中产生的热量、经相应的冷却剂带出来，然后驱动汽轮机发电。在汽轮排气时，蒸汽将冷凝成水，同时放出大量热量。目前轻水堆的热效率大概为 33%，这就意味着几乎堆芯产生热能的 2/3 必须排放到电站附近环境中。不同核电站设备涂层应用的环境温度不同，主要分为 0～60℃、60～120℃、≥120℃三种类型，湿度可达到 100%[5]。其中，0～60℃属于常温条件，涂层对温度容忍性较好；60～120℃，介质对材料的腐蚀速率增加；≥120℃，在这一温度条件下，环境中的水已经蒸发。但是，在温度升高的过程中，水对材料有腐蚀作用。如果设备处于反复浸湿的条件，则材料表面会积聚盐垢，腐蚀速率较大。另外，常温涂层通常不能耐此温度条件，必须选择专用的耐高温涂料。

核电站物化环境恶劣，且存在各种射线，正常工况下射线剂量率可达 1kGy/h，核事故工况下可达到 10kGy/h。因此，核电站适用涂层必须具备一定的耐温性、抗辐照老化性。除此之外，某些应用要求还需要涂层具备以下功能[5-7]：

（1）去污性能要求。即易于清除涂层表面的放射性污染物，以免检修时对工作人员造成放射性损伤。

（2）LOCA 条件（过冷却剂失水事故损失试验）附着力要求，即核岛内管道破口时，涂层不剥落。

（3）耐 120℃、400℃温度试验，200h 以上。

（4）达到《压水堆核电厂用涂料　漆膜在模拟设计基准事故条件下的评价试验方法》（EJ/T 1086—1998）中规定的涂层在模拟设计基准条件下的附着力要求。

(5) 达到《压水堆核电厂用涂料 漆膜受 γ 射线辐照影响的试验方法》(EJ/T 1111—2000)、《压水堆核电厂用涂料 漆膜可去污性的测定》(EJ/T 1112—2000) 中 γ 射线辐照、去污性的要求。

(6) 涂料中的各种成分应尽可能降低卤族元素、硫元素的含量。

(7) 为避免对金属材料析氢过程的影响，涂膜应不含铝粉，尽量不使用含金属锌的涂料。

因此，应根据具体的应用要求，对核电功能涂层进行针对性设计。

7.2　耐核辐射涂层

耐核辐射涂层是指具有抗辐照和吸收辐射能力的涂料，主要用于核电站、实验室以及其他容易受放射性污染的建筑、设备的内外保护面，满足核电站特征环境条件、技术要求的涂层体系[8]。试验证明，1×10^5Gy 辐射剂量条件下，一般涂层会出现变黄、发黏，甚至涂层破坏的情况。

核电专用涂层既要满足防腐和装饰性要求，还必须具备易于去污、耐核辐射和在事故发生时保持稳定的性能[9]。这些特殊性能对于保障核电站安全，防止放射性污染，保证人员安全是非常重要的。

7.2.1　耐核辐射涂层的组成

1. 基料

涂层是黏附于物体表面的薄膜。黏结剂是涂层的主要成膜物质，又称为漆基，加溶剂后配制成黏稠的溶液，称为漆料、基料[10]。涂层的耐辐照性能主要取决于基料的耐辐照性。作为主要成膜物质，基料对漆膜的耐辐照性能、自清洁性能、附着力和耐化学性等有着重要作用。对于核电站所用涂层，一般要求至少能耐 1000Mrad 剂量的辐射[11]。表 7.2 给出了一些美国核电站专用的涂料类型。

表 7.2　美国核电站专用涂料的类型[12]

类别	混凝土	钢结构	钢制设备
安全壳	环氧聚酰胺、水性环氧	环氧酚醛、环氧	环氧酚醛、酚醛、无机锌、乙烯
辐射控制区	硅氧烷、环氧 改性环氧、聚酯	醇酸、环氧 硅氧烷	环氧、环氧酚醛、乙烯 无机锌、环氧聚酰胺
安全设备	水性丙烯酸 乙烯基树脂	环氧酚醛 环氧厚浆	环氧厚浆、环氧 环氧酚醛

基料经核辐射后，大致存在如下效应：交联、降解、伴随有不饱和键含量的变化以及产生一些自由基，这些变化都可能导致聚合物材料的物理性质改变。此

外，聚合物的核辐射效应还受氧、添加剂和溶剂的影响。一般情况下，核辐射导致不饱和烃发生交联，反应概率炔大于烯，烯大于其他不饱和烃。在某些聚合物中，核辐射一方面会引起了分子链的交联，另一方面又会导致支链产生，甚至发生主链降解[13,14]。

大多数耐核辐射化合物都是芳(族)环系物(多联苯)或者稠环系物(萘等)，它们对核辐射相对不敏感。虽然核辐射稳定性随脂肪族长度的增加而减小，但其辐解程度始终低于脂肪族化合物。

核辐射环境下，苯环结构稳定的原因是[15]：①苯环的共轭结构使其可以快速消散、吸收辐射能，但不伴随负效应。②苯环电子云结构类似于亚微观的金属晶体，它的电子是自由活动的。因此，一个电子的丢失可以部分地由其他电子重新分配来弥补，而不至于造成分子链断裂。也有一些报道指出，官能度越高，其辐射稳定性就越突出，尤其是含有苯环的多官能度体系。

目前，世界各国对涂料的耐辐照性能看法不一。在美国，酚醛、脲醛和三聚氰胺甲醛树脂为基体的涂料被认为是最耐辐照的涂料，其次是聚酯、环氧涂料。氨固化的环氧树脂抗 γ 射线辐射性能最好。在俄罗斯，环氧树脂和有机硅树脂的耐辐照稳定性被认为最好，其次是聚氨酯、对苯二甲酸基树脂、聚乙烯等，而丙烯酸和氟碳化合物的耐辐照性能则比较低。除基料外，填料和助剂对涂料的耐辐射性能也有影响。各种聚合物材料的耐辐照性能列于表 7.3。

表 7.3　各种基料的耐辐照限度比较[16]

基料种类	耐最大剂量/Mrad	基料种类	耐最大剂量/Mrad
二苯基硅氧烷	5000	聚氟基甲酸酯	1000
环氧酚醛	5000	三聚氰胺甲醛树脂	1000
环氧	5000	尿素-三聚氰胺树脂	500
聚苯乙烯	5000	聚乙烯醇缩丁醛	500
聚乙烯基咔唑	4000	硝化烯	100
沥青	2000	醋酸纤维	50

下面对这几种重要的耐核辐射涂层基体进行简单介绍。

1) 聚苯基硅氧烷

传统的有机硅树脂具有良好的耐化学介质、电绝缘性能和较宽的使用温度范围等优点，可以用于电线电缆。聚苯基甲基硅氧烷结构式如图 7.1 所示，其耐高低温性能、电气性能、耐辐照性能、透光率、与有机化合物的相容性等非常突出，在航空航天、电子电器等领域有着较好的应用[17]。同时，由于部分甲基被苯环取代，苯环含量增多，共轭结构中的大 π 键能分散所吸收的辐射能，使激发能在分子间或分子内转移，从而避免键的断裂，耐辐照能力提高。

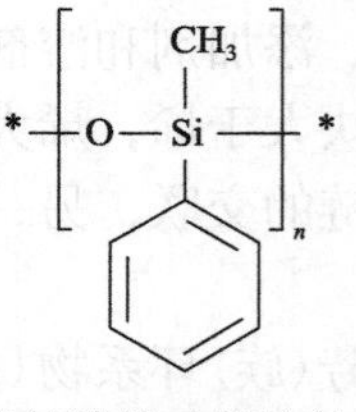

图 7.1　聚苯基甲基硅氧烷的分子结构式

2) 酚醛环氧树脂

酚醛环氧树脂，又称 F 型环氧树脂，结构式如图 7.2 所示。酚醛环氧树脂的纤维增强塑料，具有良好的物理机械性能，耐热性高于 E 型环氧树脂，主要用于制作各种结构件、电器元件等。酚醛环氧树脂的环氧基团官能度大于 2，高于普通双酚 A 环氧树脂。因此，酚醛环氧树脂涂料比双酚 A 环氧树脂涂料有更高的交联密度、更强的防腐能力及同样优秀的耐辐照能力。采用胺类固化剂完全固化的酚醛环氧涂膜，拥有良好的防腐性、耐化学品性、耐热性、耐磨性和耐辐照性。

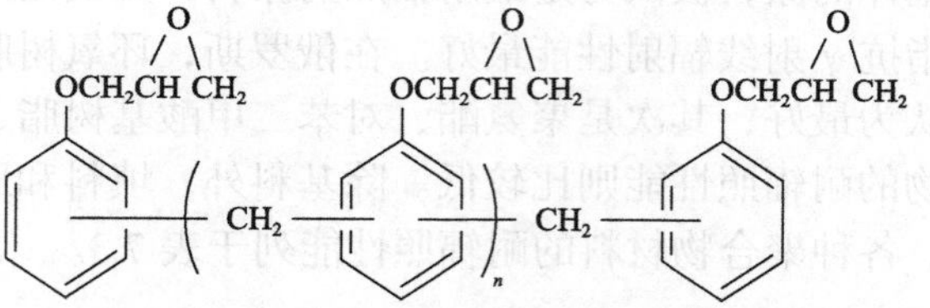

图 7.2　酚醛环氧树脂的分子结构式

3) 环氧树脂

环氧树脂是一种环氧低聚物，按化学结构大致可分为缩水甘油醚类、缩水甘油胺类、缩水甘油酯类、脂环族环氧树脂和环氧化烯烃类。工业环氧树脂的官能度约为 1.9，少量的二醇端基的存在不仅降低了树脂的黏度，而且能够增加漆膜的附着力。在涂层中应用较多的为双酚 A 型环氧树脂，其主要性能指标见表 7.4，结构式如图 7.3 所示。芳环结构和交联网络赋予环氧树脂优异的力学性能、耐溶剂、耐化学介质和耐辐照性能，已成为核技术领域广泛使用的树脂基体。

表 7.4　涂料中常用的双酚 A 型环氧树脂规格和性能参数[18]

树脂型号	软化点/℃	环氧值/(当量/100mg)	平均分子量
E-44(旧 6101)	12～20	0.41～0.47	
E-20(旧 601)	64～76	0.18～0.22	900
E-12(旧 604)	85～95	0.09～0.14	1400
E-06(旧 607)	110～135	0.04～0.07	2900
E-03(旧 609)	135～155	0.02～0.045	

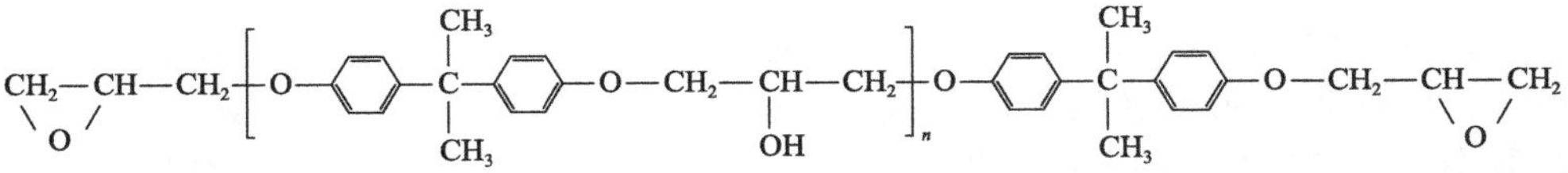

图 7.3　双酚 A 型环氧树脂的分子结构式

　　双酚 A 型环氧树脂的耐辐射性能较好[19-21]，但在高剂量辐照下仍会发生辐照失效等问题，而增大交联密度能够提升树脂的耐辐照性能[22]。AFG90 是一种三官能度环氧树脂，具有低黏度、耐高温的特点，近些年作为高性能树脂基体已在航空航天等领域被应用[23,24]，但报道不多。AFG90 环氧树脂的分子结构式如图 7.4 所示。第 2 章对 E51、AFG90 两种环氧树脂及其复合材料的性能进行了详细讨论，证实AFG90 环氧树脂及其复合材料具有更优异的热、力学性能和辐照稳定性。

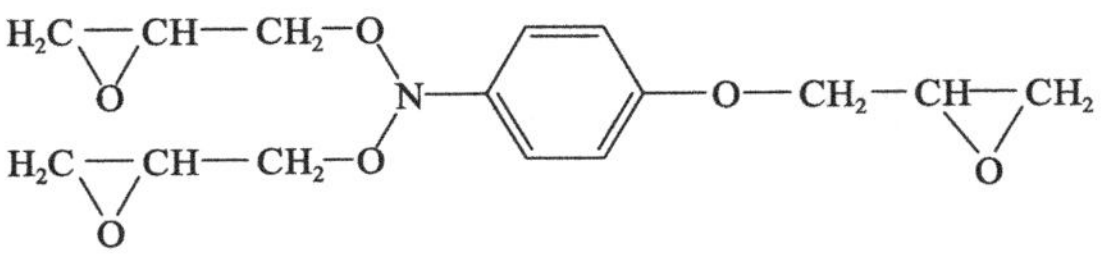

图 7.4　对氨基苯酚(AFG90)环氧树脂的分子结构式

2. 颜填料

　　颜填料在耐辐照涂料中起着重要作用，颜填料的体积浓度对漆膜的最终性能有很大的影响。当涂膜的颜料体积浓度(PVC)小于临界颜料体积浓度(CPVC)时，颜料完全被基料包裹，颜料颗粒之间也被基料隔离和填充，涂膜的连续性及封闭性都很好；而当 PVC 等于 CPVC 时，涂膜刚能维持连续的状态；当 PVC 大于 CPVC时，因颜料过多，基料不足，涂膜中有空隙，不能很好地起到保护作用，从而影响涂层的耐辐照性、去污性和耐腐蚀性[25]。

　　颜填料中不应含有一些通过辐射后能够转化为放射性的元素，而应该选用辐射稳定性较好的元素化合物，如钛、铅、钡、镁、钙、铁等[26]。矿物填料可以显著增加涂料的耐辐照性能，如二氧化钛、石墨、氧化铬、钡盐、滑石粉、云母粉和高岭土等。一般情况下，颜填料会导致涂层的去污性能下降，但是适量的钛酸钾晶须、氧化铬和滑石粉等，既可保证涂层的去污性能，又能增加抗辐照能力[25]。以下为几种主要颜填料的特性。

1)二氧化钛

　　二氧化钛为白色固体或粉末状的两性氧化物，具有无毒、最佳的不透明性、最佳白度和光亮度，被认为是目前世界上性能最好的一种白色颜料。钛白的黏附力强，不易起化学变化，广泛应用于涂料、塑料、造纸、印刷油墨、化纤、橡胶、化妆品等工业。由于二氧化钛具有较好的辐射掩蔽作用，也广泛应用于防晒霜膏及耐辐照颜填料。

2)云母粉$(K_{0.5\sim1}(Al, Fe, Mg)_2(SiAl)_4O_{10}(OH)_2 \cdot nH_2O)$

云母粉是一种两层硅氧四面体夹着一层铝氧八面体构成的层状硅酸盐。它可在漆膜中以图 7.5 所示的方式水平排列并且交叉重叠，产生所谓的"迷宫效应"，从而有效阻缓水分及其他腐蚀介质到达基材发生腐蚀，提高漆膜的耐水性和防腐性[27]。

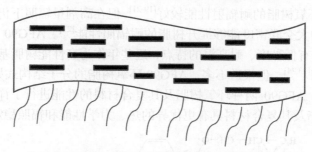

图 7.5　漆膜中云母粉排列示意图

3)钛酸钾晶须

钛酸钾晶须具有优良的化学稳定性，能延长涂层的使用寿命，并能显著提高涂层的耐热性，它本身不吸收微波和射线，在辐射下特别稳定，能提高涂层的耐辐照稳定性。钛酸钾用量对漆膜的附着力和去污性能有一定的影响[25]。从表 7.5 中可以看出，漆膜的去污率随着配方中钛酸钾晶须的用量而发生改变。

表 7.5　钛酸钾晶须添加量对漆膜附着力、去污性能的影响[25]

钛酸钾晶须的含量/%	漆膜去污率/%	漆膜与混凝土附着力/MPa
0	70	3.5
5	75	3.5
10	81	3.5
15	76	3.5
20	82	3.2
30	78	2.8

4)石墨烯

石墨烯是由碳原子经 sp^2 杂化组成的六角蜂巢晶格平面薄膜，厚度只有一个碳原子大小。石墨烯独特的二维结构、石墨烯片致密的物理隔绝层以及高达 $2000cm^2/g$ 的比表面积，能够形成一个巨大的表面层，不仅可隔绝外界的水分、氧气，而且可以阻止腐蚀介质与基材接触。另外，石墨烯具有较强的化学惰性，对基材有较好的钝化效果。同时，石墨烯还能够作为自由基捕捉剂提高涂层的耐辐照性能。

3. 固化剂

通过基体与固化剂的交联反应，漆膜可以获得致密的结构、耐水性、耐洗刷性、耐温性和防腐性等。提高交联程度，有助于改善涂层的耐辐照性。常用的环氧固化剂主要有胺类和酸酐类。

脂肪族多元胺，如乙二胺、己二胺、二乙烯三胺、三乙烯四胺、二乙氨基丙胺等活性较大，能在室温使环氧树脂交联固化；而芳香族多元胺活性较低，如间苯二胺，需在 150℃下才能固化完全。在环氧改性芳香胺固化剂乳液中，固化剂分子含有环氧链节，能更好地乳化环氧树脂，同时分子中含苯环刚性结构单元，耐化学性能和耐高温性好，辐射后降解不明显。目前，胺固化的环氧树脂涂料已成功应用于核反应装置系统。常用胺类固化剂使用特性见表 7.6。

表 7.6　胺类固化剂使用特性[28]

固化剂	黏度或熔点(25℃)	适用期	典型固化周期	特性
二乙烯三胺	0.005Pa·s	30min	25℃/7d	固化速度快，常温性能好
三乙烯四胺	0.025Pa·s	30min	25℃/7d	固化快、力学性能、耐化学性能好
改性多元胺	0.5～0.9Pa·s	40min	25℃/14d	对混凝土黏结性能优良
改性液态芳族胺	3～5Pa·s	>3h	80℃/2h，204℃/4h	耐热性能、耐腐蚀性能、耐辐照性能、电性能优良
间苯二胺	62.6℃	3.5h	150℃/3h	耐热性能、耐化学性能好

二元酸和酸酐，如顺丁烯二酸酐、邻苯二甲酸酐，可以固化环氧树脂，但必须在较高温度下烘烤才能固化完全。常用的酸酐类固化剂使用特性见表 7.7。

表 7.7　常用酸酐类固化剂使用特性[29]

固化剂	黏度或熔点(25℃)	适用期	典型固化周期	特性
邻苯二甲酸酐	131℃	110℃，3h	150℃/2～4h	优良的力学、耐温和电性能、廉价
六氢邻苯二甲酸酐	35～37℃	>8h	100℃/2h；149℃/2h	低黏度混合物，适用期长
甲基六氢苯酐	0.06Pa·s	—	120～150℃/(8～12h)	低黏度，适用期长，色泽浅
甲基四氢苯酐	0.04Pa·s	—	120～150℃/(8～12h)	低黏度，适用期长，色泽浅
顺丁烯二酸酐	52.5℃			压缩强度高，常和其他酸酐合用
均苯四甲酸酐	285℃	3～4	221℃/20h	耐热性能好，力学性能好

4. 溶剂及助剂

选用溶剂主要考虑溶剂的溶解能力、挥发速率和与溶质的反应性。与溶质极性相似、溶解度参数相近的溶质溶解能力更强。溶剂的主要作用是控制涂膜形成时的流动特性，挥发速度太快，涂膜难以流平，对基材的浸润不够，因而不能产生很好的附着力；如果溶剂挥发太慢，不仅会延缓干燥时间，同时涂膜会流挂。因此，挥发速率是影响涂膜质量和涂膜施工的一个重要因素[30]。环氧树脂涂料常用的溶剂有醇类、醇醚类、芳烃类及酯酮等混合而成。

另外，助剂在配方中也是必不可少的，如增韧剂、消泡剂、流平剂、分散剂等。耐辐照涂层常用助剂有：固化促进剂，如三乙烯二胺、水杨酸、金属羧酸盐等；增韧剂，如柔性链聚合物和邻苯二甲酸二辛酯等；附着力增加剂，如硅氧烷偶联剂和钛酸酯偶联剂等。此外，对苯二胺类防老剂还有抗辐照氧化作用。

7.2.2 耐核辐射涂层常用测试方法

1. 附着力

可采用《漆膜划圈试验》(GB/T 1720—2020)和《色漆和清漆 拉开法附着力试验》(GB/T 5210—2006)两种标准进行测量。

1) 划痕法[31] (定性)

以样板上划痕的上侧为检查的目标，依次标出 1、2、3、4、5、6、7 等七个部位，相应分为七个等级。按顺序检查各部位的漆膜完整程度，如某一部位的格子有 70% 以上完好，则认为该部位是完好的，否则应认为损坏。例如，部位 1 漆膜完好，附着力最佳，定为一级。部位 1 漆膜坏损而部位 2 完好，附着力次之，定为二级。依次类推，七级为附着力最差。

2) 拉开法[32] (定量)

胶黏剂固化后，立即把试验组合按图 7.6 方式置于拉力试验机下。小心地定中心放置试柱，使拉力能均匀地作用于试验面积上而没有任何扭曲动作。在与涂漆底材平面垂直的方向上施加拉伸应力，该应力以不超过 1MPa/s 的速度稳步

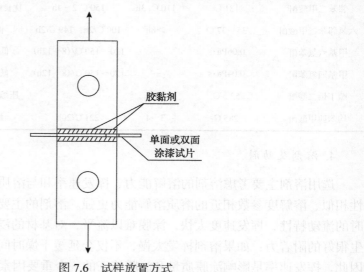

图 7.6 试样放置方式

增加，试验组合的破坏应从施加应力起 90s 内完成。涂层的破坏强度按式(7.1)进行计算。

$$\sigma = \frac{F}{A} \tag{7.1}$$

式中，σ 为破坏强度(MPa)；F 为破坏力(N)；A 为试柱面积(mm^2)。

2. 硬度

采用《色漆和清漆　铅笔法测定漆膜硬度》(GB/T 6739—2006)标准[33]进行测量。

选取一套 6B～6H 的木质绘图铅笔，将铅笔与涂层成 45°角，当铅笔尖端接触试样时，立即推动试样板至少 7mm 远。30s 后，裸视检查涂层表面，观察缺陷，然后用放大倍数为 6～10 倍的放大镜来评定破坏，以使涂层出现 3mm 及以上划痕的最硬的铅笔的硬度作为涂层铅笔硬度。

3. 耐热性能

采用《色漆和清漆　耐热性的测定》(GB/T 1735—2009)标准[34]进行测试。

将三块样品置于设置好温度的恒温烘箱或者高温炉内，另一块样品留作对比。待到达规定的时间后，将样品取出，与预留的样品比较，看涂膜颜色是否有变化或涂膜是否有其他破坏现象，以至少两块试板现象一致为试验结果。

4. 耐化学试剂稳定性

采用《压水堆核电厂设施设备防护涂层规范　第 5 部分：涂层系统耐化学介质的试验方法》(NB/T 20133.5—2012)标准[35]进行测试。

试样应垂直浸入试液中，浸入的有效面积为其有效面积的 2/3 或者 3/4，一个试样容器最多只浸入一组平行试样，除非另有规定，试样浸泡时间至少为 180d。注意经常添加水或者试液以保证原体积和浓度。在试样的第一个月内每周检查一次，随后每月检查一次。该检查应在试样取出后立即进行。参照《色漆和清漆　涂层老化的评级方法》(GB/T 1766—2008)标准对试样的剥落、起泡、生锈等情况进行评级和记录。

5. 可去污性

采用《压水堆核电厂设施设备防护涂层规范 第 4 部分：涂层系统可去污性的测定》(NB/T 20133.4—2012)标准[36]进行测试。

以 8kBq/mL ^{137}Cs 和 8kBq/mL(^{90}Sr+^{90}Y)混合物的 0.1mol/L 硝酸溶液为污染液。将试样逐个固定在试样污染器上，在可见试样表面的中心滴入 0.1mL 污染液，可倾斜定位器，使污染液均匀分布在试样表面，将定位器水平放置在通风橱中，在温度 10～30℃、相对湿度小于 70%的环境下干燥 24h。从污染器上取下试样，观察并记录试样干燥后表面的情况。用测量仪器测量污染后试样表面的放射性活度 C_0。用浸染去污剂的棉布擦拭被污染表面，再用自来水和去离子水冲洗，将试样放在温度 10～30℃、相对湿度小于 70%的环境下干燥 24h。测量试样表面的放射性活度 C_1。去污率 P 按照式(7.2)计算：

$$P = \frac{C_0 - C_1}{C_0} \times 100\% \tag{7.2}$$

6. 漆膜受 γ 射线辐照影响测试

采用《压水堆核电厂设施设备防护涂层规范　第 3 部分：涂层系统受 γ 射线辐照影响的试验方法》(NB/T 20133.3—2012)标准[37]进行测试。

采用 ^{60}Co 为辐射源，有效试样面涂层受到的辐照剂量不低于 2.8Gy/s，有效试样面涂层的累积剂量为 1×10^7Gy。在辐照结束后的两小时内对试样表面进行检测，按照《色漆和清漆　涂层老化的评级方法》(GB/T 1766—2008)分别对试样的失光、变色、粉化、开裂、起泡、生锈等变化进行等级评判。

7. 表面老化情况评价

采用《色漆和清漆　涂层老化的评级方法》(GB/T 1766—2008)标准[38]进行评价，各种老化导致的涂层变化分级情况见表 7.8～表 7.14。

表 7.8　破坏的变化程度等级

分级	变化程度
0	无变化，即无可察觉的变化
1	很轻微，即刚可察觉的变化
2	轻微，即可明显察觉的变化
3	中等，即有很明显察觉的变化
4	较大，即有较大的变化
5	严重，即有强烈的变化

表 7.9　破坏的数量程度等级

分级	变化程度
0	无，即无可见变化
1	很少，即刚有一些值得注意的变化
2	少，即有少量值得注意的变化
3	中等，即有中等数量的变化
4	较多，即有较多数量的变化
5	密集，即有密集型的破坏

表 7.10　破坏的大小程度等级

分级	变化程度
S0	10 倍放大镜下无可见变化
S1	10 倍放大镜下才可见变化
S2	正常视力下才可见变化
S3	正常视力下可见明显变化
S4	0.5mm～5mm 范围的破坏
S5	>5mm 范围的破坏

表 7.11　失光程度等级

分级	失光程度	失光率/%
0	无失光	<3
1	很轻微失光	4～15
2	轻微失光	16～30
3	明显失光	31～50
4	严重失光	51～80
5	完全失光	>80

表 7.12　粉化程度和等级

分级	粉化程度
0	无粉化
1	很轻微，试样上刚可观察到微量颜料粒子
2	轻微，试样上沾有少量颜料粒子
3	明显，试样上沾有较多颜料粒子
4	较重，试样上沾有很多颜料粒子
5	严重，试样上沾有大量颜料粒子，或样板出现露底

表 7.13　开裂数量等级

分级	开裂数量
0	无可见的开裂
1	很少几条，小得几乎可以忽略的开裂
2	少量，可以察觉的开裂
3	中等数量的开裂
4	较多数量的开裂
5	密集型的开裂

表 7.14　起泡密度等级

分级	起泡密度
0	无泡
1	很少，几个泡
2	有少量泡
3	有中等数量的泡
4	较多数量的泡
5	密集型的泡

7.2.3　耐核辐射涂层研究进展

1. 国内研究进展

我国目前在运在建核电机组总数位居全球前列，随着核电事业的蓬勃发展，问题也随之而来。例如，我国核电站堆型较多，应用的材料各不相同，应用环境也存在差异；随着技术的不断进步，对核电涂层的性能也提出了更高要求。

王秋娣等[25]以环氧改性氨乳液为 A 成分，环氧树脂为 B 成分，添加钛酸钾晶须制备了水性环氧树脂涂料。经过 8.5×10^5 Gy 辐射后，漆膜完好，附着力较优，去污能力仍可达到 86%。张娟等[39]以环氧树脂为基体，自制胺为固化剂，通过添加耐辐照颜填料获得了核电厂用耐辐射涂料。玄武岩纤维可以减弱 γ 射线辐射对树脂基体的老化作用。玄武岩/环氧树脂复合材料经过总剂量为 2.0MGy 的辐射后，仍具有良好的稳定性[40]。玄武岩复合材料也是核工业结构材料的理想选择。贺传兰等[41]以邻甲酚醛环氧树脂和聚酰胺树脂为主要成膜树脂，与 T-31 树脂的均相溶液共混制备清漆，在 5×10^5 Gy 辐射总剂量下，涂层没有出现气泡、粉化和脱落现象。张睿等[42]选取环氧树脂和耐辐射颜填料，利用胺加成反应物为固化剂，研制高功率核电站用涂料。漆膜的附着力、热稳定性、机械性能、耐介质性能等均有所改善，综合性能优异。Xia 等[43]制备了石墨烯/环氧树脂复合涂层。由于石墨烯减少了环氧树脂基体在接受 γ 射线辐照过程中产生的过氧自由基，减缓了老化降解速率。因此，经过 2.8×10^5Gy 剂量辐照后，涂层仍具有良好的防腐蚀性能。纳米 CeO_2/石墨烯/环氧树脂复合材料不仅具有很好的辐射稳定性，且辐照后耐腐蚀性能有所提升。一方面石墨烯可以捕捉辐照降解自由基，而且 CeO_2 结构中的氧空穴，也有利于稳定降解的自由氧。

2. 国外研究进展

国外对于核电站耐辐照涂层的研究比较早。大约在 1960 年，美国公司已经开始研究核电站防护涂层系统。当时的工作主要集中在建立标准方面。1994 年，华盛顿公共电力系统对核电站内部涂层系统进行了一系列的测试与评估。

Djouani 等[44]研究了 γ 射线辐射对聚酰胺固化的双酚 A 型环氧涂层性能的影响。结果表明：当辐射剂量率低于 50Gy/h 时，降解反应占主导地位，导致涂层性能下降；当辐射剂量率大于 200Gy/h 时，涂层中产生过氧自由基，交联反应占主导地位，涂层的性能又开始上升。Ansón-Casaos 等[45]将石墨烯纳米带和完全氧化的石墨烯分别在 60kGy、90kGy、150kGy 的 γ 射线下进行辐照测试。结果表明，石墨烯碳晶格虽受到 γ 射线的强烈影响，但是材料的氧含量变化很小，仍保持稳定的性能。Martínez-Morlanes 等[46]研究了在 90kGy 辐射剂量下，多壁碳纳米管（MWCNTs）/聚乙烯复合物的性能。MWCNTs 能够吸收聚合物由于断链产生的自由基；随着 MWCNTs 含量的增加，产生的自由基浓度减少，同时能够保持聚合物的交联密度和性能。Usta 等[47]以 ^{241}Am、^{90}Sr 和 ^{60}Co 为辐射源，研究了 Ni-B/hBN（六方氮化硼）复合涂层对典型的α、β、γ 射线辐射的屏蔽效果。

7.3　耐辐照自清洁涂层

核电站发生事故时，会释放出大量放射性元素，飘浮在空气中或形成粉尘沉降下来。美国三里岛核事故造成堆芯严重损坏，放射性裂变物质释放总量约为 9.25×10^{16}Bq[2]。切尔诺贝利核电站事故的释放总量达到 5.55×10^{23}Bq[3]。日本福岛核事故也致使大量放射性物质泄漏[48]。这些放射性元素半衰期可长至数小时到数十年不等，尤其是 ^{137}Cs 的半衰期可长达 30 年。机器人作业中以及作业完成返回时，机身有可能携带放射性粉尘，造成二次污染。如何有效清除这些放射性粉尘，是机器人重复作业的必要保证。涂覆自清洁涂层，一方面可以有效减少核污染物的黏附；另一方面，由于其特殊的表面润湿性，即使携带了少量放射性粉尘，也容易用水冲洗去除。

7.3.1　涂层自清洁原理

1. 超疏水涂层作用机理及研究进展

超疏水涂层是指水滴与涂层的接触角大于 150°，滚动角小于 10°的表面。在自然界中存在很多这样的表面，如荷叶、水蛭腿、壁虎脚等。这种具有特殊润湿性的表面吸引了越来越多研究者的关注。

Ensikat 等[49]和 Barthlott 等[50]发现，植物的自清洁能力主要是其表面的微纳结构和低表面能蜡质层共同作用的结果，而且微米和纳米的双重结构是产生超疏水特性的主要原因[51]。另外，自然界中也存在一元结构的超疏水现象，例如，冬瓜叶、苎麻叶等表面分布着水平排列的网状纤维，具有较高的粗糙度。因此，可以锁住液滴与界面之间的空气，从而获得高疏水性。

Liu 等[52]以阳极氧化铝(anodic aluminum oxide, AAO)为模板，制作了表面由密集纳米柱微团簇组成的多尺度结构聚酰亚胺薄膜。壁虎角的结构与表面润湿性的关系如图 7.7 所示。这种模仿壁虎脚掌的薄膜，具有稳定的超疏水性，并且可以像"机械手"一样抓取水滴。Kim 等[53]采用简单的化学刻蚀方法，获得了超疏水 Al 基涂层。

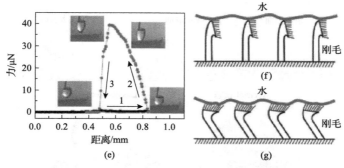

图 7.7　壁虎脚的结构层次 (a)～(d) 和表面润湿性 (e)～(g)[52]

通常来说，涂层应具有二元的微纳结构或者一元的网状结构，以利于储存界面空气，提高接触角。另外，较低的表面能也是涂层获得超疏水性能的重要条件。

2. 超亲水涂层作用机理及研究进展

超亲水涂层是指水滴与涂层的接触角接近 0°，水滴与涂层的接触面积很大，从而获得自清洁能力。Zirak 等[54]使用超声雾气沉积法制备了 ZnO-碳量子点超亲水薄膜。涂层的静态接触角仅为 3°。Xue 等[55]通过一步电沉积法成功制备了具有极好热稳定性的超亲水二氧化铈涂层。特殊形貌的毛细管效应和由氧空位产生的较大表面自由能，使得水滴与涂层接触时，可以迅速散布在其表面，获得自清洁能力。

3. 光催化涂层

另外，利用光催化效应分解涂层表面的有机物，也可以实现自清洁功能。例如，将改性的 TiO_2 和聚四氟乙烯 (PTFE) 微米粉末均匀地分散在氟碳树脂中，制成的光催化自清洁涂层，其接触角可以达到 133°，表面能低至 $4.11mJ/m^2$。通过紫外光照射，就可成功地将油酸从涂层表面清除[56]。

7.3.2　润湿性理论

在杨氏方程基础上，表面润湿性理论不断完善，为特殊润湿性表面的研究提供了坚实的理论基础。如图 7.8 所示[57]，根据水滴与表面接触角的大小，可以将表面分成亲水表面 ($\theta < 90°$)，疏水表面 ($\theta > 90°$) 和超疏水表面 ($\theta > 150°$)。而对于超疏水表面，又可将水滴的润湿状态分为 Wenzel 状态与 Cassie-Baxier 状态两种，或 Wenzel 状态、Cassie 状态、Lotus 状态、Wenzel 状态和 Cassie 状态的过渡态，以及 Gecko 状态五种。

1. Wenzel 模型

Wenzel[58]认为：固体粗糙表面形态的存在使得真实的接触角不能测量，试验所测的接触角为表观接触角 θ_r。固体与液体界面的真实表面积比表观表面积大。

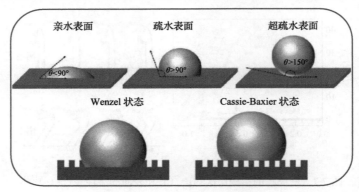

图 7.8　水滴的表面状态[57]

因此，粗糙表面的表观接触角与表面能的关系不再满足杨氏方程。假设液体能够完全浸透固体表面粗糙结构的空隙，即完全润湿状态，通过热力学可以推导出有关粗糙表面接触角的公式。在恒温恒压条件下，假设固液体表面与液气表面的接触面积一样，界面微小的变化会引起体系自由能变化[59]。

　　当达到平衡状态时，体系微小的界面变化引起的体系自由能变化为 0，可以得到表观接触角与本征接触角的关系，从而推导出 Wenzel 方程式(7.3)：

$$\cos\theta_r = r\cos\theta_0 \tag{7.3}$$

式中，θ_r 为表观接触角，(°)；θ_0 为理想表面的本征接触角，(°)；r 为粗糙度，表示实际固液界面面积与其投影面积的比值，$r \geqslant 1$。

　　Wenzel 方程表明，当表观接触角小于真实接触角，且小于 90°时，粗糙度越大，亲水表面会更亲水，涂层的润湿性越好。当表观接触角大于真实接触角，且大于 90°时，粗糙度越大，疏水表面会更疏水。因此，增加粗糙度可以调节涂层的润湿性能。但是，Wenzel 方程只适用于单一化学物质的界面，多化学物质的界面会形成能量势垒，从而使得液滴在表面不能形成稳态。

2. Cassie-Baxter 模型

Cassie 等和 Murakami 等在 Wenzel 研究的基础上，进一步对粗糙表面的表观接触角与本征接触角进行了探索[60,61]。他们认为，液体在粗糙表面的接触角为复合接触角。假设固体表面有两种物质，两种不同成分的物质以小块状均匀分布，这里每一块物质的面积都远远小于水滴的面积。这两种物质对应的本征接触角分别为 θ_1 和 θ_2。单位面积上物质 1 所占的面积分数为 f_1，物质 2 所占的面积分数为 f_2。假设液滴在表面进行铺展时的面积分数保持不变，在恒温恒压的条件下，液体与界面保持平衡状态，从而可推导出 Cassie-Baxter 方程式(7.4)、式(7.5)：

$$\cos\theta_{\mathrm{r}} = f_1\cos\theta_1 + f_2\cos\theta_2 \tag{7.4}$$

$$\cos\theta_{\mathrm{r}} = f_1\cos\theta_1 - f_2 \tag{7.5}$$

粗糙度有一个临界点，超出临界点后，表面润湿状态的适用理论从 Wenzel 模型转变为 Cassie 模型，并且随着粗糙度的增大，Cassie 模型和 Wenzel 模型相互转换的能垒增高，Cassie 模型对应的表面润湿状态更加稳定[62]。

Cassie-Baxter 模型适用于粗糙表面与液体表面之间可以截留住空气的表面。此时，表观的固液界面表面积为固液界面表面积与液气界面表面积之和。

Gao 等[63,64]认为，液体与界面之间的界面面积并非简单的线性加和。决定接触角大小的并不是整个液体与固体的接触面，而是固液气的三相接触面。Wenzel 模型和 Cassie 模型只有在固液接触面的结构能够反映三相接触线上的自由能变化时才成立[65]。

7.3.3　自清洁性能测试方法

目前，关于涂层自清洁能力的测试尚无统一标准，文献报道的主要有以下两种方法：

(1)配置一定质量分数的污泥悬浮液，将三组自清洁涂层浸入污泥中 10s 后取出，观察表面情况，另取一组普通涂层进行对比实验。

(2)将涂层倾斜一定的角度，上面覆盖污泥或粉尘，滴加去离子水，观察污泥或粉尘去除情况。

图 7.9 是 Bhushan 等[66]设计的一种定量测量涂层自清洁效率的装置。选用 1～10μm 和 10～15μm 两种不同尺寸的碳化硅(SiC)颗粒当作污染物。将 0.1g 污染物

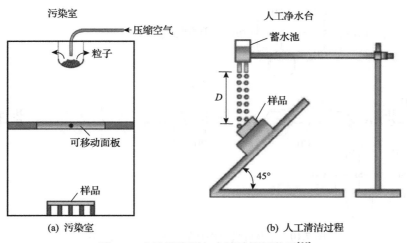

(a) 污染室　　　　　　　　　　　(b) 人工清洁过程

图 7.9　人造污染源与自清洁测试装置[66]

放在房间顶部的容器中,通过对空气加压(300kPa,5s),使得污染物分散在玻璃室内。30s 后,颗粒已经沉积到样板上,停置 30min 后,用水清洗。通过光学显微镜观察清洗前后单位面积上的颗粒数,计算自清洁效率。

虽然超疏水涂层在自清洁、防雾、防污、油水分离[67-69]等领域都表现出很好的应用前景。但是耐受性差还是目前超疏水涂层面临的主要挑战,而复杂的核电环境对其性能提出了更高要求。目前,关于这方面的研究报道仍较缺乏。

7.3.4　耐辐照超疏水自清洁性涂层

选用苯基硅烷改性环氧树脂为基体,制备耐辐照超疏水复合涂层,并对其耐辐照性、耐化学介质、耐磨性和自清洁能力等进行分析。

1. 硅烷改性环氧树脂基体

低表面能基体是影响涂层疏水性能的重要因素。环氧树脂具有优异的综合性能,是最常用的核电站涂层基体。但是由于含有醚键、羟基等极性基团,环氧树脂的表面能较高。研究表明,当聚合物的结构中含有芳香环时,可以显著提高其耐辐照性能。因此,采用低表面能的苯基硅烷对环氧树脂进行改性[70],化学反应式如图 7.10 所示。从图 7.11 中可以看出,改性后水滴在树脂表面更倾向于球形,表观接触角从 85°提高至 103°。

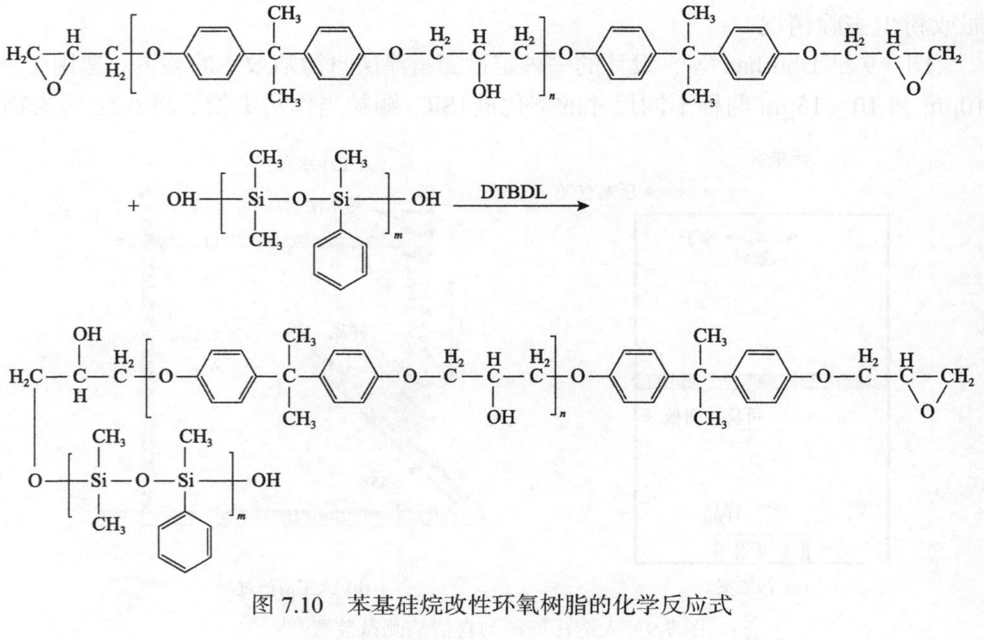

图 7.10　苯基硅烷改性环氧树脂的化学反应式

(a) 纯环氧树脂　　　　　　　　(b) 苯基硅烷改性环氧树脂

图 7.11　改性前后涂层的接触角照片

硬度和附着力是衡量涂层实用性能的重要指标，可参照标准 ASTM D3359-09《胶带法测量附着力》和 ASTM D3363-00《铅笔硬度测定》测量。附着力等级分为 5B、4B、3B、2B、B 和 0B。其中 5B 代表涂层对基材的附着力最好，不易脱落。0B 则表示附着力最差。硬度等级分为 9H～6B，从 9H 到 6B，硬度依次降低。硬度越高，涂层的耐刮擦性能越好。纯环氧树脂的附着力和硬度分别为 5B 和 6H。苯基硅烷改性后，由于柔性硅氧键的引入，涂层依旧保持良好的附着力（5B），但硬度从 6H 降至 5H。

进一步采用不同剂量的 γ 射线对涂层耐辐射性能进行评估。随着辐射剂量从 8×10^5rad 增加至 1×10^7rad，涂层的表观接触角基本没有变化。图 7.12 是涂层经过 10^7rad 剂量的 γ 射线辐照前后的外观照片。可以看出，涂层的颜色基本没有变化，且无脱落、破损等情况发生。这是由于环氧树脂和苯基硅烷中都含有苯环，具有很好的辐照稳定性[70]。

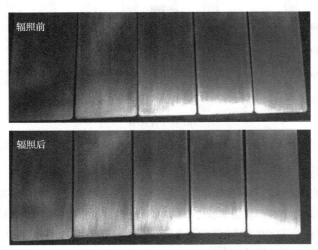

图 7.12　改性环氧涂层经 γ 射线辐照前后的外观变化（总剂量：1×10^7rad）

2. 苯基硅烷改性环氧超疏水涂层

以苯基硅烷改性环氧树脂为基体，多级结构的 SiO_2 为填料，制备超疏水涂层，并对其性能进行研究。

1) 复合涂层的润湿性

图 7.13 给出了复合涂层的表观接触角和滚动角随 SiO_2 粒子含量的变化情况。可以看出，随着 SiO_2 粒子含量的增加，涂层的接触角增大，滚动角下降。当 SiO_2 粒子含量较小时，表面粗糙度较小，不足以捕获空气，液滴与涂层表面接触面积较大，液滴浸入到突起的凹槽中。因此，接触角较小，滚动角较大。当 SiO_2 含量为 25%（质量分数）时，表面粗糙度增大，能够捕获足够多的空气，液滴与表面的接触面积减小，接触角增大，滚动角减小，达到超疏水状态。进一步增加 SiO_2 粒子含量，液滴与涂层表面的接触面积进一步减小，接触角增至 154°，滚动角仅为 5°。从图 7.14 所示的扫描电子显微镜（SEM）和原子力显微镜（atomic force microscope, AFM）照片中，可以明显地观察到涂层（含 25%SiO_2）表面的微纳二级结构，表面粗糙度 R_q，R_a 分别达到 680nm 和 505nm。涂层同时具有很好的附着力（5B）和硬度（6H）[71]。

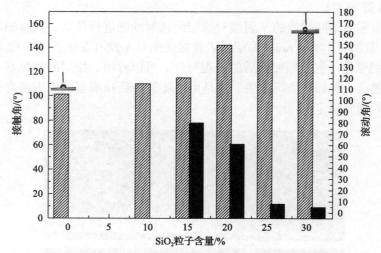

图 7.13　复合涂层的表观接触角和滚动角随 SiO_2 粒子含量（质量分数）的变化

2) 复合涂层的自清洁性能

为了模拟核电厂放射性粉尘的去除过程，将一些人造粉尘（石墨粉）均匀地放置在倾斜的（倾斜度：6°）涂层表面，模拟水滴的去污过程，结果如图 7.15(a)～(c) 所示。可见，当水滴落在涂层表面上时，形成了近似圆球状，并可通过自由滚动将灰尘带走而留下干净的表面[71]。

(a) SEM图　　　　　　　　　　　(b) AFM图

图 7.14　涂层(25% SiO₂)的表面形貌

(a)　　　　　　　　　　(b)　　　　　　　　　　(c)

(d)　　　　　　　　　　(e)　　　　　　　　　　(f)

图 7.15　在空气和有机介质中的自清洁试验

(a)石墨覆盖在涂层表面；(b)(c)空气中的自清洁过程；(d)在有机介质(环己烷)中，涂层表面的水滴呈球状；
(e)(f)涂层表面被环己烷污染后的自清洁过程

　　另外，核环境中作业的机器人上往往带有轴承等含有油脂的部件。油的表面张力比水低，因此油脂等污染物更容易渗透到部件表面，而导致表面超疏水性的丧失[72]。环氧树脂具有强黏合力，优异的耐溶剂和耐化学性，能减小溶剂对涂层的侵蚀。而且双尺度的二氧化硅微-纳米结构使得水滴和固体表面之间存在非常多的气囊。当涂层表面浸入到有机介质中时，只有非常少量的有机介质可以逐渐渗入，水滴由低表面能的有机介质和气囊共同支撑[73]。因此，即使将涂层浸入到有机介质(环己烷)中，水滴依旧可以保持"球状"，接触角为 153°，表现出超疏水性能。如图 7.15(d)～(f) 所示，被环己烷污染后的涂层仍具有良好的自清洁能力。

3)复合涂层的耐辐照性能

表 7.15 是涂层经过不同剂量 γ 射线辐照后，接触角、附着力、硬度的变化。可以看出，在 $8.33 \times 10^5 \sim 5.11 \times 10^6 \mathrm{rad}$ 的辐射剂量下，涂层依旧可以保持很好的性能，但是进一步增加辐照剂量至 $1.23 \times 10^7 \mathrm{rad}$ 时，接触角下降至 140°。这可能是由于环氧树脂中部分弱键发生了断裂；另外微结构的不稳定性也可能引起润湿性的改变[71]。

表 7.15　辐射对涂层性能的影响

辐射剂量/rad	8.33×10^5	1.54×10^6	2.26×10^6	5.11×10^6	1.23×10^7
接触角/(°)	151	151	151	150	140
附着力	5B	5B	5B	5B	4B
硬度	6H	6H	6H	6H	5H

7.3.5　自清洁涂层的失效分析

1. 化学介质对自清洁涂层性能的影响

将涂层分别浸泡在硼酸含量为 2500ppm 的常温和 80℃的水溶液中，观察涂层润湿性、微结构随时间的变化，并对其失效机理进行分析。

浸泡前后，涂层的表面形貌变化如图 7.16 和图 7.17 所示[74]。常温条件下浸泡16h 后，涂层的接触角下降幅度较大，粗糙度也从 267nm 降至 208nm。微纳结构被破坏的程度较轻，表面仍存在纳米二氧化硅聚集的团簇状突起和微米级的空穴。浸泡 28h 后，粗糙度仅为 81nm，表面的微纳结构遭到破坏，只剩下较大的微米结构，而纳米乳突消失。超疏水性丧失，接触角仅为 125°。

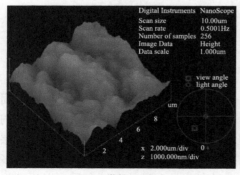

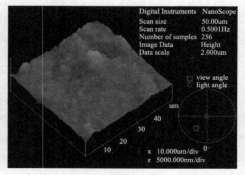

(a) 常温，16h　　　　　　　　　　　　　　(b) 常温，28h

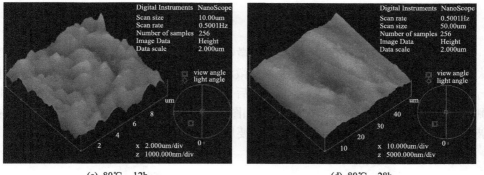

(c) 80℃，12h　　　　　　　　　　　(d) 80℃，28h

图 7.16　化学介质浸泡后涂层的 AFM 图

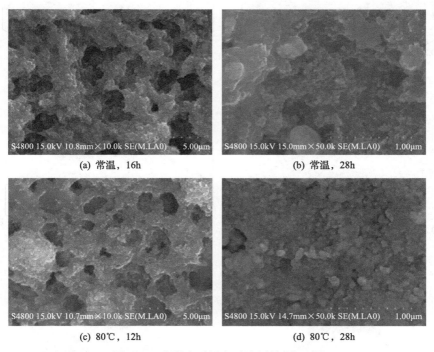

(a) 常温，16h　　　　　　　　　　　(b) 常温，28h

(c) 80℃，12h　　　　　　　　　　　(d) 80℃，28h

图 7.17　化学介质浸泡后涂层的 SEM 图

　　80℃下浸泡 12h 后，涂层的接触角下降幅度较大，粗糙度从 267nm 降低至 183nm，表面仍存在微米级空穴，破坏程度较轻。浸泡 28h 后，微纳结构消失，粗糙度为 67nm，接触角仅为 110°，丧失超疏水性能。

　　化学介质渗透进表面空穴中，破坏粗糙结构，因此导致表面疏水性能下降。而温度的升高加速了化学介质分子的运动，因此涂层表面微结构更容易遭到破坏，而造成性能快速降低。

2. 摩擦对自清洁涂层性能的影响

摩擦同样会破坏自清洁涂层内部的微纳结构，导致超疏水性能下降，从而丧失自清洁能力。Kumar 等[75]设计了一种微沙侵蚀试验对超疏水涂层的耐磨性能进行评估。研究发现，经过微沙侵蚀试验后，涂层的质量下降，接触角降低。对比测试前后涂层的微观形貌，AFM 图像如图 7.18 所示。说明粗糙度降低，微结构破坏，是导致涂层超疏水性能消失的主要原因。

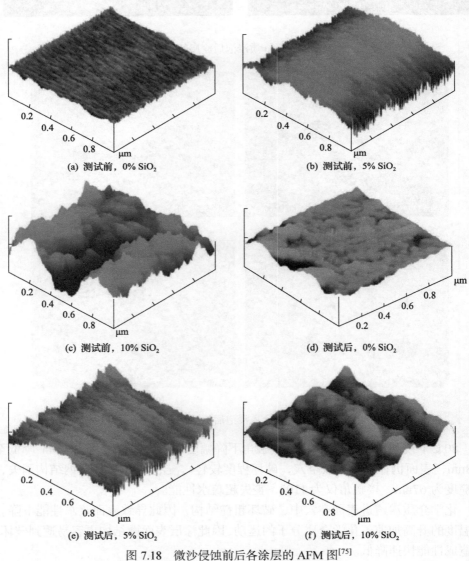

(a) 测试前，0% SiO₂   (b) 测试前，5% SiO₂

(c) 测试前，10% SiO₂   (d) 测试后，0% SiO₂

(e) 测试后，5% SiO₂   (f) 测试后，10% SiO₂

图 7.18　微沙侵蚀前后各涂层的 AFM 图[75]

7.3.6 自清洁涂层的改性研究

1. 碳纳米管改性

碳纳米管(CNT)具有六角形网络结构,碳原子的电子轨道以 sp^2 杂化为主,有着疏水、耐磨、耐化学介质、耐辐射[76-78]等独特优势,引入少量多壁碳纳米管(MWCNTs)可明显提高复合材料的性能[79,80]。Kim 等[81]制备了 Ni-CNT 复合涂层。研究发现,随着 CNT 含量增加,涂层对 NaCl 的耐腐蚀性能逐渐增强。

因此,选用 MWCNTs 改性自清洁涂层,研究 MWCNTs 添加量对复合涂层接触角、表面形貌的影响,并对改性后涂层的耐辐照性、耐化学介质性能和自清洁能力进行评价。

1) 表面润湿性

图 7.19 为复合涂层接触角和滚动角随 MWCNTs 添加量的变化情况。改性前,涂层已达到超疏水状态。随着 MWCNTs 含量的增加,复合涂层的接触角小幅增加,滚动角略微下降。当 MWCNTs 的含量增加至 3%(质量分数)时,接触角提高至 154°,滚动角微降为 5°。结果表明,MWCNTs 的加入可小幅提高复合涂层的超疏水性能[70]。

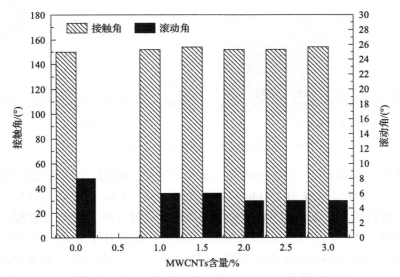

图 7.19 MWCNTs 含量对复合涂层接触角和滚动角的影响

2) 耐化学介质性能

对碳纳米管改性前后的涂层微观结构进行 SEM 分析,结果如图 7.20 所示。可以看出,几种复合涂层都具有明显的类似于荷叶表面的微-纳米结构。未改性前，颗粒之间的空隙较大。随着 MWCNTs 用量的增加，颗粒之间的空隙越来越小。致密的微纳二级结构使得涂层表面处于 Cassie 状态，从而能够捕获大量的空气，减小水滴与固体表面的接触面积，涂层表观接触角增大，滚动角降低，达到真正意义上的超疏水状态[82]。

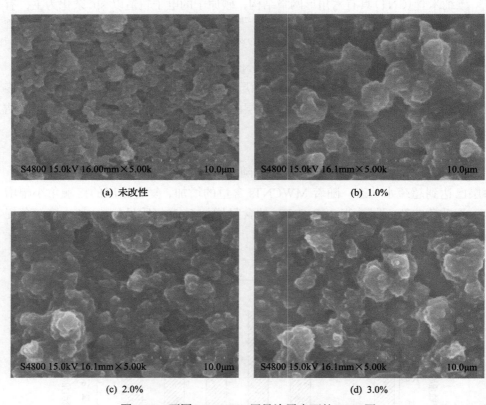

图 7.20　不同 MWCNTs 用量涂层表面的 SEM 图

　　将涂层浸泡在 80℃，2500ppm 的含硼水溶液中，研究涂层的耐化学介质能力。图 7.21 是复合涂层浸泡 5h、10h、15h、20h、25h、30h、50h 后表观接触角的变化情况。可以看出，未添加 MWCNTs 的涂层，经过 15h 的化学介质浸泡后，接触角下降到 143°，已经失去超疏水能力。50h 后，接触角仅为 98°，几乎失去疏水性。然而，经过 MWCNTs 复合改性后，涂层的耐化学介质能力明显提高，并且随着 MWCNTs 用量的增加而增强。当 MWCNTs 的含量为 3%(质量分数)时，浸泡 15h 后，涂层依旧保持超疏水性能。50h 后，仍可达到 132°，虽然不再具有超疏水性能，但仍保留有较高的疏水性。跟踪 MWCNTs 改性后涂层的微观结构和粗糙度变化，结果如图 7.22 所示[70]。

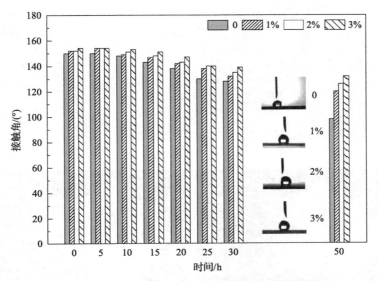

图 7.21　化学介质浸泡不同时间后涂层的表观接触角变化

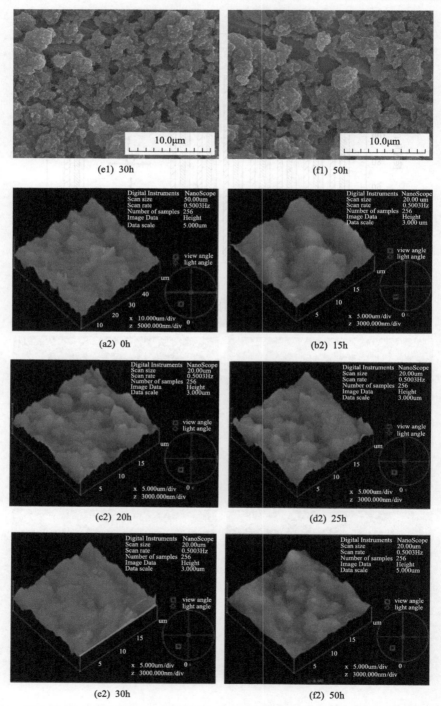

图 7.22　不同时间化学介质浸泡后，改性涂层（3.0%）表面的 SEM 图（a1～f1）和 AFM（a2～f2）图

　　引入 3% 的 MWCNTs 改性后，经过化学介质浸泡 15h，涂层表面微纳结构基本没有变化，粗糙度从 702nm 微降至 621nm，接触角微降至 151°，仍保持超疏水能力。浸泡 50h 时，依旧具有较明显的微纳二级结构，粗糙度下降至 300nm，保持较高的疏水性。一方面 MWCNTs 的加入减小了复合涂层微纳结构之间的空隙，使得涂层表面处于 Cassie 状态，超疏水性能更加稳定，化学介质不易进入到微-纳结构之间的空穴中。另一方面，MWCNTs 具有良好的耐腐蚀性能，在涂层中可以形成物理阻隔层，延长化学介质的扩散通道，减缓介质的扩散[83,84]，从而有效延缓对微-纳米结构的腐蚀速率，使其在较长时间内保持较高的疏水能力。

　　3）耐磨性

　　采用砂纸打磨试验，对改性后涂层的耐磨性进行评价[70]。图 7.23 是未改性涂层经过不同次数打磨后的接触角变化情况。可见，打磨 6 次后，涂层接触角下降为 146°，10 次后仅为 122°，已失去了超疏水性，但仍保持较高的疏水能力。

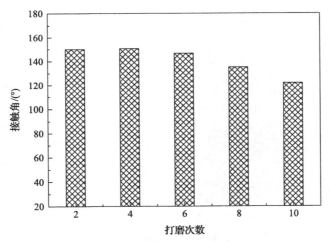

图 7.23　未改性涂层接触角随打磨次数的变化

　　经 3.0% 的 MWCNTs 改性后，复合涂层的接触角变化如图 7.24 所示。打磨 10 次后，接触角为 152°，涂层依旧具有超疏水性。打磨 14 次后，接触角有轻微下降。

　　进一步对涂层的表面进行 SEM 和 AFM 分析，结果如图 7.25 和图 7.26 所示。可以看出，随着打磨次数的增加，涂层表面形貌基本没有变化。打磨 10 次后，涂层表面有少许划痕，粗糙度从 702nm 微降至 671nm，接触角从 154° 微降至 152°。14 次后，粗糙度降至 523nm，接触角降至 147°，失去了超疏水性能，但仍保持高疏水性。

　　这主要是因为，MWCNTs 是由碳原子形成的石墨烯卷成的无缝、中空管体。层状石墨烯结构赋予它良好的自润滑性能[85]，能够降低摩擦系数，使得 SiO_2 颗粒在摩擦过程中不易脱落，从而提高了复合涂层的耐磨性。

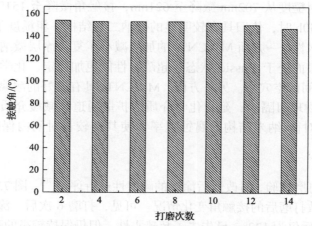

图 7.24　3.0%的 MWCNTs 改性涂层接触角随打磨次数的变化

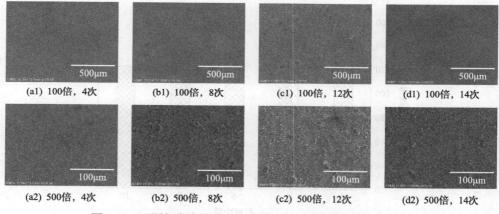

(a1) 100倍，4次　　(b1) 100倍，8次　　(c1) 100倍，12次　　(d1) 100倍，14次

(a2) 500倍，4次　　(b2) 500倍，8次　　(c2) 500倍，12次　　(d2) 500倍，14次

图 7.25　不同打磨次数后 3.0% MWCNTs 改性涂层的 SEM 图

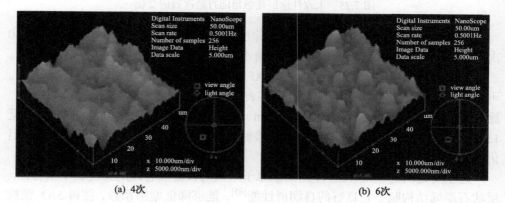

(a) 4次　　　　　　　　　　　　　　　　(b) 6次

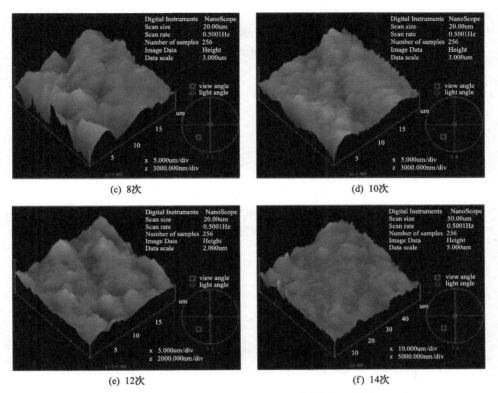

图 7.26　不同打磨次数后 30% MWCNTs 改性涂层的 AFM 图

4) 耐 γ 射线辐照性能

图 7.27 是复合改性涂层经过 8.33×10^5rad、1.54×10^6rad、2.26×10^6rad、5.11×10^6rad 和 1.23×10^7rad 剂量的 γ 射线辐照后，接触角的变化情况。可以看出，未改性涂层经过 1.23×10^7rad 的 γ 射线辐照后，接触角从 150°下降为 140°，失去了超疏水性能。随着 MWCNTs 含量的增加，复合涂层的耐辐射能力增强。当 MWCNTs 的含量为 3%（质量分数）时，经过 1.23×10^7rad 的 γ 射线辐照后，复合涂层的接触角基本没有变化，仍保持超疏水性能。这是由于 MWCNTs 是一种很好的自由基捕捉剂，能够捕捉树脂因辐照断链产生的自由基，从而减慢基体的辐照降解速率。因此，改性后复合涂层的辐照稳定性明显提高。

如图 7.28 所示，在经过 1.23×10^7rad 的 γ 射线辐照后，复合涂层仍具有良好的自清洁能力。

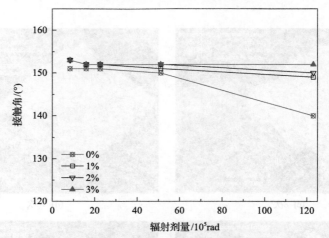

图 7.27 不同剂量 γ 射线辐射后复合涂层的接触角变化

图 7.28 3% MWCNTs 改性涂层辐照后的自清洁过程

2. 钨改性自清洁涂层

钨有着优异的屏蔽性能，采用钨改性自清洁涂层，其接触角可达 157°，具有超疏水性能，并且对于附着的灰尘有着很好的自清洁能力，结果如图 7.29 所示[86]。

进一步采用工业大剂量 ^{60}Co$(1.5×10^4$Ci$)$ 为放射源，对钨改性涂层的耐辐照性能进行研究，结果见表 7.16。在 $(10^6～10^7)$rad 总剂量的范围内，涂层都表现出良好的耐辐照稳定性。改性复合涂层辐照后的硬度和附着力保持不变，接触角大于 150°，依旧具有超疏水性能。

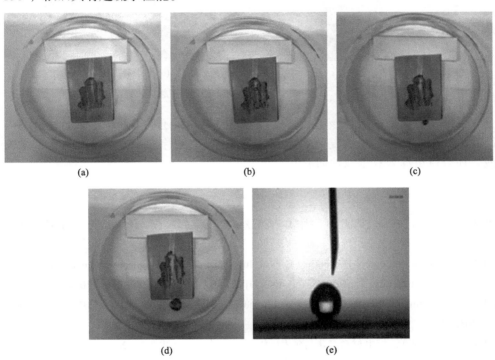

图 7.29　钨改性自清洁涂层

(a)～(d)去除灰尘过程；(e)接触角照片

表 7.16　辐射对钨改性复合涂层性能的影响

辐射剂量/rad	性能		
	接触角/(°)	附着力	硬度
0	153	5B	6H
$1.24×10^6$	154	5B	6H
$4.14×10^6$	154	5B	6H
$1.21×10^7$	151	5B	6H

从图 7.30 中可以看出，经过 $1.21 \times 10^7 \mathrm{rad}$ 的 γ 射线辐射后，钨改性复合涂层依然保持了良好的自清洁能力，表面污染物很容易随水珠滚动而被带走。

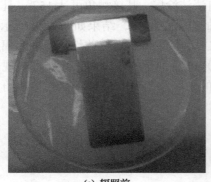

(a) 辐照前　　　　　　　　　　(b) 辐照后

图 7.30　辐照前后钨改性涂层的自清洁能力试验

目前，自清洁涂层在核电救灾机器人的应用方面还基本处于空白。核电站内高温、高湿、高能辐射的复杂工况，对于核电自清洁涂层来说，都是一个巨大挑战，还有待更深入和细致地研究。

参 考 文 献

[1] Hinnawi E E, et al. 核能与环境[M]. 杨启烈, 李锐, 姜樾, 等, 译. 北京: 原子能出版社. 1987.

[2] Levin R J, De Simone N F, Slotkin J F, et al. Incidence of thyroid cancer surrounding three mile island nuclear facility: The 30-year follow-up[J]. Laryngoscope, 2013, 123(8): 2064-2071.

[3] Smith J, Comans R, Beresford N, et al. Chernobyl's legacy in food and water[J]. Nature, 2000, 405: 141.

[4] 许维钧, 白新德. 核电材料老化与延寿[M]. 北京: 化学工业出版社, 2014.

[5] 游庆荣. 非能动核电站钢制安全壳涂层质量管理[J]. 腐蚀研究, 2020, 34(5): 79-83.

[6] 王永恒. 核电站适用涂层特点分析[J]. 电工文摘, 2008, (6): 1-4.

[7] 高鑫, 吴晨晖, 雷亚红. 钢制安全壳防护涂层的设计要点[J]. 上海涂料, 2017, 55(6): 51-54.

[8] 王晰, 蔡敏, 陈超, 等. 核电站施工阶段涂层劣化的解决方案[J]. 电镀与涂饰, 2018, 37(2): 72-75.

[9] 刘丽芸, 潘杰, 王晓, 等. 我国核电专用涂料的应用及发展趋势[J]. 上海涂料, 2015, (1): 31-33.

[10] 刘新, 曹伟, 孙玉凤, 等. 核电站防护涂层的应用[J]. 现代涂料与涂装, 2009, 12(11): 10-12, 23.

[11] 袁旭光, 王留方. M310 和 AP1000 核电站用涂料性能指标对比[J]. 涂料工业, 2013, 43(10): 64-68.

[12] U.S. Nuclear Regulatory Commission. Regulatory Guide 1.54 Revision 1, Service Level I, II and III Protective Coatings Applied to Nuclear Power Plants [M]. Washington: US NRC, 2000.

[13] Gillen K T, Kudoh H. Synergism of radiation and temperature in the degradation of a silicone elastomer[J]. Polymer Degradation and Stability, 2020, 181: 109334.

[14] Plis E, Engelhart D P, Barton D, et al. Degradation of polyimide under exposure to 90 keV electrons[J]. Physica Status Solidi（B），2017, 254（7）: 1000819.

[15] 郑顺兴. 涂料与涂装科学技术基础[M]. 北京: 化学工业出版社, 2007.

[16] 童忠良. 纳米功能涂料[M]. 北京: 化学工业出版社, 2009.

[17] Li H, Xu J L, Zeng K, et al. Synthesis and characterization of siloxane-containing benzoxazines with high thermal stability[J]. High Performance Polymers, 2020, 32（3）: 268-275.

[18] 王善勤, 孙兰新. 涂料配方与工艺[M]. 北京: 中国轻工业出版社, 2000.

[19] Juliette C, Elodie C, Sandrine A, et al. A FTIR/chemometrics approach to characterize the gamma radiation effects on iodine/epoxy-paint interactions in nuclear power plants[J]. Analytica Chimica Acta, 2017, 960: 53-62.

[20] Shahryar M, Nahid H. Comparative study of micro and nano size WOa/E44 epoxy composite as gamma radiation shielding using MCNP and experiment[J]. Chinese Physics Letters, 2017, 34（10）: 92-94.

[21] Miyamoto M, Tomite N, Ohki Y. Comparison of gamma-ray resistance between dicyclopentadiene resin and epoxy resin[J]. IEEE Transactions on Dielectrics and Electrical Insulation, 2016, 23（4）: 2270-2277.

[22] Ratna D. Handbook of Thermoset Resins[M]. Shropshire: Smithers Rapra Technology, 2009.

[23] Wu Z X, Zhang H, Yang H H, et al. Novel radiation-resistant glass fiber/epoxy composite for cryogenic insulation system[J]. Journal of Nuclear Materials, 2010, 403（1-3）: 117-120.

[24] 欧秋仁, 嵇培军, 赵亮, 等. AFG-90 环氧树脂/氰酸酯树脂共聚物流变特性研究[J]. 热固性树脂, 2010,（5）: 4-7.

[25] 王秋娣, 张娟, 蒋晨. 水性环氧耐核辐射涂料的制备[J]. 化工新型材料, 2012, 40（7）: 39-41.

[26] 张娟, 张伶俐, 周子鹄, 等. 耐核辐射涂料及其应用[C]. 中国涂料工业协会首届地坪涂料技术发展研讨会, 广州, 2007.

[27] 王留方, 张卫国, 冯云亭, 等. 环保型油田管道内壁纳米环氧防腐涂料的研究[J]. 涂料工业, 2005,（9）: 11-15,62.

[28] 赵玉庭, 姚希曾. 复合材料聚合物基体[M]. 武汉: 武汉工业大学出版社, 1992.

[29] 倪礼忠, 周权. 高性能树脂基复合材料[M]. 上海: 华东理工大学出版社出版, 2010.

[30] 郭晓娟, 刘宁, 梁笑丛, 等. 溶剂挥发速率对涂层表观的影响[J]. 信息记录材料, 2008, 9（5）: 21-23.

[31] 全国涂料和颜料标准化技术委员会. 漆膜划圈试验（GB/T 1720—2020）. 北京: 中国标准出版社, 2020.

[32] 全国涂料和颜料标准化技术委员会. 色漆和清漆 拉开法附着力实验(GB/T 5210—2006). 北京: 中国标准出版社, 2007.

[33] 全国涂料和颜料标准化技术委员会. 色漆和清漆 铅笔法测定漆膜硬度(GB/T 6739—2006). 北京: 中国标准出版社, 2006.

[34] 全国涂料和颜料标准化技术委员会. 色漆和清漆 耐热性的测定(GB/T 1735—2009). 北京: 中国标准出版社, 2009.

[35] 核工业标准化研究所. 压水堆核电厂设施设备防护涂层规范 第 5 部分: 涂层系统耐化学介质的试验方法(NB/T 20133.5—2012). 北京: 核工业标准化研究所, 2012.

[36] 核工业标准化研究所. 压水堆核电厂设施设备防护涂层规范 第 4 部分: 涂层系统可去污性的测定(NB/T 20133.4—2012). 北京: 中国标准出版社, 2012.

[37] 核工业标准化研究所. 压水堆核电厂设施设备防护涂层规范 第 3 部分: 涂层系统受 γ 射线辐照影响的试验方法(NB/T 20133.3—2012). 北京: 中国标准出版社, 2012.

[38] 全国涂料和颜料标准化技术委员会. 色漆和清漆 涂层老化的评级方法(GB/T 1766—2008). 北京: 中国标准出版社, 2008.

[39] 张娟, 王秋娣, 蒋晨, 等. 核电厂用耐辐射涂料的制备与性能[J]. 现代涂料与涂装, 2012, 15(8): 27-30.

[40] Li R, Gu Y, Yang Z, et al. Effect of γ irradiation on the properties of basalt fiber reinforced epoxy resin matrix composite[J]. Journal of Nuclear Materials, 2015, 466: 100-107.

[41] 贺传兰, 邓建国, 李茂果. 溶剂型环氧酚醛树脂-聚酰胺树脂耐辐射清漆[J]. 化工新型材料, 2009, 37(10): 104-105, 112.

[42] 张睿, 朱亚君, 王留方, 等. 大功率核电站用涂料的研究和应用[J]. 涂料工业, 2009, 39(11): 1-5.

[43] Xia W, Xue H, Wang J, et al. Functionlized graphene serving as free radical scavenger and corrosion protection in gamma-irradiated epoxy composites[J]. Carbon: An International Journal Sponsored by the American Carbon Society, 2016, 101: 315-323.

[44] Djouani F, Zahra Y, Fayolle B, et al. Degradation of epoxy coatings under gamma irradiation[J]. Radiation Physics and Chemistry, 2013, 82(1): 54-62.

[45] Ansón-Casaos A, Puértolas J A, Pascual F J, et al. The effect of gamma-irradiation on few-layered graphene materials[J]. Applied Surface Science, 2014, 301: 264-272.

[46] Martínez-Morlanes M J, Castell P, Alonso P J, et al. Multi-walled carbon nanotubes acting as free radical scavengers in gamma-irradiated ultrahigh molecular weight polyethylene composites[J]. Carbon, 2012, 50(7): 2442-2452.

[47] Usta M, Tozar A. The effect of the ceramic amount on the radiation shielding properties of metal-matrix composite coatings[J]. Radiation Physics and Chemistry, 2020, 177: 109086.

[48] Chang Y C, Zhao Y. The fukushima nuclear power station incident and marine pollution[J]. Marine Pollution Bulletin, 2012, 64(5): 897-901.

[49] Ensikat H J, Ditsche-Kuru P, Neinhuis C, et al. Superhydrophobicity in perfection: The outstanding properties of the lotus leaf[J]. Beilstein Journal of Nanotechnology, 2011, 2: 152-161.

[50] Barthlott W, Neinhuis C. Purity of the sacred lotus, or escape from contamination in biological surfaces[J]. Planta, 1997, 202(1): 1-8.

[51] Feng L, Li S, Li Y, et al. Super-hydrophobic surfaces: From natural to artificial[J]. Modern Scientific Instruments, 2003, 34(24): 1857-1860.

[52] Liu K, Du J, Wu J, et al. Superhydrophobic gecko feet with high adhesive forces towards water and their bio-inspired materials[J]. Nanoscale, 2012, 4(3): 768-772.

[53] Kim J H, Puranik R, Shang J K, et al. Robust transferrable superhydrophobic surfaces[J]. Surface Engineering, 2020, 36(6): 614-620.

[54] Zirak M, Alehdaghi H, Shakoori A M. Preparation of ZnO-carbon quantum dot composite thin films with superhydrophilic surface[J]. Materials Technology, 2021, 36(1/2): 72-80.

[55] Xue M, Peng N, Li C, et al. Enhanced superhydrophilicity and thermal stability of ITO surface with patterned ceria coatings[J]. Applied Surface Science, 2015, 329(329): 11-16.

[56] Zhou Y, Li M, Zhong X, et al. Hydrophobic composite coatings with photocatalytic self-cleaning properties by micro/nanoparticles mixed with fluorocarbon resin[J]. Ceramics International, 2015, 41(4): 5341-5347.

[57] Latth S S, Sutarb R S, Bhosale A K, et al. Recent developments in air-trapped superhydrophobic and liquid-infused slippery surfaces for anti-icing application[J]. Progress in Organic Coatings, 2019, 137: 105373.

[58] Wenzel R N. Resistance of solid surfaces to wetting by water[J]. Transactions of the Faraday Society, 1936, 28(8): 988-994.

[59] Giacomello A, Meloni S, Chinappi M, et al. Cassie-Baxter and Wenzel states on a nanostructured surface: Phase diagram, metastabilities, and transition mechanism by atomistic free energy calculations[J]. Langmuir, 2012, 28(29): 10764-10772.

[60] Murakami D, Jinnai H, Takahara A. Wetting transition from the Cassie-Baxter state to the Wenzel state on textured polymer surfaces[J]. Langmuir, 2014, 30(8): 2061-2067.

[61] Cassie A B D, Baxter S. Wettability of porous surfaces[J]. Faraday Society, 1944, 40: 546-551.

[62] Koltuniewicz A B, Field R W, Arnot T C. Cross-flow and dead-end microfiltration of oily-water emulsion. Part I: Experimental study and analysis of flux decline[J]. Journal of Membrane Science, 1995, 102: 193-207.

[63] Gao L, Mccarthy T J. How Wenzel and cassie were wrong[J]. Langmuir, 2007, 23(7): 3762-3765.

[64] Gao L, Mccarthy T J. An attempt to correct the faulty intuition perpetuated by the wenzel and Cassie "laws" [J]. Langmuir, 2009, 25(13): 7249-7255.

[65] Gao L, Mccarthy T J. Wetting 101 degrees[J]. Langmuir, 2009, 25(24): 14105-14115.

[66] Bhushan B, Yong C J, Koch K. Self-cleaning efficiency of artificial superhydrophobic surfaces[J]. Langmuir, 2009, 25(25): 3240-3248.

[67] Latthe S S, Nakata K, Höfer R, et al. Lotus effect-based superhydrophobic surfaces: Candle soot as a promising class of nanoparticles for self-cleaning and oil-water separation applications[J]. RSC Green Chemistry, 2019, (60): 92-119.

[68] Shen Y Z, Wu X H, Tao J, et al. Icephobic materials: Fundamentals, performance evaluation, and applications[J]. Progress in Materials Science, 2019, 103: 509-557.

[69] Si Y, Dong Z, Jiang L. Bioinspired designs of superhydrophobic and superhydrophilic materials[J]. ACS Central Science. 2018, 4(9): 1102-1112.

[70] 张静. 耐γ射线辐照超疏水涂层的制备与性能研究[D]. 上海: 华东理工大学硕士学位论文, 2018.

[71] Zhang Y, Zhang J, Liu Y J. Superhydrophobic surface with gamma irradiation resistance and self-cleaning effect in air and oil[J]. Coatings, 2020, 10: 106.

[72] Li F, Du M, Zheng Q. Dopamine/silica nanoparticle assembled, microscale porous structure for versatile superamphiphobic coating[J]. ACS Nano, 2016, 10(2): 2910-2921.

[73] Lee S G, Ham D S, Lee D Y, et al. Transparent superhydrophobic/translucent superamphiphobic coatings based on silica-fluoropolymer hybrid nanoparticles[J]. Langmuir, 2013, 29(48): 15051-15057.

[74] 任福乐. 耐核辐射自清洁涂层研究[D]. 上海: 华东理工大学硕士学位论文, 2017.

[75] Kumar D, Wu X, Fu Q, et al. Hydrophobic sol-gel coatings based on polydimethylsiloxane for self-cleaning applications[J]. Materials & Design, 2015, 86: 855-862.

[76] Das P, Dhal S, Ghosh S, et al. Superhydrophobic to hydrophilic transition of multi-walled carbon nanotubes induced by Na^+ ion irradiation[J]. Nuclear Instruments and Methods in Physics Research Section B: Beam Interactions with Materials and Atoms, 2017, 413: 31-36.

[77] 田娟娟, 李再久, 张吉明, 等. 碳纳米管增强金属基复合材料摩擦学性能的研究进展[J]. 热加工工艺, 2017, 46(8): 23-26, 31.

[78] 宋东东, 高瑾, 李瑞凤, 等. 碳纳米管复合水性丙烯酸涂层的腐蚀性能研究[J]. 表面技术, 2015, (3): 47-51.

[79] 黄从树, 李彦锋. 碳纳米管增强高聚物功能复合材料研究进展[J]. 材料科学与工程学报, 2008, 26(1): 152-156.

[80] 余真珠, 王彬, 牛甜甜. 碳纳米管/橡胶复合材料导热性能研究进展[J]. 材料科学与工程学报, 2016, 34(4): 673-680.

[81] Kim S K, Oh T S. Electrodeposition behavior and characteristics of Ni-carbon nanotube composite coatings[J]. Transactions of Nonferrous Metals Society of China, 2011, 21: 68-72.

[82] Wang S, Jiang L. Definition of superhydrophobic states[J]. Advanced Materials, 2007, 19(21): 3423-3424.

[83] 邸道远, 汪怀远, 朱艳吉. 耐腐蚀耐热超疏水 TiO_2 复合涂层制备与性能研究[J]. 化工新型材料, 2017, (5): 253-255.

[84] Lu H, Zhang S, Li W, et al. Synthesis of graphene oxide-based sulfonated oligoanilines coatings for synergistically enhanced corrosion protection in 3.5% NaCl solution[J]. ACS Applied Materials & Interfaces, 2017, (4): 4034-4043.

[85] 孟振强, 熊拥军, 刘如铁. Ni-P-多壁碳纳米管复合镀层的制备及自润滑机理[J]. 中南大学学报(自然科学版), 2012, (9): 3394-3400.

[86] 任福乐, 张衍, 刘育建, 等. 耐核辐射超疏水复合涂层的制备及性能研究[J]. 广西大学学报(自然科学版). 2018, 43(5): 1983-1989.